"十二五"国家重点图书出版规划项目

航空航天精品系列

NONLINEAR CONTROL

非线性控制

马克茂 编

哈爾濱工業大學出版社
HARBIN INSTITUTE OF TECHNOLOGY PRESS

内容提要

本书介绍了非线性系统的基本概念和理论。具体内容包括:Lyapunov 稳定性理论,输入输出稳定性理论,无源性分析,微分几何基础,非线性系统的几何描述与坐标变换,非线性系统的精确线性化,基于坐标变换的控制设计,Backstepping 设计方法。

本书为高等院校控制科学与工程学科的研究生教材,也可供自动控制等相关专业的高年级本科生,以及从事相关专业的工程技术人员使用。

图书在版编目(CIP)数据

非线性控制/马克茂编. —哈尔滨:哈尔滨工业大学出版社,2014.4

ISBN 978-7-5603-4257-3

Ⅰ.①非… Ⅱ.①马… Ⅲ.①非线性控制系统-研究生-教材 Ⅳ.①TP273

中国版本图书馆 CIP 数据核字(2013)第 240665 号

策划编辑 杜 燕 赵文斌
责任编辑 刘 瑶
封面设计 高永利
出版发行 哈尔滨工业大学出版社
社 址 哈尔滨市南岗区复华四道街 10 号 邮编 150006
传 真 0451-86414749
网 址 http://hitpress.hit.edu.cn
印 刷 哈尔滨市石桥印务有限公司
开 本 787mm×1092mm 1/16 印张 11.5 字数 261 千字
版 次 2014 年 4 月第 1 版 2014 年 4 月第 1 次印刷
书 号 ISBN 978-7-5603-4257-3
定 价 48.00 元

前　言

非线性现象广泛存在于自然界和工程技术领域。对于控制系统来说,实际的控制对象都是非线性的,系统设计过程中广泛采用的线性控制对象都是忽略一定的非线性因素后得到的。就控制方法而言,通过适当地引入非线性因素,可以有效地提高系统的性能,自适应控制、滑模变结构控制等控制方法属于非线性控制方法,即使应用于线性的控制对象,所得的闭环系统也是非线性的。尽管线性系统理论提供了成体系的系统分析和设计方法,但由于很多系统中的非线性因素是无法通过简化转化为线性系统进行研究的,非线性系统往往具有其自身的特点,因此针对非线性系统建立相应的分析和设计方法是十分必要的。计算机技术的普及为非线性系统的分析提供了有力的计算工具,而计算机技术在控制系统中的广泛应用为非线性控制律的实现提供了技术上的保证,因而非线性系统理论和非线性控制方法受到了广泛的关注。

同线性系统理论一样,非线性系统理论也可以分为分析和设计两部分内容。但是同线性系统相比,非线性系统涵盖的范围十分广泛,相应地,非线性系统理论包含的内容更加丰富。同线性系统理论不同,对于非线性系统来说,并不存在统一的分析或设计方法,针对不同的非线性系统,可能需要采用不同的分析设计方法。例如,在考虑系统的基本性质时,对于满足 Lipschitz 条件的非线性系统,可以保证解的存在性和唯一性,但是对于不满足 Lipschitz 条件的非光滑系统,需要对系统的解进行新的定义,而不同的定义方法可能需要不同的数学工具和研究方法;在系统设计方面,对于能够近似线性化的系统,在一定条件下可以对模型进行线性化,然后采用成熟的线性系统控制方法进行系统的设计,而对于能够进行精确线性化的系统,其研究方法则是基于微分几何理论提出的,同传统的近似线性化方法具有本质的区别。同线性系统相比,对非线性系统进行分析和设计有时是非常困难的,还存在很多尚未解决的问题,随着人们对非线性系统认识的不断深入,相应的理论和方法还在不断发展,例如上世纪 70 年代以来微分几何、微分代数等新的数学工具的引入,对非线性系统基本理论的研究和非线性控制方法的实际应用起到了极大的推动作用。

由于非线性系统的广泛性和非线性系统分析控制方法日益受到重视,很多高校已将非线性系统理论或非线性控制列为控制及相关学科的研究生课程,本书就是作为研究生一年级非线性控制课程的教材编写的。考虑到非线性系统理论包含的丰富内容和课程学时的限制,主要介绍稳定性分析和基于微分几何理论的非线性控制方法。为了便于对后一部分内容的学习,简要介绍了相关的微分几何知识。这些内容在包含 Lyapunov 稳定性理论等较传统的基本内容的同时涵盖了无源性分析、几何方法、Backstepping 方法等较新的内容。对内容进行这样的选取,主要的考虑是使学生能够通过课程的学习,在掌握基本的分析方法的同时，能够对相关领域新的研究内容有所了解，为更进一步的深入研究打下一定的基础。

全书内容共分为九章，完成全部内容的讲授需要36学时。本书内容的取舍主要依据作者本人的经验，由于工作和认识上的局限性，书中缺点和错误在所难免，欢迎读者对本书的内容的不当之处予以斧正。

作　者

2013年10月

目　录

第 1 章　绪论 ……………………………………………………………………… (1)
1.1　非线性系统的概念及非线性控制的必要性 …………………………… (1)
1.1.1　线性化方法的局限 ……………………………………………… (1)
1.1.2　利用非线性特性改善系统的性能 ……………………………… (3)
1.2　非线性系统的特性 ……………………………………………………… (5)
1.2.1　多平衡点 ………………………………………………………… (5)
1.2.2　有限逃逸时间 …………………………………………………… (6)
1.2.3　极限环 …………………………………………………………… (6)
1.2.4　混沌 ……………………………………………………………… (7)
1.3　非线性控制的主要研究内容及本书的研究内容 ……………………… (9)
1.3.1　非线性控制的主要内容 ………………………………………… (10)
1.3.2　本书的研究内容 ………………………………………………… (11)
第 2 章　Lyapunov 稳定性 ………………………………………………………… (12)
2.1　基本概念 ………………………………………………………………… (12)
2.1.1　非线性系统的状态空间描述 …………………………………… (12)
2.1.2　自治与非自治系统 ……………………………………………… (16)
2.2　自治系统的稳定性 ……………………………………………………… (17)
2.2.1　稳定性的定义 …………………………………………………… (17)
2.2.2　Lyapunov 直接方法 …………………………………………… (21)
2.2.3　Lyapunov 间接方法 …………………………………………… (26)
2.2.4　Krasovskii 方法 ………………………………………………… (30)
2.2.5　变量梯度法 ……………………………………………………… (31)
2.2.6　不变性原理 ……………………………………………………… (33)
2.3　非自治系统的稳定性 …………………………………………………… (39)
2.3.1　稳定性的定义 …………………………………………………… (39)
2.3.2　Lyapunov 直接方法 …………………………………………… (42)
2.3.3　Lyapunov 间接方法 …………………………………………… (47)
2.3.4　Barbalat 引理 …………………………………………………… (49)
2.4　不稳定性判定定理 ……………………………………………………… (51)
2.5　Lyapunov 函数的存在性 ……………………………………………… (52)

2.6 输入–状态稳定性 …………………………………………………… (53)
第3章 输入输出稳定性 …………………………………………………… (58)
3.1 基本概念 …………………………………………………… (58)
3.1.1 线性系统的输入输出稳定性 …………………………………………… (58)
3.1.2 函数空间与扩展函数空间 …………………………………………… (59)
3.2 *L* 稳定性的定义 …………………………………………………… (62)
3.3 *L* 稳定性和状态稳定性 …………………………………………………… (65)
3.4 L_2 增益 …………………………………………………… (69)
3.5 小增益定理 …………………………………………………… (74)
第4章 无源性分析 …………………………………………………… (77)
4.1 基本概念 …………………………………………………… (77)
4.2 无源性的判定 …………………………………………………… (79)
4.3 无源性与稳定性的关系 …………………………………………………… (82)
4.4 无源性设计及无源性定理 …………………………………………………… (85)
第5章 微分几何基础 …………………………………………………… (88)
5.1 拓扑空间 …………………………………………………… (88)
5.2 微分流形及可微映射 …………………………………………………… (89)
5.3 向量场与对偶向量场 …………………………………………………… (94)
5.3.1 切向量、切空间与向量场 …………………………………………… (94)
5.3.2 对偶切向量、对偶切空间与对偶向量场 …………………………………… (97)
5.4 Lie 导数与 Lie 括号 …………………………………………………… (99)
5.4.1 微分同胚的导出映射 …………………………………………… (99)
5.4.2 Lie 导数 …………………………………………… (100)
5.4.3 Lie 括号 …………………………………………… (103)
5.5 分布与对偶分布 …………………………………………………… (105)
5.5.1 分布 …………………………………………… (105)
5.5.2 对偶分布 …………………………………………… (107)
5.5.3 Frobenius 定理 …………………………………………… (108)
第6章 非线性系统的几何描述与坐标变换 …………………………………… (110)
6.1 非线性系统的几何描述 …………………………………………………… (110)
6.2 单输入单输出系统的相对阶 …………………………………………………… (111)
6.3 坐标变换 …………………………………………………… (114)
6.4 标准型与准标准型 …………………………………………………… (119)
第7章 精确线性化 …………………………………………………… (125)
7.1 精确线性化问题的描述 …………………………………………………… (125)
7.2 完全线性化 …………………………………………………… (126)

7.3 输入状态线性化 ………………………………………………………………………… (129)
7.4 输入输出线性化 ………………………………………………………………………… (134)
7.4.1 基于标准型的输入输出线性化 …………………………………………… (134)
7.4.2 零动态特性 ……………………………………………………………………… (136)
第8章 基于坐标变换的控制设计 ……………………………………………………… (145)
8.1 局部渐近镇定 ……………………………………………………………………………… (145)
8.1.1 问题的描述 ……………………………………………………………………… (145)
8.1.2 线性近似方法 …………………………………………………………………… (146)
8.1.3 基于标准型的镇定 …………………………………………………………… (149)
8.2 渐近输出跟踪 ……………………………………………………………………………… (153)
8.3 干扰解耦 …………………………………………………………………………………… (156)
第9章 Backstepping 设计 ……………………………………………………………… (160)
9.1 设计方法 …………………………………………………………………………………… (160)
9.2 在鲁棒控制中的应用 …………………………………………………………………… (166)
参考文献 ……………………………………………………………………………………… (169)
名词索引 ……………………………………………………………………………………… (171)

第1章　绪　　论

1.1　非线性系统的概念及非线性控制的必要性

线性系统的基本特征是满足叠加原理，即对于一个输入－输出算子 L，考虑任意的两个输入变量 u_1，u_2 和任意的两个常数 k_1，k_2，即有

$$L(k_1u_1+k_2u_2)=k_1L(u_1)+k_2L(u_2)$$

相对于线性系统，任何不满足叠加原理的系统均可称为非线性系统。除了不满足叠加原理这个性质之外，非线性系统并没有统一的性质。正如 M. Vidyasagar 在文献[1]中指出：The adjective "nonlinear" can be interpreted in one of two ways, namely, "not linear" or "not necessarily linear"，非线性系统理论研究的对象是非线性系统，而将线性系统看作非线性系统的特例，针对一般非线性系统得到的一般性结论，一般来说，对于线性系统也是适用的。

显然，非线性系统具有非常广泛的含义。对于一个系统来说，只要系统中至少存在一个非线性环节，则该系统就是非线性系统。对于实际系统来说，很多因素可以导致系统的非线性特性。由于非线性本身包含的内容十分丰富，其来源也相当广泛，如运动体的速度等物理量具有上界而导致的饱和非线性，机械系统的间隙，非线性摩擦，继电器特性等情形。对于控制系统来说，常见的非线性系统包括：线性对象与非线性环节组成的非线性系统（如带有摩擦特性非线性环节的线性系统），非线性被控对象与控制器组成的非线性闭环系统，线性被控对象与非线性控制器组成的非线性闭环系统（如线性系统的自适应控制和变结构控制）等情形。此外，随着数字控制技术的广泛应用，在数字控制系统中普遍存在着由于 A/D，D/A 转换而引入的量化非线性特性和饱和非线性特性。

线性系统由于满足叠加原理这一特性，许多成熟的数学工具可以应用于对线性系统的研究，目前已经建立起了相对完整的分析和设计体系，如伺服控制（频域校正）、过程控制（PID 控制）、飞行器控制（最优控制）等。但是，对于非线性系统进行深入的研究，仍是十分必要的。因为非线性系统具有广泛性，更重要的是，很多现象利用线性模型是无法涵盖的，致使必须建立非线性的分析和设计体系。

1.1.1　线性化方法的局限

从严格意义上来说，一切实际的动态系统都是非线性的。线性系统是非线性系统的一种近似的、简化的描述形式，在近似处理的过程中，一般需对系统进行一定的处理，如限定系统的运行范围、省略非线性特性等。而针对非线性系统进行研究，可以更加深入地揭示线性系统理论无法涵盖的非线性现象，并且通过非线性方法可以得到线性控制器无法

实现的控制品质,如提高系统的鲁棒性、响应速度等。将非线性系统简化为线性系统,即对非线性系统进行线性近似是有条件的,一般要求系统是在其工作点附近小范围运行的。

例 1.1 如图 1.1 所示,考虑一个带有摩擦阻尼的单摆系统,动力学方程描述为

$$ml\ddot{\theta} = -mg\sin\theta - kl\dot{\theta} \tag{1.1}$$

其中,m 为单摆的质量;l 为摆长(假设为无质量的刚性连接);θ 为单摆离开垂直线(平衡位置)的角度;k 为摩擦阻尼系数;g 为重力加速度。

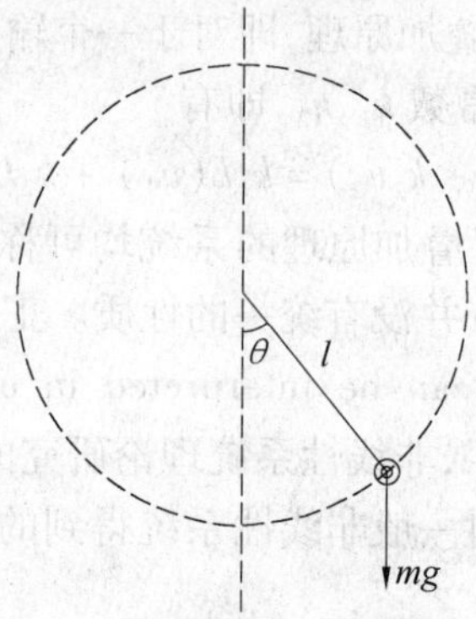

图 1.1 单摆

取 $x_1 = \theta, x_2 = \dot{\theta}$,则可得非线性的状态空间模型,即

$$\dot{\boldsymbol{x}} = \begin{bmatrix} \dot{x}_1 \\ \dot{x}_2 \end{bmatrix} = \boldsymbol{f}(\boldsymbol{x}) = \begin{bmatrix} x_2 \\ -\dfrac{g}{l}\sin x_1 - \dfrac{k}{m}x_2 \end{bmatrix} \tag{1.2}$$

对上述系统可以利用线性化方法进行分析。当系统在平衡位置附近小范围运行时,即 θ 和 $\dot{\theta}$ 较小时,$\sin\theta$ 近似等于 θ,因此系统(1.1) 可近似地写为

$$ml\ddot{\theta} = -mg\theta - kl\dot{\theta} \tag{1.3}$$

仍取 $x_1 = \theta, x_2 = \dot{\theta}$,则可得状态空间模型,即

$$\begin{bmatrix} \dot{x}_1 \\ \dot{x}_2 \end{bmatrix} = \begin{bmatrix} 0 & 1 \\ -\dfrac{g}{l} & -\dfrac{k}{m} \end{bmatrix} \begin{bmatrix} x_1 \\ x_2 \end{bmatrix} \tag{1.4}$$

线性化分析方法的主要思想是在平衡点附近利用线性模型与非线性模型之间误差较小的特点,利用线性化模型分析非线性系统的性质,如进行稳定性分析,在这里就是对线性化模型(1.3)、(1.4) 进行分析,以便得到原非线性系统(1.2) 的性质。容易看出,线性模型(1.4) 的平衡点(0,0) 是稳定的,而非线性模型(1.1) 在(0,0) 也有一个平衡点,是局部稳定的。因此,利用线性化方法可以对系统的平衡点(0,0) 进行局部稳定性分析。但当系统在大范围运行时,随着线性模型与非线性模型之间的误差的加大,可能会导致线性模型失效,即由于线性化模型(1.4) 的状态与原非线性系统(1.2) 的状态之间的误差随运行范围的增大而增大。另外,线性模型(1.4) 只有一个平衡点,而非线性系统的模型(1.2) 在(π,0) 还有一个不稳定的平衡点。

用线性系统来近似描述非线性系统,实际上是假设所要描述的非线性系统是可以进

行线性化的,即在工作点附近要求系统中的非线性项是可导的。对于实际系统中许多非线性环节来说,描述其非线性特性的函数是不可导的,如饱和特性(图1.2)和死区特性(图1.3)。此外,还存在不连续的非线性特性,如继电特性(图1.4)和量化特性(图1.5)。在一些复杂情况下,有些非线性特性甚至是没有办法用函数关系来描述的,如滞环特性(图1.6)。这些非线性特性称为本质非线性。

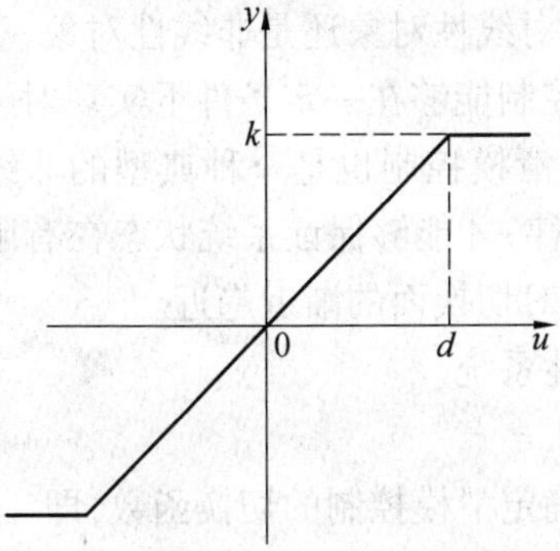

图1.2　饱和特性

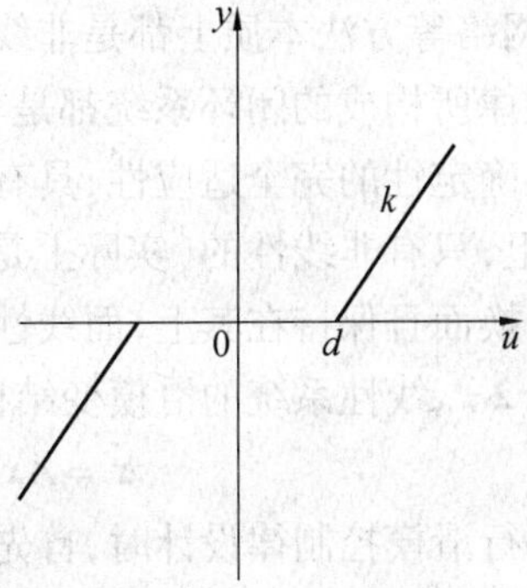

图1.3　死区特性

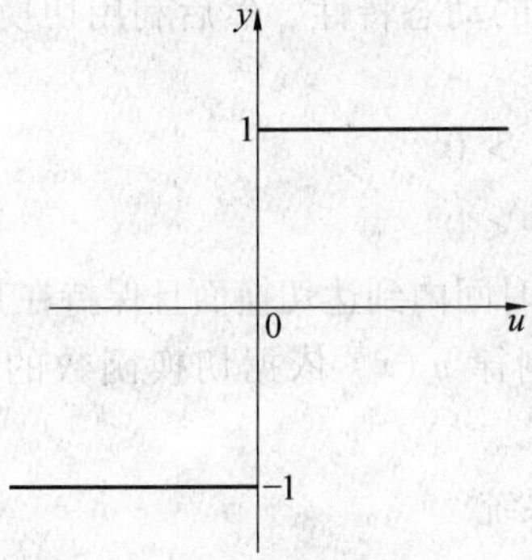

图1.4　继电特性

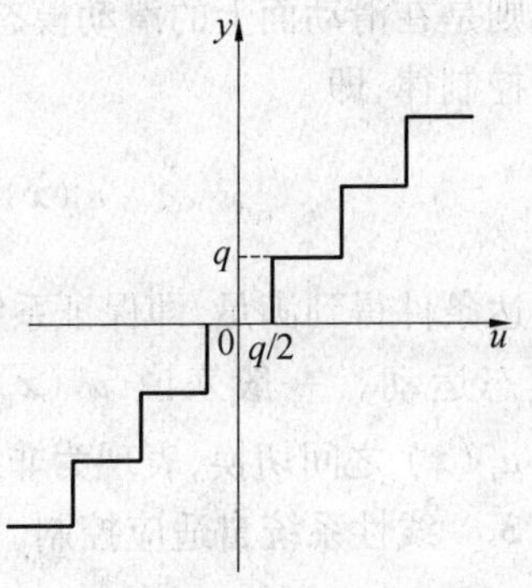

图1.5　量化特性

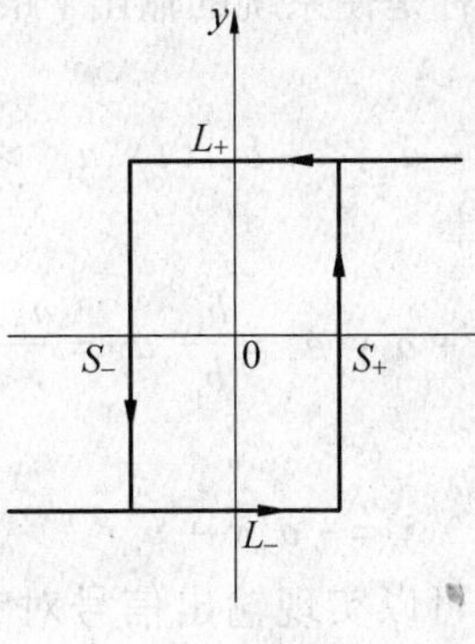

图1.6　滞环特性

1.1.2　利用非线性特性改善系统的性能

线性系统理论目前已形成了完整、成熟的体系,如频域法等分析设计方法具有明确的物理意义,因而获得了广泛的应用。线性控制器的一个突出优点是实现简单,但是随着计算机技术的发展和数字控制技术的广泛应用,利用数字控制器实现非线性控制规律,与实现线性控制规律没有本质差别。

在控制系统设计中,可以通过人为引入非线性环节来改善系统的特性,如常见的时间最优控制、智能控制、自适应控制、变结构控制等。考虑线性系统的时间最优控制,对控制加以约束,则形成 Bang-Bang 控制,控制形式具有非线性的形式。智能控制中的模糊控制、神经网络等方法本质上都是非线性的。无论是针对线性对象还是非线性对象,利用自适应控制律所构成的闭环系统都是非线性的。滑模控制能够在一定条件下实现对干扰和摄动等不确定性的完全适应性,具有很好的鲁棒性。滑模控制也是一种典型的非线性控制,实际上,只有非线性的(实际上是非光滑的)控制律,才能够保证系统状态在有限时间内到达切换面且保持在其上,而线性控制律只能实现对切换面的渐近趋近。

例 1.2 线性系统的滑模变结构控制。考虑线性系统

$$\dot{\boldsymbol{x}} = \boldsymbol{A}\boldsymbol{x} + \boldsymbol{B}\boldsymbol{u}, \boldsymbol{x} \in \mathbb{R}^n, \boldsymbol{u} \in \mathbb{R}^m$$

通常在进行滑模控制律设计时,首先根据设计要求,确定滑模控制的切换函数,即

$$s(\boldsymbol{x}) = \boldsymbol{S}\boldsymbol{x}, \boldsymbol{S} \in \mathbb{R}^{m\times n}$$

确定的原则是在滑动面上的滑动模态稳定,且具有好的动态特性。然后利用切换函数构造变结构控制律,即

$$u_i(\boldsymbol{x}) = \begin{cases} u_i^+(\boldsymbol{x}), s_i(\boldsymbol{x}) > 0 \\ u_i^-(\boldsymbol{x}), s_i(\boldsymbol{x}) < 0 \end{cases}$$

以保证到达条件得到满足,即保证系统的状态在有限时间内到达切换面且保持在其上,进入滑动模态运动。一般来说,$u_i^+(\boldsymbol{x}) \neq u_i^-(\boldsymbol{x})$,控制律 $u_i(\boldsymbol{x})$ 依据切换函数的数值在 $u_i^+(\boldsymbol{x})$ 和 $u_i^-(\boldsymbol{x})$ 之间切换,表现为非线性。

例 1.3 线性系统自适应控制。考虑如下线性系统

$$\dot{y} = -a_p y + b_p u$$

其中,a_p,b_p 为定常参数,控制的目标是使系统的输出 y 跟踪参考信号 y_m,参考信号由如下参考模型给出

$$\dot{y}_m = -a_m y_m + b_m r(t), a_m > 0$$

如果 a_p,b_p 已知,则可以设计控制律

$$u = a_r r + a_y y, a_r = \frac{b_m}{b_p}, a_y = \frac{a_p - a_m}{b_p}$$

所得闭环系统为

$$\dot{y} = -a_m y + b_m r$$

同参考模型具有相同的形式,可以实现输出信号对参考信号的渐近跟踪。当 a_p,b_p 未知但 b_p 的符号已知时,可以设计自适应控制律。取跟踪误差 $e = y - y_m$,自适应控制律为

$$u = a_r(t) r + a_y(t) y$$

$$\dot{a}_r(t) = -\operatorname{sgn}(b_p)\gamma e r$$

$$\dot{a}_y(t) = -\operatorname{sgn}(b_p)\gamma e y, \gamma > 0$$

则可以实现 $e\to 0$ 的控制目标，这一点可以通过 Lyapunov 稳定性理论和 Barbalat 引理进行分析。

例 1.4　智能控制。模糊控制、神经网络控制等智能控制方法可以应用于具有不确定性、难于精确建模的系统，这些控制方法本质上都是非线性的。

模糊控制中推广的 Takagi-Sugeno 模型的模糊规则为

$$L^i: if\ \boldsymbol{x}(t)\ \text{is}\ A^i\ \text{and}\ u(t)\ \text{is}\ B^i,\ \text{then}\ \dot{\boldsymbol{x}} = \boldsymbol{A}_i\boldsymbol{x} + \boldsymbol{B}_i\boldsymbol{u}, i = 1,2,\cdots,n$$

其中，$A^i(\boldsymbol{x})$，$B^i(\boldsymbol{x})$ 为模糊隶属度函数（一般来说是非线性的）。上述模糊规则的输出为

$$\dot{\boldsymbol{x}} = \sum_{i=1}^{n}\mu_i(\boldsymbol{x})(\boldsymbol{A}_i\boldsymbol{x} + \boldsymbol{B}_i\boldsymbol{u})$$

其中，$\sum_{i=1}^{n}\mu_i(\boldsymbol{x}) = 1$，$\mu_i(\boldsymbol{x})$ 是与模糊隶属度函数 $A^i(\boldsymbol{x})$，$B^i(\boldsymbol{x})$ 有关的非线性函数，显然上述模糊系统是非线性的。

人工神经网络可以用来逼近非线性的输入输出映射关系，一般采用多层结构。在多层神经网络的输出层上，输出节点使用非线性函数，如广泛使用的 Sigmoid 类函数，即

$$g(u) = \frac{e^{\lambda u} - e^{-\lambda u}}{e^{\lambda u} + e^{-\lambda u}} = \tanh \lambda u, \lambda > 0$$

针对线性系统，在控制器设计中，有目的地引入非线性因素，可以有效改善系统的控制性能。而线性对象与非线性控制器的结合，构成了非线性闭环系统，如将滑模变结构控制、自适应控制等非线性控制方法应用于线性系统。

1.2　非线性系统的特性

线性系统由于满足叠加原理，在考虑线性系统的解时，如果将初始状态 x_0 按比例放大，解的类型不变，而且与初值 x_0 成比例（考虑非受迫系统的情况），则对于线性系统来说，平衡点的局部性质实际上在整个状态空间上都是成立的。非线性系统不满足叠加性原理，系统的性质是非常复杂的。研究系统平衡点的性质时，很多时候都是讨论局部性质的。一般来说，非线性系统的局部性质同全局性质有较大的差别。

1.2.1　多平衡点

孤立平衡点，是指如果 $\boldsymbol{x}_e$ 为系统的平衡点，则存在 $\boldsymbol{x}_e$ 的一个邻域，在此邻域内不存在其他平衡点。考虑如下线性系统

$$\dot{\boldsymbol{x}} = \boldsymbol{A}\boldsymbol{x}, \boldsymbol{x} \in \mathbb{R}^n$$

当 $\det(\boldsymbol{A}) \neq 0$ 时，系统存在唯一平衡点 $\boldsymbol{x} = 0$；当 $\det(\boldsymbol{A}) = \boldsymbol{0}$，系统存在多个平衡点。当线性系统具有多个平衡点时，这些平衡点都不是孤立的，为状态空间中的直线、平面或低维流形。当系统受到扰动时，在一般情况下，多平衡点现象都会消失。而对于一个非线性系统

$$\dot{\boldsymbol{x}} = \boldsymbol{f}(\boldsymbol{x}), \boldsymbol{x} \in \mathbb{R}^n$$

平衡点是如下方程的解

$$f(\boldsymbol{x}) = \mathbf{0}$$

在求解平衡点时必须求解 n 个非线性代数方程的解,可能有 0 到无穷个解。

例 1.5 单摆的平衡点。从数学上来说,单摆系统(1.2)存在无穷多个平衡点,对应于实际物理系统的两个平衡点,分别是图 1.1 中速度为零时的圆轨迹上的最高点和最低点,因此对于单摆的非线性模型,系统具有两个孤立的平衡点。而考虑线性化模型(1.4)时,系统具有唯一的平衡点,为图 1.1 中速度为零时的圆轨迹上的最低点。

例 1.6 考虑如下非线性系统

$$\dot{x} = -x + x^2, x \in \mathbb{R}$$

令 $-x + x^2 = 0$,则方程存在两个相异的根:$x_1 = 0, x_2 = 0$。因此系统存在两个孤立的平衡点。

1.2.2 有限逃逸时间

在研究系统的性质时一般假定系统解存在,因此对于给定的状态初值,该初值决定了系统的一个解,记为 $\boldsymbol{x}(t)$。粗略地说,如果系统的解是发散的,则系统是不稳定的。对于不稳定的线性系统来说,系统状态的发散趋势为

$$\lim_{t \to \infty} \| \boldsymbol{x}(t) \| \to \infty$$

上述条件隐含的是:尽管系统状态是发散的,但对于任意给定的有限时间 t,$\| \boldsymbol{x}(t) \|$ 是有限的。而对于不稳定的非线性系统来说,系统的状态却有可能在有限的时间内发散,即存在有限的 t_1,使得

$$\lim_{t \to t_1} \| \boldsymbol{x}(t) \| \to \infty$$

例 1.7 考虑如下一维非线性系统

$$\dot{x} = 1 + x^2, x(0) = 0$$

这个系统的解为

$$x(t) = \tan t$$

系统的解在 $[0, \pi/2)$ 内有定义。当 $t \to \pi/2$ 时,有 $x(t) \to \infty$,即系统的状态在有限时间内发散。

1.2.3 极限环

非线性系统中可能存在自持振荡,系统的解为周期解,在状态空间中系统的解的轨迹形成一个孤立的封闭相轨线,将其称为极限环。如果在极限环的邻域中所有的相轨线都随时间而渐近地趋近于极限环,则极限环是稳定的。

例 1.8 考虑范德波尔(Van der Pol)方程

$$m\ddot{x} + 2c(x^2 - 1)\dot{x} + kx = 0, m > 0, c > 0, k > 0 \tag{1.5}$$

该方程可以看作一个带有非线性阻尼的质量 - 弹簧系统。该系统在状态空间中存在一个稳定的极限环,相平面图如图 1.7 所示,其中系统的初值为 $x(0) = 5, \dot{x}(0) = 0$。系统形成极限环是由于非线性阻尼项的作用。对于系统中的非线性阻尼项可以进行定性的分析:当 x 较大时,$2c(x^2 - 1) > 0$,系统中的阻尼导致能量消耗,系统状态 $x, \dot{x}$ 的范数减

小。当 x 较小时，$2c(x^2 - 1) < 0$，负的阻尼导致系统产生能量，系统的状态 $x,\dot{x}$ 的范数增大。由于$(x = 1,\dot{x} = 0)$ 和$(x = -1,\dot{x} = 0)$ 不是系统的平衡点，因此上述过程会不断重复，系统状态出现周期振荡，形成极限环。

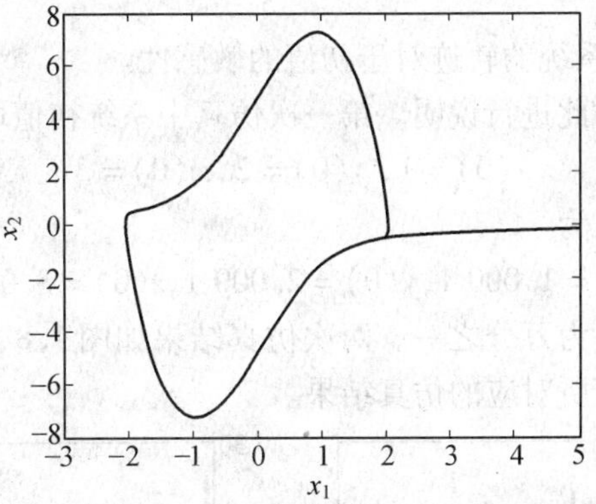

图 1.7　极限环

极限环只能在非线性系统中产生，是非线性系统的特征。对于无输入的二阶线性系统，当系统的特征值位于虚轴上时，系统的状态也表现为等幅振荡，如考虑线性的质量 - 弹簧系统

$$m\ddot{x} + 2c\dot{x} + kx = 0, m > 0, k > 0$$

当 $c = 0$ 时就会出现这种情形。但是线性系统中的振荡与非线性系统的极限环本质上是完全不同的。线性系统中的震荡是严格的正弦振荡，频率由系统的特征值所决定，而幅值由系统的初值所决定，在状态空间中系统的初值就在系统的振荡状态所形成的封闭轨线上；而非线性系统中稳定的极限环不一定是正弦振荡，而且极限环与系统状态的初值无关，当系统的初始状态不在极限环上时，系统的轨线是渐近地趋向于极限环的。

对于稳定的线性系统，当输入正弦振荡信号、系统的状态在稳态时，是正弦振荡信号，此时振荡信号的幅值与频率是由系统本身的参数和输入信号决定的。

1.2.4　混沌

混沌系统的主要特征是系统的运动轨迹对于系统状态的初值是非常敏感的。

考虑针对不同的系统状态初值对应的系统状态轨迹，如果系统状态的初值存在微小的差别，对于正常系统来说，系统的状态轨迹之间的差别也是微小的，即系统的解对于状态初值具有连续依赖性。实际上，这也是我们利用数字计算机对实际物理过程进行数字仿真的理论依据。对于混沌系统来说，微小的初值变化，会导致系统状态轨迹的明显差别，经过一段时间之后，系统状态的轨迹会完全不同。因此，对于混沌系统来说，系统的状态轨迹是不可预测的。混沌现象只能出现在非线性系统中，而不会出现在线性系统中。

例 1.9　考虑如下的 Lorenz 方程

$$\dot{x} = -\sigma x + \sigma y$$
$$\dot{y} = x(R - z) - y$$
$$\dot{z} = -Bz + xy$$

其中,σ,R,B 为定常参数。这个方程是美国科学家 Edward Lorenz 在研究天气预报时针对气象现象的研究建立的,并且发现了其中的混沌现象。如果取系统的如下参数

$$\sigma = 10, B = \frac{8}{3}, R = 28$$

则系统表现出混沌特性:系统的轨迹对于初值的敏感性。

下面通过数值仿真对此进行说明。第一次仿真中系统初值取为

$$x(0) = 1,\ y(0) = 2,\ z(0) = 3$$

第二次仿真中系统初值取为

$$x(0) = 1.000\,1, y(0) = 2.000\,1, z(0) = 3.000\,1$$

即两次仿真中的初值相差为万分之一。两次仿真结果如图 1.8 所示,其中实线与虚线分别为第一组与第二组初值所对应的仿真结果。

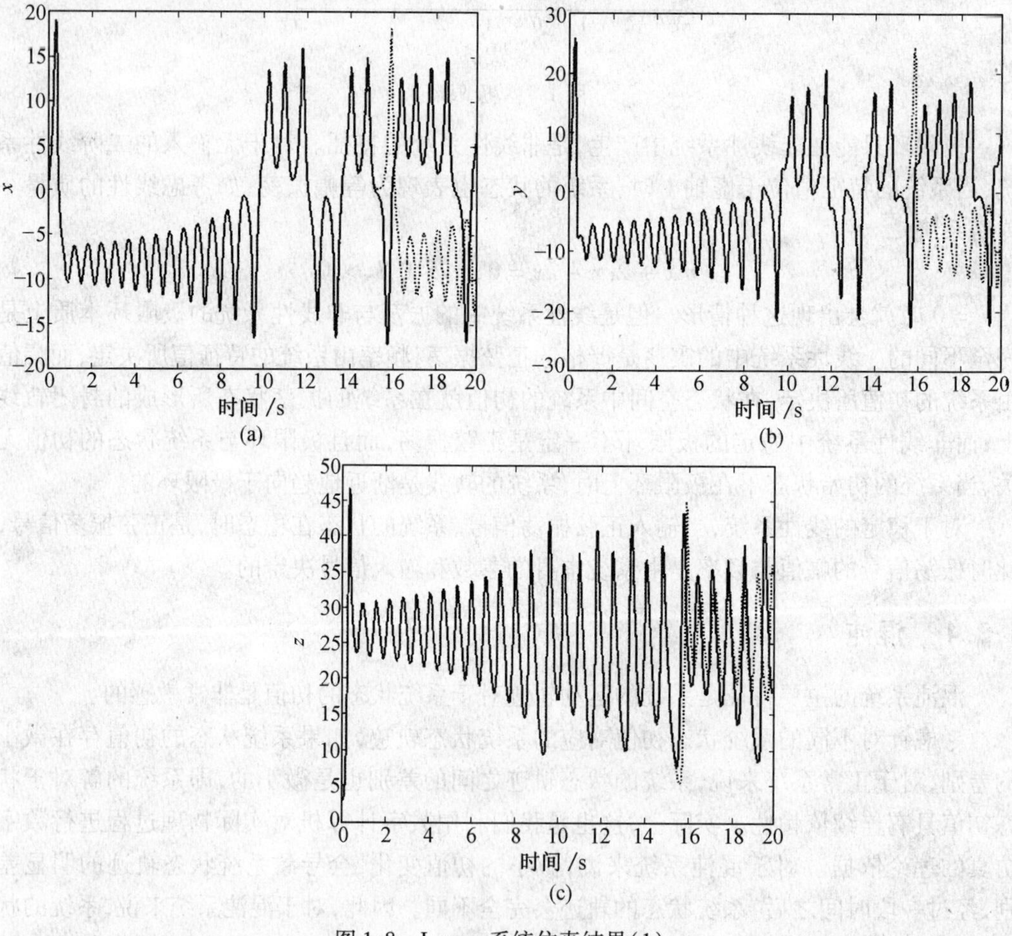

图 1.8　Lorenz 系统仿真结果(1)

从仿真结果可以看出,系统初值的微小差别导致系统状态的明显差异,说明系统对初值的敏感性。因此,对于混沌系统无法进行精确的长期预测。

上述轨线为非周期震荡(有界、非周期),实际上体现了一种混沌特性,即混沌吸引子。在相空间中系统的状态轨线可以通过“Matlab 中的命令 Lorenz”来查看。

利用计算机仿真研究混沌现象，实际上得到的轨迹并非系统的真实轨迹，能起到定性分析的作用和一定的定量分析的作用。这是由于数字计算机进行数值积分时在每一步计算中都引入一定的误差，如离散计算方法与连续系统之间的误差，计算机位数限制产生的舍入误差等。这一点可以通过利用不同精度进行数值仿真来说明。仿真中系统初值均为

$$x(0)=1, y(0)=2, z(0)=3$$

在 Matlab 中分别使用单精度和双精度进行仿真（四阶 Runge-Kutta，步长 0.001），结果如图 1.9 所示，其中实线与虚线分别对应于双精度数与单精度数的仿真结果。

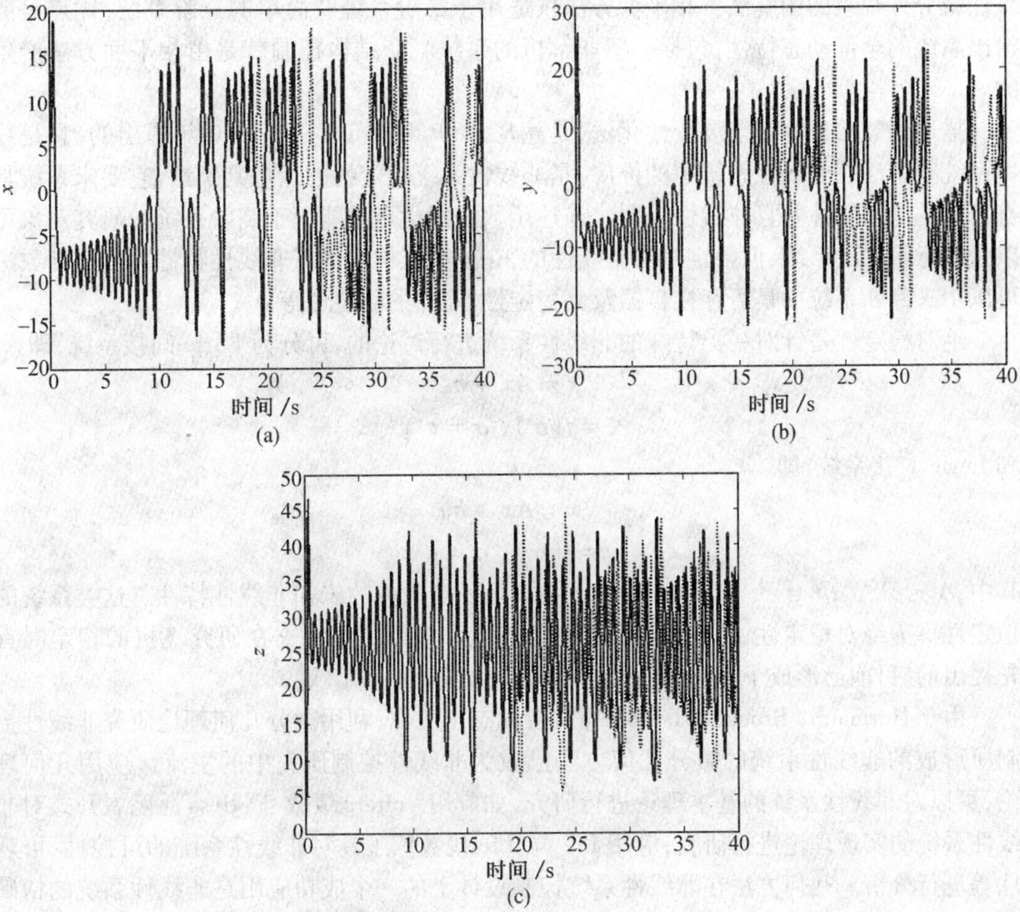

图 1.9　Lorenz 系统仿真结果（2）

对于正常系统，通过算法的选择可以将仿真计算的误差控制在一定的范围内（可以利用数值分析方法在理论上分析出误差的范围）。而对于混沌系统，仿真计算所产生的误差会导致计算轨迹与真实轨迹之间是完全不同的。

1.3　非线性控制的主要研究内容及本书的研究内容

与线性系统相比，非线性系统的特性是极其复杂的，其研究内容也是非常丰富的。对

于非线性系统,不存在一种统一的、普遍适用的研究方法,因而一般都针对具体的问题,采用特殊的研究方法。

1.3.1 非线性控制的主要内容

早期发展的古典理论都是针对特定的、相对简单的非线性系统进行研究的,主要包括相平面方法、描述函数法、绝对稳定性理论等内容。

相平面法是庞加莱(Poincare) 于1885 年首先提出的,本来它是一种求解二元一阶非线性微分方程组的图解法。相平面方法仅适用于二阶系统及简单的三阶系统,优点是能给出系统的全部动态特性,包括一些非解析的系统。变结构控制就是由相平面方法产生的。

描述函数法又称为谐波线性化法,是达尼尔(P. J. Daniel) 于1940 年提出的,它是线性系统频率法在非线性系统中的推广,是非线性系统稳定性的近似判别法,它要求系统具有良好的低通特性并且非线性较弱。描述函数法的优点是能用于高阶系统。研究对象可以是任意阶次的系统,但限定对象是线性的,在执行机构中具有非线性特性。描述函数法可以用来判断系统中是否存在自振及其稳定性、原点的稳定性等。

绝对稳定性是针对一类特殊的非线性系统进行讨论的,可分为 Lurie 间接系统,即

$$\dot{\boldsymbol{x}} = \boldsymbol{A}\boldsymbol{x} + \boldsymbol{b}\zeta$$
$$\dot{\zeta} = f(\sigma),\ \sigma = \boldsymbol{c}^{\mathrm{T}}\boldsymbol{x}$$

和 Lurie 直接系统,即

$$\dot{\boldsymbol{x}} = \boldsymbol{A}\boldsymbol{x} + \boldsymbol{b}u$$
$$u = f(\sigma),\ \sigma = \boldsymbol{c}^{\mathrm{T}}\boldsymbol{x}$$

其中,$\boldsymbol{A} \in \mathbb{R}^{n\times n}$;$\boldsymbol{b} \in \mathbb{R}^{n}$;$\boldsymbol{c} \in \mathbb{R}^{n}$;$f(\cdot)$ 为满足一定条件的未知非线性特性。这类系统的稳定性称为绝对稳定性,这一理论最初由鲁里叶和波斯特尼考夫在研究飞机的稳定时首先提出的,目前已形成了一整套的理论,可参见文献[9]、[12]。

由于Hermann, Brockett,Isidori 等学者的杰出工作,利用微分几何理论研究非线性控制所形成的非线性系统的微分几何方法已成为非线性控制研究中的主流。应用几何理论,可以对非线性系统的基本理论进行研究,如应用 Voltera 级数、F' liess 泛函展开式对非线性系统的实现理论进行研究;应用 Lie 群、Lie 代数等工具对非线性系统的可控性、可观性等进行分析。几何方法在非线性系统控制设计上的一个成功应用是非线性系统的精确线性化,包括无反馈线性化、反馈线性化,给出的结果涵盖局部和全局情形。另一个成功的应用是非线性系统的解耦控制,包括干扰解耦合无交互作用控制。关于解耦控制问题,夏小华进行了详细的讨论[3]。

但是,正如反复强调的,对于非线性系统来说,不存在统一的、一般性的研究方法,正如Casti 在文献[2]中指出的:"... a complete theory of nonlinear systems seems remote, at least at our current level mathematical sophistication. All current indications point toward the conclusion that seeking a completely general theory of nonlinear systems is somewhat akin to the search for the Holy Grail: a relatively harmless activity full of many pleasant surprises and mild disappointments, but ultimately unrewarding."

另外,对于非线性系统的控制,还发展了其他一些非线性的综合方法,包括基于Lyapunov理论的综合方法,如Lyapunov再设计、控制Lyapunov函数等[4];滑模控制;反步(Backsteppiing)设计等。

1.3.2 本书的研究内容

本书内容为两部分,第一部分主要介绍非线性系统的分析方法,首先介绍Lyapunov稳定性理论,包括自治系统的稳定性和非自治系统的稳定性(第2章),然后介绍输入输出稳定性(第3章),在第4章中介绍了非线性系统无源性的概念;第二部分主要介绍非线性系统的几何理论和一些综合方法。为此,在第5章介绍了用到的一些微分几何基础知识。在第6~8章,介绍了非线性系统几何控制理论。在第9章介绍了Backstepping设计方法的基本思想。

本书内容可在36学时内授完。

第2章　Lyapunov 稳定性

一般而言,稳定性是控制系统的一个基本要求,不稳定的系统无法正常工作。研究非线性控制系统稳定性的最有用和最一般的方法是 Lyapunov 稳定性理论,主要包括两种稳定性分析方法,即 Lyapunov 直接方法和 Lyapunov 间接方法(线性化方法)。

Lyapunov(1857—1918)是俄罗斯的天才数学家,在概率论方面做出过杰出的成绩。1892 年,Lyapunov 完成了其博士论文"运动稳定性的一般问题"(见文献[13]),建立了现在称之为 Lyapunov 理论的稳定性理论,现已成为最一般的稳定性理论。

Lyapunov 稳定性是以状态空间模型为基础,讨论系统的解关于平衡点的稳定性。为此,首先给出非线性系统的状态空间描述。

2.1　基本概念

2.1.1　非线性系统的状态空间描述

类似于线性系统,非线性系统的描述方法包括状态空间描述、输入输出算子描述等。这里考虑状态空间描述形式。给定带有 m 个输入、p 个输出的 n 阶非线性系统,状态方程可描述为

$$\begin{aligned}\dot{x}_1 &= \boldsymbol{f}_1(t,x_1,\cdots,x_n,u_1,\cdots,u_m)\\ \dot{x}_2 &= \boldsymbol{f}_2(t,x_1,\cdots,x_n,u_1,\cdots,u_m)\\ &\vdots\\ \dot{x}_n &= \boldsymbol{f}_n(t,x_1,\cdots,x_n,u_1,\cdots,u_m)\end{aligned}$$

输出方程为

$$\begin{aligned}y_1 &= \boldsymbol{h}_1(t,x_1,\cdots,x_n,u_1,\cdots,u_m)\\ y_2 &= \boldsymbol{h}_2(t,x_1,\cdots,x_n,u_1,\cdots,u_m)\\ &\vdots\\ \boldsymbol{y}_p &= \boldsymbol{h}_p(t,x_1,\cdots,x_n,u_1,\cdots,u_m)\end{aligned}$$

令

$$\begin{aligned}x &= [x_1 \quad x_2 \quad \cdots \quad x_n]^{\mathrm{T}}\\ \boldsymbol{u} &= [\quad u_1 \quad u_2 \quad \cdots \quad u_m]^{\mathrm{T}}\\ \boldsymbol{y} &= [y_1 \quad y_2 \quad \cdots \quad y_p]^{\mathrm{T}}\\ \boldsymbol{f}(t,\boldsymbol{x},\boldsymbol{u}) &= [f_1(t,\boldsymbol{x},\boldsymbol{u}) \quad f_2(t,\boldsymbol{x},\boldsymbol{u}) \quad \cdots \quad f_n(t,\boldsymbol{x},\boldsymbol{u})]^{\mathrm{T}}\\ \boldsymbol{h}(t,\boldsymbol{x},\boldsymbol{u}) &= [h_1(t,\boldsymbol{x},\boldsymbol{u}) \quad h_2(t,\boldsymbol{x},\boldsymbol{u}) \quad \cdots \quad h_p(t,\boldsymbol{x},\boldsymbol{u})]^{\mathrm{T}}\end{aligned}$$

则上述系统可改写为如下紧凑形式

$$\dot{\boldsymbol{x}} = \boldsymbol{f}(t,\boldsymbol{x},\boldsymbol{u}),\ \boldsymbol{x}(t_0) = \boldsymbol{x}_0$$
$$\boldsymbol{y} = \boldsymbol{h}(t,\boldsymbol{x},\boldsymbol{u})$$

其中,t_0 为初始时刻;$\boldsymbol{x}_0$ 为状态的初值。稳定性分析就是针对上述由微分方程组描述的系统的解进行讨论的。一般而言,对系统的解可做如下不同的要求:

(1) 系统在$[t_0,t_0+\delta]$, $\delta > 0$ 上至少有一个解,即解的存在性;

(2) 在$[t_0,t_0+\delta]$ 恰好有一个解,即解的唯一性;

(3) 恰好有一个解在$[t_0,+\infty]$上存在,即解的唯一性和延拓性;

(4) 在$[t_0,\infty)$恰好有一个解存在,且解连续地依赖于初始条件,即解对初值的连续依赖性。

解对初值的连续依赖性是指对于非线性系统

$$\dot{\boldsymbol{x}} = \boldsymbol{f}(t,\boldsymbol{x})$$

假设$\boldsymbol{y}(t)$ 为定义在$[t_0,t_1]$上的唯一解,满足初始条件$\boldsymbol{y}(t_0)=\boldsymbol{y}_0$,对于任意给定的$\varepsilon > 0$,存在$\delta > 0$,使得对于 $\forall \boldsymbol{z}_0 \in \{\boldsymbol{x} \in \mathbb{R}^n | \ \|\boldsymbol{x}-\boldsymbol{y}_0\| < \delta\}$,上述方程在$[t_0,t_1]$上存在满足初始条件$\boldsymbol{z}(t_0)=\boldsymbol{z}_0$ 的唯一解$\boldsymbol{z}(t)$,且

$$\|\boldsymbol{z}(t)-\boldsymbol{y}(t)\| \leqslant \varepsilon,\ \forall t \in [t_0,t_1]$$

上述对系统解的四点要求,按照(1) 至(2) 的顺序一个比一个强,如果不对系统方程中的$\boldsymbol{f}(t,\boldsymbol{x})$ 加以一定的限制,则可能无法使上述要求得以满足。

例 2.1　考虑微分方程

$$\dot{x} = -\operatorname{sgn}(x),\ t \geqslant 0, x(0) = x_0$$

其中

$$\operatorname{sgn}(x) = \begin{cases} 1,\ x \geqslant 0 \\ -1,\ x < 0 \end{cases}$$

为符号函数。显然,不存在连续可微函数满足上述微分方程,即不满足(1)。

例 2.1 中给出的实际上是不连续的动态过程,利用经典的微分方程理论难以讨论解的性质,可以通过将微分方程中的等式转化为微分包含的方法进行处理。转化为微分包含式后,需要对微分包含的解进行新的定义,相应地,解的存在性、唯一性等性质也需要重新进行讨论。介绍性的内容可以参见文献[12]、[13]。

例 2.2　考虑微分方程

$$\dot{x}(t) = \frac{1}{2x(t)},\ t \geqslant 0,\ x(0) = 0$$

这个微分方程有两个解,即

$$x_1(t) = t^{\frac{1}{2}},\ x_2(t) = -t^{\frac{1}{2}}$$

因此该微分方程不满足解的唯一性要求(2)。而对于系统

$$\dot{x}(t) = \sqrt{x(t)},\ x(0) = 0$$

容易验证,解的一般形式为

$$x(t) = \begin{cases} \dfrac{(t-C)^2}{4}, t > C \\ 0, t \leqslant C \end{cases}$$

其中 $C \geqslant 0$。显然，对于不同的 C，上式对应着不同的解，即不满足解的唯一性。

例 2.3 考虑微分方程

$$\dot{x}(t) = 1 + x^2(t),\ t \geqslant 0,\ x(0) = 0$$

这个微分方程只是在区间 $[0, \pi/2)$ 上有解，即

$$x(t) = \tan t$$

因此不满足(3)。

例 2.4 解对初值的连续依赖性。对于一个混沌系统，由于系统的解对于系统初值的敏感性，即初值的微小变化会导致解的差别很大，因而不满足解对初值的连续依赖性要求(4)。第 1 章中给出的 Lorenz 系统，在进行数值仿真过程中，初值相差 0.000 1，但系统的演化过程相差很大，如图 1.8 所示。

为了讨论系统解的存在性、唯一性等性质，需要引入 Lipschitz 条件，即对于

$$\boldsymbol{f}: \mathbb{R} \times \mathbb{R}^n \to \mathbb{R}^n$$

如果存在常数 $L > 0$，使得对于 (t_0, x_0) 的某个邻域内所有的 $(t, \boldsymbol{x})$ 和 $(t, \boldsymbol{y})$，则有

$$\| \boldsymbol{f}(t, \boldsymbol{x}) - \boldsymbol{f}(t, \boldsymbol{y}) \| \leqslant \| \boldsymbol{x} - \boldsymbol{y} \|$$

成立，则称 $\boldsymbol{f}(\boldsymbol{x})$ 在 $[t_0, x_0]$ 点满足 Lipschitz 条件，L 称为 Lipschitz 常数。

下面给出局部 Lipschitz 条件成立的充分条件。

引理 2.1 假设

$$\boldsymbol{f}: [a, b] \times D \to \mathbb{R}^m$$

在某个区域 $D \subset \mathbb{R}^n$ 上是连续的，$\dfrac{\partial \boldsymbol{f}}{\partial \boldsymbol{x}}(t, \boldsymbol{x})$ 存在，并且在 $[a, b] \times D$ 上连续。如果对于一个凸集 $W \subset D$，存在常数 $L \geqslant 0$，使得在 $[a, b] \times W$ 上，有

$$\left\| \frac{\partial f}{\partial x}(t, \boldsymbol{x}) \right\| \leqslant L$$

则对于所有的 $t \in [a, b]$，$\boldsymbol{x} \in W$，$\boldsymbol{y} \in W$，有

$$\| \boldsymbol{f}(t, \boldsymbol{x}) - \boldsymbol{f}(t, \boldsymbol{y}) \| \leqslant L \| \boldsymbol{x} - \boldsymbol{y} \|$$

上述引理可以推广到全局情形，并且在全局情形下，相应的条件由充分条件变为充分必要条件，即如下述引理所示。

引理 2.2 如果 $\boldsymbol{f}(t, x)$ 和 $\dfrac{\partial \boldsymbol{f}}{\partial \boldsymbol{x}}(t, \boldsymbol{x})$ 在 $[a, b] \times \mathbb{R}^n$ 上连续，则 $\boldsymbol{f}$ 在 $[a, b] \times \mathbb{R}^n$ 上满足 Lipschitz 条件的充分必要条件是：$\dfrac{\partial \boldsymbol{f}}{\partial \boldsymbol{x}}(t, \boldsymbol{x})$ 在 $[a, b] \times \mathbb{R}^n$ 上一致有界。

利用 Lipschitz 条件可以给出微分方程的解存在的充分条件。

定理 2.1 如果 $\boldsymbol{f}(t, \boldsymbol{x})$ 关于 t 分段连续，并且对于 $\forall \boldsymbol{x}, \boldsymbol{y} \in B = \{\boldsymbol{x} \in \mathbb{R}^n : \| \boldsymbol{x} - \boldsymbol{x}_0 \| \leqslant r\}$，$\forall t \in [t_0, t_1]$ 满足 Lipschitz 条件，其中 $r > 0$，则存在 $\delta > 0$ 使得状态方程

$$\dot{\boldsymbol{x}} = \boldsymbol{f}(t, \boldsymbol{x})$$

关于初值 $\boldsymbol{x}(t_0) = \boldsymbol{x}_0$ 在 $[t_0, t_0 + \delta]$ 上有唯一解。

在上述定理中，δ 依赖于 $\boldsymbol{x}_0$ 可能很小。但是，通过解的延拓，可以保证在大范围内解的存在性。解的延拓过程可理解为：如果 $\boldsymbol{f}(t, \boldsymbol{x})$ 在 $(t_0, \boldsymbol{x}_0)$ 满足 Lipschitz 条件，则上述定理保证了 $\delta_0(\boldsymbol{x}_0)$ 的存在，使得系统在 $[t_0, t_0 + \delta_0]$ 上存在唯一解。如果 $\boldsymbol{f}(t, \boldsymbol{x})$ 在 $(t_0 + \delta_0,$

$\boldsymbol{x}(t_0+\delta_0)$）点仍然满足 Lipschitz 条件，则将 $t_0+\delta_0$ 作为初始时刻，$\boldsymbol{x}(t_0+\delta_0)$ 作为初始时刻的初始条件，则根据上述定理，可以得到 $\delta_1(\boldsymbol{x}(t_0+\delta_0))$，使得系统在 $[t_0+\delta_0, t_0+\delta_0+\delta_1]$ 上存在唯一解，这样，就将解由区间 $[t_0, t_0+\delta_0]$ 延拓到 $[t_0, t_0+\delta_0+\delta_1]$ 上。只要在上次延拓空间的时间终点处系统满足 Lipschitz 条件，则这一延拓过程可不断地重复下去。

上述定理中给定的集合 $B=\{\boldsymbol{x}\in\mathbb{R}^n: \|\boldsymbol{x}-\boldsymbol{x}_0\|\leqslant r\}$ 限制了解在状态空间中存在的范围，即所得结果是局部的。关于全局的存在性和唯一性，有如下定理。

定理 2.2　如果 $f(t,x)$ 关于 t 分段连续，并且对于 $\forall \boldsymbol{x},\boldsymbol{y}\in\mathbb{R}^n$，$\forall t\in[t_0,t_1]$ 满足 Lipschitz 条件，则状态方程

$$\dot{\boldsymbol{x}}=f(t,\boldsymbol{x})$$

关于初值 $\boldsymbol{x}(t_0)=\boldsymbol{x}_0$ 在 $[t_0,t_1]$ 上有唯一解。

上述两个定理给出的都是充分条件，具有一定的保守性。例如，考虑标量系统

$$\dot{x}=f(x)=-x^3,\ x(t_0)=x_0 \tag{2.1}$$

显然

$$\left\|\frac{\partial f}{\partial x}(x)\right\|=\left|\frac{\mathrm{d}f}{\mathrm{d}x}(x)\right|=2x^2$$

在 $\mathbb{R}$ 上无界的，根据引理2.2，$f(x)$ 不满足全局 Lipschitz 条件，但是通过简单的积分运算可以求得，对于任意 $x_0\in\mathbb{R}$，系统(2.1)在 $[t_0,\infty)$ 上的解有

$$x(t)=\frac{x_0}{\sqrt{1+2x_0^2(t-t_0)}}$$

相比于要求满足全局 Lipschitz 条件带来的保守性，如下结果放松了满足全局 Lipschitz 条件的要求，只要求该条件局部成立。

定理 2.3　假设 $\boldsymbol{f}(t,\boldsymbol{x})$ 关于 t 分段连续，并且对于 $\forall t\geqslant t_0$ 和在某个区域 $D\subset\mathbb{R}^n$，$\boldsymbol{f}(t,\boldsymbol{x})$ 关于 $\boldsymbol{x}$ 满足 Lipschitz 条件。令 W 为 D 的一个紧子集①，$\boldsymbol{x}_0\in W$，并且假设满足如下方程及初始条件

$$\dot{\boldsymbol{x}}=\boldsymbol{f}(t,\boldsymbol{x}),\ \boldsymbol{x}(t_0)=\boldsymbol{x}_0$$

的每一个解都在 W 内，则存在对于 $\forall t\geqslant t_0$ 都有定义的唯一解。

以下讨论稳定性，对于非线性系统都假设其解存在且满足(4)，即在 $[t_0,\infty)$ 上恰好有一个解，且解连续地依赖于初始条件 $\boldsymbol{x}(t_0)$。

对于带有输入输出的非线性系统

$$\dot{\boldsymbol{x}}=\boldsymbol{f}(t,\boldsymbol{x},\boldsymbol{u})$$
$$\boldsymbol{y}=\boldsymbol{h}(t,\boldsymbol{x})$$

设计状态反馈控制律 $\boldsymbol{u}=\boldsymbol{g}(t,\boldsymbol{x})$，则可得闭环系统的状态方程为

$$\dot{\boldsymbol{x}}=\boldsymbol{f}(t,\boldsymbol{x},\boldsymbol{g}(t,\boldsymbol{x}))$$
$$\boldsymbol{y}=\boldsymbol{h}(t,\boldsymbol{x})$$

① 给定一个集合 A，如果存在一组开集 $O_\lambda,\lambda\in\Lambda$，使得 $\bigcup_{\lambda\in\Lambda}O_\lambda$，则称 $O_\lambda,\lambda\in\Lambda$ 为集合 A 的一组开覆盖。如果集合 A 的任意一组开覆盖都存在有限的子覆盖，则称集合 A 为紧集。对于 $\mathbb{R}^n$ 空间来说，紧集就是有界闭集。

当输出方程满足一定条件时，由状态的稳定性可以得到输出的稳定性，因此在进行稳定性分析时，先不考虑系统的输入和输出，直接考虑如下系统的稳定性

$$\dot{x} = f(t, x) \tag{2.2}$$

2.1.2 自治与非自治系统

对于稳定性来说，自治系统与非自治系统之间，在稳定性的定义、判别方法等方面都存在着明显的差别。对于线性系统

$$\dot{x} = A(t)x$$

根据系统矩阵$A(t)$是否随时间变化可分为时变和时不变系统。对于非线性系统，也存在着相同的分类。

如果系统(2.2)中的$f(t,x)$不显式地依赖于时间变量t，则称系统(2.2)为自治系统(Autonomous System)，此时系统(2.2)可以表示为

$$\dot{x} = f(x) \tag{2.3}$$

即该系统是时不变系统。如果$f(t,x)$显式地依赖于t，则称该系统为非自治系统(Nonautonomous System)，此时系统(2.2)为时变系统。

对于一个自治的被控对象，如果采用时变的控制器，那么一般来说，会得到一个非自治的闭环系统。严格地说，所有的实际系统均为非自治的，因为它们的动态特征不可能严格时不变。自治系统只是一种理想概念，就像利用线性系统对实际系统进行描述一样。实际上，许多系统的参数变化非常缓慢，因此可以忽略时变性不会引起任何有实际意义的偏差。

本章考虑的系统的稳定性，主要是系统平衡点的稳定性。首先考虑自治系统的平衡点。记系统(2.3)的解为$x(t)$，如果状态空间中的某个点x^*对于任意t满足

$$x(t_1) = x^* \Rightarrow x(t) = x^*$$

则称其为系统(2.3)的一个平衡状态或平衡点(Equilibrium Point)。显然，x^*为系统(2.3)平衡点的条件是$f(x^*) = 0$。我们一般假设$\mathbb{R}^n$空间中的原点为平衡点，即

$$x^* = 0,\ f(0) = 0$$

这样的假设并不失一般性。如果$x^* \neq 0$，则作变量变换$y = x - x^*$，可得

$$\dot{y} = \dot{x} = f(x) = f(y + x*) \triangleq g(y)$$

其中$g(0) = 0$。显然，变换后的系统(状态变量变为y)的平衡点为原点。

对于非自治系统(2.2)，如果

$$f(t, x^*) = 0,\ \forall t \geq t_0$$

则称x^*为系统的平衡点。与自治系统类似，我们同样假设状态空间的原点0为系统的平衡点，即$f(t,0) = 0,\ \forall t \geq t_0$。对于非自治系统来说，平衡点$0$可以看作是由某个系统的非零解经变换而得到的。设$\bar{y}$为系统

$$\dot{y} = g(t, y) \tag{2.4}$$

关于某一给定初始条件的解。作变量变换$x = y - \bar{y}(t)$，则

$$\dot{x} = \dot{y} - \dot{\bar{y}}(t) = g(t, x + y(t)) - \dot{\bar{y}}(t) \triangleq \bar{g}(t, x) \tag{2.5}$$

由于 $\bar{\boldsymbol{y}}(t)$ 为系统(2.4) 的解,因而满足$\dot{\bar{\boldsymbol{y}}}=\boldsymbol{g}(t,\bar{\boldsymbol{y}})$,可知 $\boldsymbol{0}$ 为系统(2.5) 的平衡点。

如果 $\bar{\boldsymbol{y}}(t)=\text{const}\neq 0$,则上述变量变换将非线性系统(2.4) 的非零平衡点变换为非线性系统(2.5) 的零平衡点,这与自治系统时的情形相类似。

经过平衡点变换,一方面,可以将非零平衡点变换到原点,另一方面,可以将一个系统的解变换为另一系统的平衡点。即使系统是自治的,一般来说,系统的解也是一个关于时间的函数,因而变换后的系统一般来说也是非自治的。

需要说明的是,有些非线性系统不存在平衡点,如系统

$$\dot{x}=-x+\beta\sin t,\ \beta=\text{const}\neq 0$$

就不存在平衡点。对于这样的系统,在进行稳定性研究时,可以将 $\sin t$ 视为外部输入信号,考察在这一输入信号作用下系统

$$\dot{x}=-x+\beta u$$

状态的有界性。

与自治系统相比,非自治系统的参数随时间变化,导致系统的性质会有很大差别。例如,考虑线性自治系统的一个例子:质量 - 弹簧 - 阻尼器系统,系统方程为

$$\ddot{x}+k\dot{x}+x=0,\ k>0$$

系统的平衡点 $x=0,\ \dot{x}=0$,由于矩阵

$$\boldsymbol{A}=\begin{bmatrix}0 & 1\\ -1 & -k\end{bmatrix}$$

特征值具有负实部,因此根据线性系统理论,系统的解都是趋向于平衡点的。对于较小的 k,如 $k=0.2$,系统相应的存在明显的振荡,随着 k 值的增大,振荡逐渐减弱,直至消失。考虑加大系统的阻尼,增加非自治项,即考虑系统

$$\ddot{x}+(2+\mathrm{e}^{t})\dot{x}+x=0$$

容易看出,系统的平衡点仍然是 $x=0,\ \dot{x}=0$,而且矩阵

$$\boldsymbol{A}=\begin{bmatrix}0 & 1\\ -1 & -2-\mathrm{e}^{t}\end{bmatrix}$$

的特征值也都具有负实部。考虑初始条件 $x(0)=2,\ \dot{x}(0)=-1$,可以求得

$$x(t)=1+\mathrm{e}^{-t}$$

显然,此时系统的解满足

$$\lim_{t\to\infty}x(t)=1,\ \lim_{t\to\infty}\dot{x}(t)=0$$

而 $x=1,\ \dot{x}=0$ 并非系统的平衡点。

2.2　自治系统的稳定性

2.2.1　稳定性的定义

对于自治非线性系统考虑系统

$$\dot{\boldsymbol{x}}=\boldsymbol{f}(\boldsymbol{x}),\ \boldsymbol{x}\in\mathbb{R}^{n}\tag{2.6}$$

假设系统的平衡点为状态空间中的原点，即满足$\boldsymbol{f}(\boldsymbol{0})=\boldsymbol{0}$，时间起点为$t_0=0$，由状态初值$\boldsymbol{x}(0)$确定的系统的解为$\boldsymbol{x}(t)$。

1. 稳定性(Stability)

如果对于$\forall\varepsilon>0$，都存在$\delta=\delta(\varepsilon)>0$，使得当$\|\boldsymbol{x}(0)\|<\delta$时有

$$\|\boldsymbol{x}(t)\|<\varepsilon,\forall t>0$$

成立，则称系统(2.6)的平衡点$\boldsymbol{0}$在Lyapunov意义下是稳定的；如果不是稳定的，则称系统(2.3)的平衡点为不稳定的。

状态空间中平衡点的稳定性如图2.1所示。

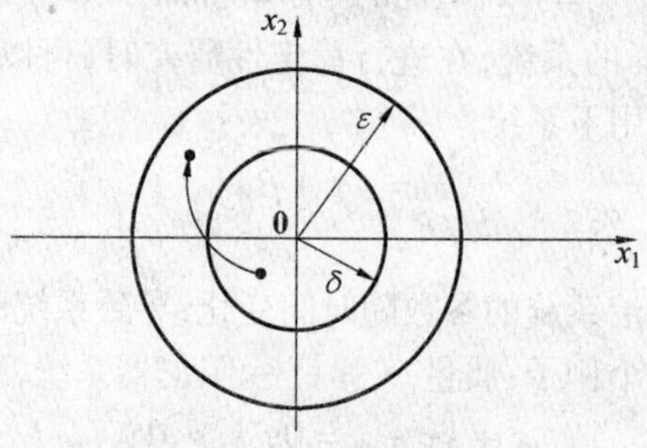

图2.1 稳定性的示意图

例2.5 线性系统

$$\begin{bmatrix}\dot{x}_1(t)\\ \dot{x}_2(t)\end{bmatrix}=\begin{bmatrix}0 & \omega\\ -\omega & 0\end{bmatrix}\begin{bmatrix}x_1(t)\\ x_2(t)\end{bmatrix},\begin{bmatrix}x_1(0)\\ x_2(0)\end{bmatrix}=\begin{bmatrix}x_{10}\\ x_{20}\end{bmatrix},\omega>0$$

的解为

$$x_1(t)=x_{10}\cos\omega t+x_{20}\sin\omega t$$
$$x_2(t)=-x_{10}\sin\omega t+x_{20}\cos\omega t$$

根据上述稳定性的定义，可以判断出系统是稳定的。

按照这种方式定义的稳定性具有实际的意义。假设系统正常工作时处于平衡点的位置，当系统受到扰动，状态偏离平衡点时，Lyapunov意义下的稳定性要求系统的状态仍然维持在平衡点的附近而不发散，以保证系统的正常工作。当然，更理想的情况是系统的状态能够逐渐恢复到平衡点，这实际上就是渐近稳定性。

2. 渐近稳定性(Asymptotic Stability)

如果平衡点是稳定的，并且存在$\delta>0$，当$\|\boldsymbol{x}(0)\|<\delta$时，由$\boldsymbol{x}(0)$决定的解$\boldsymbol{x}(t)$满足

$$\lim_{t\to\infty}\boldsymbol{x}(t)=0$$

则称系统(2.6)的平衡点是渐近稳定的。

这里定义的稳定性和渐近稳定性都是局部的稳定性。渐近稳定性相当于要求平衡点稳定且系统的状态相对于平衡点具有收敛性，即系统的状态渐近地收敛于平衡点。需要注意的是，稳定性与状态收敛性是相互独立的，由状态的收敛性不能推出稳定性的结论，即可能存在这样的情形：系统的状态收敛到平衡点，但该平衡点并不是稳定的。图2.2给

出这样的一个示意图，假设在虚线包围的范围内，以任意一点作为初始状态，所确定的系统轨线均与外边的椭圆相切，然后收敛到平衡点。平衡点具有状态收敛性，但根据稳定性的定义，很容易判断平衡点是不稳定的。按照这种方式定义渐近稳定性也是有实际意义的。稳定性保证了系统状态受到扰动偏离平衡点后仍然能够保持在平衡点的附近，相当于保证了系统状态处于正常或安全的工作范围内（如图2.2中虚线包围的范围），而渐近稳定性保证了系统状态会再收敛到平衡点。如果系统只具有状态的收敛性而不满足稳定性，则系统的状态可能偏离平衡点很远的距离后才能收敛。在这一过程中，系统的状态可能超出了系统的正常或安全的工作范围，而这在实际的系统运行中可能是不允许的。

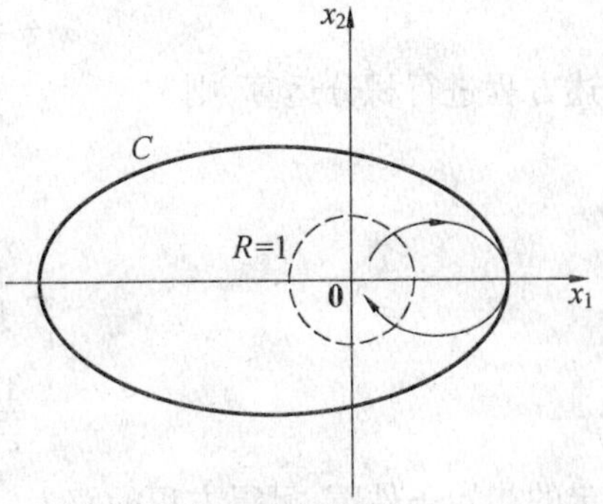

图2.2　状态收敛但不稳定的示意图

3. 指数稳定性（Exponential Stability）

如果存在 $k>0, \lambda>0$ 和 $\delta>0$，使得

$$\|\boldsymbol{x}(t)\| \leqslant k\|\boldsymbol{x}(0)\| \mathrm{e}^{-\lambda t},\ \|\boldsymbol{x}(0)\| \leqslant \delta, \forall t>0$$

则称系统(2.6)的平衡点是指数稳定的。

对于指数稳定的平衡点，系统状态向原点收敛的速度不小于由 $\lambda>0$ 表征的指数函数的收敛速度，因而称 $\lambda>0$ 为指数收敛率。

平衡点的指数稳定对扰动具有鲁棒性，具体见后面关于 Lyapunov 间接方法的讨论。

3种稳定性之间存在包含的关系，即由指数稳定性可得渐近稳定性，由渐近稳定性可得稳定性。对于一般的非线性系统来说，它们不是等价的，但是对于线性定常系统来说，渐近稳定性和指数稳定性是等价的。

例2.6　指数稳定性。考虑一阶系统

$$\dot{x}=-(1+\sin^2 x)x, x(0)=x_0$$

对上述方程进行积分运算，有

$$\frac{\mathrm{d}x}{x}=-(1+\sin^2(x))\mathrm{d}t$$

$$\int_{x_0}^{x}\frac{\mathrm{d}x}{x}=-\int_0^t(1+\sin^2 x(\tau))\mathrm{d}\tau$$

$$\ln x-\ln x_0=-t-\int_0^t \sin^2 x(\tau)\mathrm{d}\tau$$

可得方程的解满足

$$x(t)=x_0\mathrm{e}^{-t-\int_0^t \sin^2 x(\tau)\mathrm{d}\tau}$$

$$|x(t)| \leqslant |x_0| \mathrm{e}^{-t}, 0<\mathrm{e}^{-\int_0^t \sin^2 x(\tau)\mathrm{d}\tau} \leqslant 1$$

因而所给系统的平衡点是指数稳定的。不难看出，平衡点也是渐近稳定的。

例2.7　渐近稳定但非指数稳定。考虑一阶系统

$$\dot{x}=-x^3,x(0)=x_0$$

对上述方程进行积分运算,则

$$-\frac{\mathrm{d}x}{x^3}=\mathrm{d}t$$

$$-\int_{x_0}^{x}\frac{\mathrm{d}y}{y^3}=\int_0^t\mathrm{d}\tau$$

$$\frac{1}{x^2}-\frac{1}{x_0^2}=2t$$

在给定的初始条件下,可得方程的解为

$$x(t)=\frac{x_0}{\sqrt{2x_0^2t+1}}$$

根据定义可判断出系统的平衡点是渐近稳定的,但系统不是指数稳定的。这一结论可验证如下。取 $x_0=1$,假设系统是指数稳定的,则存在常数 $k>0,\lambda>0$,使得

$$\frac{1}{\sqrt{2t+1}}\leqslant k\mathrm{e}^{-\lambda t}$$

对上式两边进行积分运算,可得

$$\int_0^t\frac{1}{\sqrt{1+2\tau}}\mathrm{d}\tau\leqslant\int_0^t k\mathrm{e}^{-\lambda\tau}\mathrm{d}\tau$$

$$\sqrt{1+2t}-1\leqslant\frac{k}{\lambda}-\frac{k}{\lambda}\mathrm{e}^{-\lambda t}$$

当 $t\to\infty$ 时,上式等号左边趋向于 $+\infty$,上式等号右边趋向于$\frac{k}{\lambda}$,出现矛盾,因而关于指数稳定的假设不成立。显然,不管 λ 取多小,k 取多大,系统状态的收敛速度都慢于指数函数 $k\mathrm{e}^{-\lambda t}$ 的收敛速度。

上述稳定性的概念都是局部的,即只要求系统的初值在平衡点附近,讨论的是由初值所决定的系统的解关于平衡点的稳定性。当初始状态与平衡点有一定距离时,局部性质几乎不提供系统将如何变化的信息,因此需要引入全局稳定性的概念。对于全局稳定性来说,有意义的是全局渐近稳定性。

4. 全局渐近稳定性(Global Asymptotic Stability)

如果对于任意的初始状态 $\boldsymbol{x}(0)\in\mathbb{R}^n$,渐近稳定性均成立,则称非线性系统(2.3)的平衡点 $\boldsymbol{x}=\boldsymbol{0}$ 是全局渐近稳定的。

对于全局渐近稳定性来说,一个显然的必要条件是原点为系统唯一的平衡点。

对于线性时不变系统,稳定性包括渐近稳定、临界稳定和不稳定情形。从线性系统的模态分解可以看出,线性系统的渐近稳定总是全局和指数稳定的,不稳定总是指数发散的。对于非线性系统来说,与线性系统的主要区别是线性系统的稳定性对于全状态空间都是一样的,而非线性系统需单独定义全局稳定性。

对于线性系统来说,渐近稳定性与指数稳定性是等价的(见2.2.3节),而对于非线性系统来说,由例2.7可以看出,渐近稳定性和指数稳定性并不等价。指数稳定性是非常好

的性质，但是对于非线性系统来说，当涉及非线性坐标变换时，渐近稳定性更有意义，这是因为渐近稳定性不受系统坐标变换的影响，而一个指数稳定的系统，经过非线性坐标变换后，系统可能不再是指数稳定的，而只是渐近稳定的。只有线性坐标变换才能保持系统的指数稳定性不受坐标变换的影响。

2.2.2　Lyapunov 直接方法

给定非线性系统(2.6)，如果能够求出系统的解析解 $\boldsymbol{x}(t)$，则可以根据稳定性的定义判断系统的稳定性。但是对于非线性系统来说，实际上很难得到系统的解析解。对于机械或电网络等实际系统，系统的能量总是连续耗散的，因此系统的状态最终将趋向于系统的平衡点，即平衡点是稳定的，如对于例1.1中的单摆系统，由于摩擦力的存在，质点的能量不断消耗，最终将停在竖直的平衡位置。Lyapunov 直接方法可看作是这一思想的推广：通过定义一个标函数，考察这个标量函数沿着系统的解对于时间的全导数来判断系统的稳定性。这时不需要求解系统的解析解。

首先介绍一些要用到的概念。

对于一个以 $\boldsymbol{x}\in\mathbb{R}^n$ 为自变量的标量连续函数 $V(\boldsymbol{x})$，假设 $V(\boldsymbol{0})=0$。如果在包含 $\boldsymbol{0}$ 的一个区域 $D\subset\mathbb{R}^n$ 上，对于 $\forall\boldsymbol{x}\in D$，当 $\boldsymbol{x}\neq 0$ 时，有 $V(\boldsymbol{x})>0$，则称 $V(\boldsymbol{x})$ 是局部正定的(Locally Positive Definite)；如果对于 $\forall\boldsymbol{x}\in\mathbb{R}^n$，当 $\boldsymbol{x}\neq 0$ 时，有 $V(\boldsymbol{x})>0$，则称 $V(\boldsymbol{x})$ 是全局(Globally) 正定的；如果 $V(\boldsymbol{x})\geqslant 0$，则称 $V(\boldsymbol{x})$ 是半正定的(Positive Semi-definite)；若 $-V(\boldsymbol{x})$ 是正定的或半正定的，则称 $V(\boldsymbol{x})$ 是负定的或半负定的(Negative Definite or Negative Semi-definite)。

例 2.8　设 $\boldsymbol{x}=\begin{bmatrix}x_1\\x_2\end{bmatrix}\in\mathbb{R}^2$，$V_1(\boldsymbol{x})=x_1^2+x_2^2$，则 $V_1(\boldsymbol{x})$ 是正定的。设 $V_2(\boldsymbol{x})=x_1^2$，则 $V_2(\boldsymbol{x})$ 是半正定的。若 $\boldsymbol{x}=\begin{bmatrix}x_1\\x_2\\x_3\end{bmatrix}\in\mathbb{R}^3$，则 $V_1(\boldsymbol{x})=x_1^2+x_2^2$ 为半正定的。

如果在一个区域 $D\subset\mathbb{R}^n$ 内，$\boldsymbol{0}\in D$，标量函数 $V(\boldsymbol{x})$ 为正定的且具有连续的一阶偏导数，而且沿着系统(2.6) 的任何状态轨线对时间的全导数都是半负定的，即 $\dot V(\boldsymbol{x})\leqslant 0$，则称 $V(\boldsymbol{x})$ 为系统(2.6) 的 Lyapunov 函数。将 $\dot V(\boldsymbol{x})$ 记为 $V(\boldsymbol{x})$ 沿系统(2.3) 的解(状态轨迹) 对时间的全导数，设以 $\boldsymbol{x}_0$ 为初值的解为 $\boldsymbol{x}(t)=\boldsymbol{\Phi}(t,\boldsymbol{x}_0)$，则

$$\dot V(\boldsymbol{x})=\frac{\mathrm{d}}{\mathrm{d}t}V(\boldsymbol{\Phi}(t,\boldsymbol{x}_0))=\frac{\partial V(\boldsymbol{x})}{\partial\boldsymbol{x}}\boldsymbol{f}(\boldsymbol{x})=\begin{bmatrix}\dfrac{\partial V}{\partial x_1} & \cdots & \dfrac{\partial V}{\partial x_n}\end{bmatrix}\begin{bmatrix}f_1\\ \vdots\\ f_n\end{bmatrix}\tag{2.7}$$

显然，在计算 $\dot V(\boldsymbol{x})$ 的过程中，并不需要知道系统(2.6) 的解 $\boldsymbol{\Phi}(t,x_0)$ 的具体形式。

定理 2.4　对于自治非线性系统(2.6) 及区域 $D\subset\mathbb{R}^n$，$\boldsymbol{0}\in D$，若存在具有连续一阶导数的标量函数 $V(\boldsymbol{x})$，使得对于 $\forall\boldsymbol{x}\in D$，$V(\boldsymbol{x})$ 是正定的，$\dot V(\boldsymbol{x})$ 是半负定的，则系统的平衡点是稳定的；如果在 D 内 $\dot V(\boldsymbol{x})$ 是负定的，则系统的平衡点是渐近稳定的。

对于2维系统，定理2.4可以形象地由图2.3来描述，其中 $V_1>V_2>V_3$，状态轨迹穿

过对应于越来越小的函数 $V(\boldsymbol{x})$ 的等值曲线。

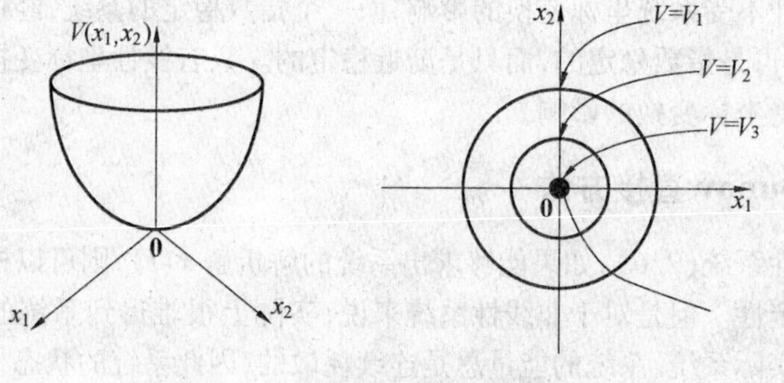

图 2.3 Lyapunov 稳定性的判定

定理2.4是依据标量函数 $V(\boldsymbol{x})$ 对时间的导数的定号性进行稳定性判断的,对时间变量的求导是沿系统(2.6)的解 $\boldsymbol{x}(t)$ 进行计算的,因而要求系统(2.6)的解 $\boldsymbol{x}(t)$ 存在。由式(2.7)可知,在求导过程中并不需要知道系统的具体解的形式,这也可看作是Lyapunov方法的一个优点。

前面将满足定理2.4中条件的函数 $V(\boldsymbol{x})$ 称为Lyapunov函数。定理2.4说明,给定一个系统,如果存在相应的 Lyapunov 函数,则系统是稳定的。需要说明的是,系统的Lyapunov 函数是不唯一,如后面讨论的线性系统情形。

对于给定的 $c>0$,方程 $V(\boldsymbol{x})=c$ 在 $\mathbb{R}^n$ 空间中决定了一个曲面,这个曲面称为Lyapunov 面。$\dot{V}(\boldsymbol{x})\leqslant 0$ 表明,状态轨迹穿过一个 Lyapunov 面

$$V(\boldsymbol{x})=c,\ c>0$$

时,轨线进入到集合

$$\{\boldsymbol{x}\in\mathbb{R}^n \mid V(\boldsymbol{x})\leqslant c, c>0\}$$

中,并保持在该集合中。因此,给定 $\varepsilon>0$ 后,通过适当选择 $\boldsymbol{x}(0)$,可以保证其在某一个Lyapunov 面所包围的区域内,并且使得对于 $\forall t\geqslant 0$,有

$$\boldsymbol{x}(t)\in B_\varepsilon=\{\boldsymbol{x}\in\mathbb{R}^n \mid \|\boldsymbol{x}\|\leqslant\varepsilon\}$$

成立,因而可得稳定性。若 $\dot{V}(\boldsymbol{x})<0$,则 $V(\boldsymbol{x})$ 关于时间 t 是单调递减的,系统轨线将从一个Lyapunov面移向其内部的另一个Lyapunov面,而内部的Lyapunov面对应于更小的 c。随着 c 的减小,一系列嵌套的Lyapunov面将收缩到原点,表明系统的轨线随着 $t\to\infty$ 而趋向于原点,此即渐近稳定性。另外,系统稳定时,根据定理2.3可知,系统存在唯一解。

在上述分析过程中,隐含的一点要求是:对于给定的 $c>0$,由 $V(\boldsymbol{x})=c$ 所决定的Lyapunov面是封闭的。对于足够小的 c 来说,Lyapunov函数是满足这一要求的(正定函数的连续性可以保证在0的附近局部成立),但对于全局来说,却不一定成立。由于这里讨论的是局部稳定性,因而在上述解释中没有明确要求这一点。

下面给出稳定性判定的例子。

例2.9 考虑例2.5中给出的线性系统,即

$$\begin{bmatrix}\dot{x}_1(t)\\ \dot{x}_2(t)\end{bmatrix}=\begin{bmatrix}0 & \omega\\ -\omega & 0\end{bmatrix}\begin{bmatrix}x_1(t)\\ x_2(t)\end{bmatrix}$$

选取候选的 Lyapunov 函数为 $V(\boldsymbol{x})=\boldsymbol{x}^{\mathrm{T}}\boldsymbol{x}$,则计算可得

$$\dot{V}(\boldsymbol{x}) = 0$$

因此根据定理 2.4 可知系统是稳定的,与例 2.5 中根据定义所得到的稳定性结论相同。

例 2.10　对于一阶系统

$$\dot{x} = -(1 + \sin^2 x)x, x(0) = x_0$$

选择候选的 Lyapunov 函数为 $V(x) = \frac{1}{2}x^2$,经计算可知

$$\dot{V}(x) = -x^2(1 + \sin^2 x)$$

是负定,因此系统渐近稳定。

例 2.11　对于一阶系统

$$\dot{x} = -x^3, x(0) = x_0$$

选取候选的 Lyapunov 函数为 $V(x) = \frac{1}{2}x^2$,经计算可得

$$\dot{V}(x) = -x^4$$

是负定的,因此系统渐近稳定。

例 2.12　考虑一阶系统

$$\dot{x} = -g(x)$$

其中 $g(0) = 0$,对于 $\forall x \neq 0, x \in D = (-a, a)$,有

$$x \cdot g(x) > 0$$

其示意图如图 2.4 所示。显然,原点 0 是系统的一个平衡点。取

$$V(x) = \int_0^x g(y)\,\mathrm{d}y$$

显然 $V(0) = 0$,而且当 $x \in D$,且 $x \neq 0$ 时,$V(x) > 0$,因此 $V(x)$ 是正定的,可以取为系统的候选 Lyapunov 函数。计算

$$\dot{V}(x) = \frac{\partial V}{\partial x}(-g(x)) = -g^2(x)$$

显然,当 $x \in D, x \neq 0$ 时,有 $\dot{V}(x) < 0$,因此,原点 0 是渐近稳定的。

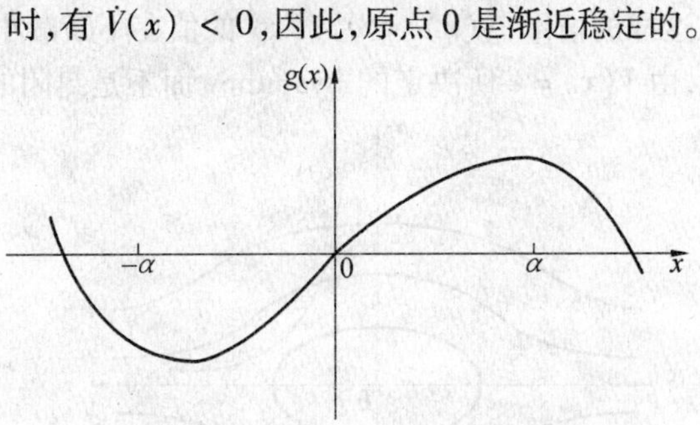

图 2.4　$g(x)$ 的示意图

例 2.13　对于非线性系统

$$\dot{x} = -x + x^3$$

选择候选的 Lyapunov 函数为 $V(x) = \frac{1}{2}x^2$,则计算可得

$$\dot{V}(x) = -x^2 + x^4$$

在平衡点0附近,低次项起主导作用(实际上,只要满足 $|x|<1$ 即可),因此可得 $\dot{V}(x)$ 的负定性,原点渐近稳定。系统共存在3个平衡点,其他两个平衡点为1和 -1,根据系统解的存在性和唯一性,直观上可以判断出这两个平衡点是不稳定的。

下面对上述例子进行一些说明。考虑例2.11和例2.13,可以发现,对于正整数 n,考虑如下形式的系统

$$\dot{x}(t)=ax^n$$

当 $a<0$,n 为奇数时,系统渐近稳定;当 $a>0$ 或 n 为偶数时,从直观上可以判断出系统是不稳定的。这一结论可以推广到更一般的系统,即

$$\dot{x}(t)=ax^n+G_n(x)$$
$$G_n^{(i)}(0)=0,i=0,1,\cdots,n$$

其中,$G_n(x)$ 相当于高次项,对于在原点的平衡点没有影响。

在上述例子中,例2.12、例2.13中系统的稳定性是局部稳定的,要求系统的初值满足一定的条件;而例2.9、例2.10、例2.11中系统的平衡点都是唯一的,其稳定性与初值的选取是无关的,实际上是全局稳定的。

依据局部稳定性的分析,将区域 D 取为全状态空间 $\mathbb{R}^n$,同样的方法可以用来分析全局稳定性。前面对定理2.4进行解释时,说明了对于给定的 $c>0$,要求由 $V(\boldsymbol{x})=c$ 所确定的 Lyapunov 面是封闭的。因此,对于全局情形,需要对 Lyapunov 函数进行一定的限制。

如果当 $\|\boldsymbol{x}\|\to\infty$ 时,$V(\boldsymbol{x})\to\infty$,则 $V(\boldsymbol{x})$ 称为径向无界(Radially Unbounded)的。

在上述定义中,$\|\boldsymbol{x}\|\to\infty$ 意味着 x 可以沿任意的方向趋于无穷。对于 $\boldsymbol{x}\in\mathbb{R}^2$,考虑标量函数

$$V(\boldsymbol{x})=\frac{x_1^2}{1+x_1^2}+x_2^2$$

显然,$V(\boldsymbol{0})=0$,且对于 $\forall\boldsymbol{x}\in\mathbb{R}^2$,当 $\boldsymbol{x}\neq\boldsymbol{0}$ 时,有 $V(\boldsymbol{x})>0$ 成立,即 $V(\boldsymbol{x})$ 是正定的。但是,$V(\boldsymbol{x})$ 不是径向无界的,因为 $\|\boldsymbol{x}\|$ 沿着 $x_2=0$, $|x_1|\to\infty$ 这个方向趋于 ∞ 时,$V(\boldsymbol{x})\to 1$。此时存在这样的情形:$\dot{V}(\boldsymbol{x})<0$,$V(\boldsymbol{x})$ 的值在不断减小,但 $\boldsymbol{x}$ 是发散的,即此时对于较大的 c 来说,由 $V(\boldsymbol{x})=c$ 所决定的 Lyapunov 面不是封闭的,如图2.5所示。

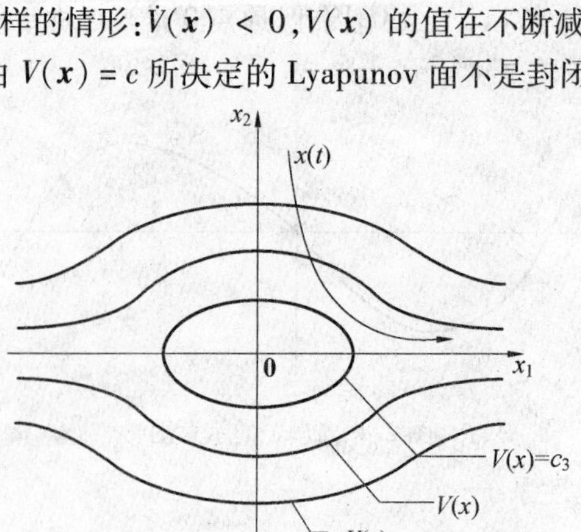

图2.5　不满足径向无界条件的情形

径向无界的限制使得对于 $\forall c>0$,由 $V(\boldsymbol{x})=c$ 所决定的 Lyapunov 面都是封闭的,因

此当条件 $\dot{V}(x)<0$ 成立时,随着 c 值的减小并趋向于0,由 $V(\boldsymbol{x})=c$ 所决定的各嵌套的 Lyapunov 面收缩向原点,可以保证系统的全局渐近稳定性。

定理2.5　对于系统(2.6),假设存在全局正定的标量函数 $V(\boldsymbol{x})$,具有连续的一阶导数,$\dot{V}(\boldsymbol{x})$ 负定,且 $V(\boldsymbol{x})$ 是径向无界的,则平衡点是原点,即是全局渐近稳定的。

例2.14　考虑非线性系统

$$\dot{x}_1=x_2-x_1(x_1^2+x_2^2)$$
$$\dot{x}_2=-x_1-x_2(x_1^2+x_2^2)$$

显然,状态空间的原点为系统的唯一平衡点。取径向无界的候选 Lyapunov 函数为

$$V(\boldsymbol{x})=x_1^2+x_2^2$$

则 $V(\boldsymbol{x})$ 沿任意系统轨迹的导数为

$$\dot{V}(\boldsymbol{x})=2x_1\dot{x}_1+2x_2\dot{x}_2=-2\,(x_1^2+x_2^2)^2$$

显然 $\dot{V}(\boldsymbol{x})$ 是负定的,因此原点是全局渐近稳定的。

对于同一个系统可能存在多个 Lyapunov 函数。如果对于给定的系统,V 是一个 Lyapunov 函数,则对于 $\rho>0,\alpha>1$,有

$$V_1=\rho V^{\alpha}$$

也是系统的一个 Lyapunov 函数。对于一个给定系统,选择适当的 Lyapunov 函数,可能会得到更精确的结果。

定理2.4和定理2.5给出的是稳定性判别的充分条件,如果对于一个候选的 Lyapunov 函数 V,其导数 $\dot{V}$ 是不定的,则对系统的稳定性或不稳定性得不出任何结果,唯一的结论是需要寻找另一个候选 Lyapunov 函数。

上述关于连续系统的 Lyapunov 分析方法可以推广到离散性系统。考虑离散时间非线性系统

$$\boldsymbol{x}(k+1)=\boldsymbol{f}(\boldsymbol{x}(k)),\boldsymbol{f}(\boldsymbol{0})=\boldsymbol{0}\tag{2.8}$$

如果存在状态空间中的一点 $\boldsymbol{x}^*$,满足 $\boldsymbol{f}(\boldsymbol{x}^*)=\boldsymbol{x}^*$,则 $\boldsymbol{x}^*$ 为系统的平衡点。在式(2.8)中实际上我们假设了0为系统的平衡点。与连续系统相对应,可以给出离散系统的稳定性定义。

如果对于 $\forall\varepsilon>0$,存在 $\delta(\varepsilon)>0$,使得当 $\|\boldsymbol{x}(0)\|<\delta$ 时有

$$\|\boldsymbol{x}(k)\|<\varepsilon,\forall k\geqslant 0$$

则称系统(2.8)的平衡点0是稳定的;如果不是稳定的,则称系统的平衡点为不稳定的。如果平衡点是稳定的,并且存在 $\delta>0$,使得当 $\|\boldsymbol{x}(0)\|<\delta$ 时有

$$\lim_{k\to\infty}\|\boldsymbol{x}(k)\|=0$$

则称系统的平衡点0是渐近稳定的。

标量函数 $V(\boldsymbol{x})$ 沿系统(2.8)的变化率定义为

$$\Delta V(\boldsymbol{x})=V(\boldsymbol{x}(k+1))-V(\boldsymbol{x}(k))=V(\boldsymbol{f}(\boldsymbol{x}))-V(\boldsymbol{x})$$

定理2.6　如果在原点的一个邻域内存在一个连续正定函数 $V(\boldsymbol{x})$,而且 $\Delta V(\boldsymbol{x})$ 是半负定的,则系统(2.8)的平衡点是稳定的;如果 $\Delta V(\boldsymbol{x})$ 是负定的,则系统(2.8)的平衡点是渐近稳定的。如果渐近稳定性的条件全局成立(对于 $\forall\boldsymbol{x}\in\mathbb{R}^n$,$\Delta V(\boldsymbol{x})$ 均是负定的),且 $V(\boldsymbol{x})$ 径向无界,则平衡点是全局渐近稳定的。

例 2.15 对于离散时间线性系统

$$\boldsymbol{x}(k+1)=\boldsymbol{A}\boldsymbol{x}(k) \tag{2.9}$$

取 $V(\boldsymbol{x})=\boldsymbol{x}^{\mathrm{T}}\boldsymbol{P}\boldsymbol{x},\ \boldsymbol{P}>0$,计算 $\Delta V(\boldsymbol{x})$,可得

$$\Delta V(\boldsymbol{x})=\boldsymbol{x}^{\mathrm{T}}(k)(\boldsymbol{A}^{\mathrm{T}}\boldsymbol{P}\boldsymbol{A}-\boldsymbol{P})x(k)$$

因此可得结论:对于 $\boldsymbol{Q}\geqslant 0$,如果矩阵方程

$$\boldsymbol{A}^{\mathrm{T}}\boldsymbol{P}\boldsymbol{A}-\boldsymbol{P}+\boldsymbol{Q}=0 \tag{2.10}$$

存在正定解 $\boldsymbol{P}$,则系统是稳定的。如果 $\boldsymbol{Q}>0$,上述方程存在正定解 $\boldsymbol{P}$,则系统是(全局)渐近稳定的。实际上,方程(2.10)即为线性离散时间线性系统(2.9)的 Lyapunov 方程。

2.2.3 Lyapunov 间接方法

Lyapunov 间接方法是基于线性系统的稳定性来判断非线性系统的稳定性,因此也称为线性近似(Linear Approximation)方法。由于是利用线性系统来判断原非线性系统的性质,因此只能是非线性系统的局部稳定性。线性化的结果也说明了线性控制方法的合理性。

对于线性系统

$$\dot{\boldsymbol{x}}=\boldsymbol{A}\boldsymbol{x},\ \boldsymbol{A}\in\mathbb{R}^{n\times n} \tag{2.11}$$

显然 $\boldsymbol{0}$ 为系统的平衡点。如果矩阵 $\boldsymbol{A}$ 的特征值的实部 $\mathrm{Re}\lambda_i(\boldsymbol{A})<0, i=1,2,\cdots,n$,则上述系统的平衡点是渐近稳定的。此时,对于给定的正定对称矩阵 $\boldsymbol{Q}\in\mathbb{R}^{n\times n}$,Lyapunov 方程

$$\boldsymbol{A}^{\mathrm{T}}\boldsymbol{P}+\boldsymbol{P}\boldsymbol{A}+\boldsymbol{Q}=\boldsymbol{0}$$

有正定对称解 $\boldsymbol{P}$。取 $V(\boldsymbol{x})=\boldsymbol{x}^{\mathrm{T}}\boldsymbol{P}\boldsymbol{x}$,则

$$\dot{V}(\boldsymbol{x})=\boldsymbol{x}^{\mathrm{T}}(\boldsymbol{A}^{\mathrm{T}}\boldsymbol{P}+\boldsymbol{P}\boldsymbol{A})\boldsymbol{x}=-\boldsymbol{x}^{\mathrm{T}}\boldsymbol{Q}\boldsymbol{x}<0,\ \forall\boldsymbol{x}\neq 0$$

因而由定理 2.4,也可得到系统(2.11)的渐近稳定性。

考虑自治非线性系统(2.6),假设 $\boldsymbol{f}(\boldsymbol{x})$ 是连续可微的,在平衡点附近对 $\boldsymbol{f}(\boldsymbol{x})$ 进行泰勒展开,则系统动态可以写为

$$\dot{\boldsymbol{x}}=\left.\frac{\partial\boldsymbol{f}}{\partial\boldsymbol{x}}\right|_{\boldsymbol{x}=\boldsymbol{0}}\boldsymbol{x}+\boldsymbol{f}_{\mathrm{h.o.t}}(\boldsymbol{x}) \tag{2.12}$$

其中,$\boldsymbol{f}_{\mathrm{h.o.t}}(\boldsymbol{x})$ 表示含 $\boldsymbol{x}$ 的高阶项。此处,$\dfrac{\partial\boldsymbol{f}(\boldsymbol{x})}{\partial\boldsymbol{x}}$ 为 $\boldsymbol{f}(\boldsymbol{x})$ 的 Jacobi 矩阵,即

$$\frac{\partial\boldsymbol{f}(\boldsymbol{x})}{\partial\boldsymbol{x}}=\begin{bmatrix}\dfrac{\partial f_1(\boldsymbol{x})}{\partial x_1} & \dfrac{\partial f_1(\boldsymbol{x})}{\partial x_2} & \cdots & \dfrac{\partial f_1(\boldsymbol{x})}{\partial x_n}\\ \dfrac{\partial f_2(\boldsymbol{x})}{\partial x_1} & \dfrac{\partial f_2(\boldsymbol{x})}{\partial x_2} & \cdots & \dfrac{\partial f_2(\boldsymbol{x})}{\partial x_n}\\ \vdots & \vdots & & \vdots\\ \dfrac{\partial f_n(\boldsymbol{x})}{\partial x_1} & \dfrac{\partial f_n(\boldsymbol{x})}{\partial x_2} & \cdots & \dfrac{\partial f_n(\boldsymbol{x})}{\partial x_n}\end{bmatrix}$$

用常数矩阵 $\boldsymbol{A}$ 表示上述 Jacobi 矩阵在原点 $\boldsymbol{x}=\boldsymbol{0}$ 处的值，即令

$$\boldsymbol{A}=\left.\frac{\partial \boldsymbol{f}}{\partial \boldsymbol{x}}\right|_{\boldsymbol{x}=\boldsymbol{0}}$$

忽略式(2.12)中的高阶项 $\boldsymbol{f}_{\mathrm{h.o.t}}(\boldsymbol{x})$，可得线性系统

$$\dot{\boldsymbol{x}}=\boldsymbol{A}\boldsymbol{x} \tag{2.13}$$

称为非线性系统(2.6)在平衡点 $\boldsymbol{0}$ 处的线性近似系统。

例 2.16　考察非线性系统

$$\dot{x}_1=x_2^2+x_1\cos x_2$$
$$\dot{x}_2=x_2+(x_1+1)x_1+x_1\sin x_2$$

其线性近似系统为

$$\dot{\boldsymbol{x}}=\begin{pmatrix}1 & 0\\ 1 & 1\end{pmatrix}\boldsymbol{x}$$

定理 2.7　对于非线性系统(2.6)及其线性近似系统(2.13)，如果线性近似系统(2.13)满足 $\mathrm{Re}\lambda_i(\boldsymbol{A})<0,\ i=1,2,\cdots,n$，则非线性系统(2.6)的平衡点 $\boldsymbol{0}$ 是渐近稳定的；如果有一个或多个 $\boldsymbol{A}$ 的特征值的实部大于零，即存在 $1\leqslant i\leqslant n$，使得 $\mathrm{Re}\lambda_i(\boldsymbol{A})>0$，则非线性系统(2.6)的平衡点是不稳定的。

证明　这里只给出第一个结论的证明。由于 $\boldsymbol{f}(\boldsymbol{x})$ 连续可导，根据微分中值定理，存在介于 $\boldsymbol{0}$ 和 $\boldsymbol{x}$ 的 $z\in\mathbb{R}^n$，使得

$$f_i(\boldsymbol{x})-f_i(\boldsymbol{0})=\frac{\partial f_i(z)}{\partial \boldsymbol{x}}\boldsymbol{x}$$

由于 $f_i(\boldsymbol{0})=\boldsymbol{0}$，故

$$f_i(\boldsymbol{x})=\frac{\partial f_i(z)}{\partial \boldsymbol{x}}\boldsymbol{x}=\frac{\partial f_i(\boldsymbol{0})}{\partial \boldsymbol{x}}\boldsymbol{x}+\left(\frac{\partial f_i(z)}{\partial \boldsymbol{x}}-\frac{\partial f_i(\boldsymbol{0})}{\partial \boldsymbol{x}}\right)\boldsymbol{x},\ i=1,2,\cdots,n$$

因而有

$$\boldsymbol{f}(\boldsymbol{x})=\boldsymbol{A}\boldsymbol{x}+\boldsymbol{g}(\boldsymbol{x}) \tag{2.14}$$

其中

$$\boldsymbol{A}=\left.\frac{\partial \boldsymbol{f}(\boldsymbol{x})}{\partial \boldsymbol{x}}\right|_{\boldsymbol{x}=\boldsymbol{0}},\ \boldsymbol{g}(\boldsymbol{x})=\begin{pmatrix}g_1(\boldsymbol{x})\\ g_2(\boldsymbol{x})\\ \vdots\\ g_n(\boldsymbol{x})\end{pmatrix},\ g_i(\boldsymbol{x})=\left(\frac{\partial f_i(z)}{\partial \boldsymbol{x}}-\frac{\partial f_i(\boldsymbol{0})}{\partial \boldsymbol{x}}\right)\boldsymbol{x}$$

显然，$g_i(\boldsymbol{x})$ 满足

$$|g_i(\boldsymbol{x})|\leqslant\left\|\frac{\partial f_i(z)}{\partial \boldsymbol{x}}-\frac{\partial f_i(\boldsymbol{0})}{\partial \boldsymbol{x}}\right\|\|\boldsymbol{x}\|$$

因而由连续性可知

$$\frac{\|\boldsymbol{g}(\boldsymbol{x})\|}{\|\boldsymbol{x}\|}\to 0,\ \|\boldsymbol{x}\|\to 0 \tag{2.15}$$

由于 $\mathrm{Re}\lambda_i(\boldsymbol{A})<0,\ i=1,2,\cdots,n$，由前面关于线性系统(2.11)的讨论可知，对于给定的正定对称矩阵 $\boldsymbol{Q}\in\mathbb{R}^n$，Lyapunov 方程

$$A^{\mathrm{T}}P + PA + Q = 0 \tag{2.16}$$

有正定对称解 P。取系统(2.6) 的候选 Lyapunov 函数为

$$V(x) = x^{\mathrm{T}}Px \tag{2.17}$$

则由式(2.14) 可得 $V(x)$ 沿着系统(2.6) 对时间的全导数为

$$\begin{aligned}\dot{V}(x) = & -x^{\mathrm{T}}Qx + 2x^{\mathrm{T}}Pg(x) \leqslant \\ & -\lambda_{\min}(Q)\ \|x\|^2 + 2\|x\| \cdot \|P\| \cdot \|g(x)\|\end{aligned} \tag{2.18}$$

由式(2.15) 及极限的定义可得,对于给定的 $\gamma > 0$,存在 $k > 0$,使得 $\|x\| < k$ 时,$\dfrac{\|g(x)\|}{\|x\|} < \gamma$,即 $g(x)$ 满足

$$\|g(x)\| < \gamma\|x\| \tag{2.19}$$

将式(2.19) 代入式(2.18),可得

$$\dot{V}(x) \leqslant -(\lambda_{\min}(Q) - 2\|P\|\gamma)\ \|x\|^2 \tag{2.20}$$

取

$$\gamma < \frac{\lambda_{\min}(Q)}{2\|P\|} \tag{2.21}$$

则 $\dot{V}(x) < 0, \forall x \neq 0$,结论成立。

利用定理2.7 可以很容易地判断出,例2.16 给出的非线性系统是不稳定的。

在上述定理的证明过程中,按照式(2.17) 选取 Lyapunov 函数,式(2.20)、(2.21) 实际上保证了系统(2.6) 的指数稳定性①。由定理2.7 的证明过程可以看出,具有指数稳定性的线性系统对于系统中的不确定性具有一定的鲁棒性。在式(2.14) 中,将 Ax 视为系统(2.6) 模型中的标称部分,$g(x)$ 视为不确定性,标称系统(2.13) 是稳定的线性系统,不确定性满足式(2.19) 给出的界的限制,如果不确定性的界 γ 满足式(2.21),其中 P,Q 满足式(2.16),则根据定理2.7 的证明过程可以看出,标称系统的稳定性关于不确定性 $g(x)$ 具有鲁棒性。当考虑系统的镇定问题时,即考虑如下系统

$$\dot{x} = Ax + Bu + g(x) \tag{2.22}$$

其中,不确定性 $g(x)$ 满足式(2.19),当(A,B) 满足可控性或可镇定性的条件时,可以设计状态反馈镇定律

$$u = Kx \tag{2.23}$$

使得对于给定的 $Q > 0$,则方程

$$(A + BK)^{\mathrm{T}}P + P(A + BK) + Q = 0$$

存在正定对称解P。如果不确定性的界γ满足$\gamma < \dfrac{\lambda_{\min}(Q)}{2\|P\|}$,则不确定系统(2.22) 在镇定律(2.23) 作用下的闭环系统是渐近稳定(指数稳定) 的。在设计过程中,可以将 K 作为优化参数,以$\dfrac{\lambda_{\min}(Q)}{2\|P\|}$ 作为优化指标进行优化设计,以扩大允许的不确定性界的范围,增强系统稳定性的鲁棒性。

① 关于指数稳定性判定条件的讨论见2.3.2 节。

实际上,对于指数稳定的非线性系统,也有类似的结论。

定理 2.7 提供了确定原点处平衡点稳定性的简单步骤。对于系统(2.6),首先,计算在平衡点处$\boldsymbol{f}(\boldsymbol{x})$ 的 Jacobi 矩阵 $\boldsymbol{A}$;然后计算其特征值 $\lambda_i(\boldsymbol{A})$, $i=1,2,\cdots,n$。如果对于所有的 $i=1,2,\cdots,n$ 都有 $\mathrm{Re}\lambda_i \boldsymbol{A}<0$,或者存在 $1\leqslant j\leqslant n$ 使得 $\mathrm{Re}\lambda_j(\boldsymbol{A})>0$,则平衡点分别是渐近稳定的(实际上是指数稳定的)或者不稳定的。当然,由于线性近似只是在平衡点附近有效,这种判别方法只能给出局部稳定的结论。在判断稳定性的同时,定理 2.7 也给出了构造系统的 Lyapunov 函数的方法,即按照式(2.17)选取二次型 Lyapunov 函数,其中的 $\boldsymbol{P}$ 满足 Lyapunov 方程(2.16)。

如果矩阵 $\boldsymbol{A}$ 在复平面虚轴上存在极点,即

$$\mathrm{Re}\lambda_i(\boldsymbol{A})\leqslant 0,\ i=1,2,\cdots,n$$
$$\exists j,\ \mathrm{Re}\lambda_j(\boldsymbol{A})=0$$

则定理 2.7 无法给出稳定性的结论,这时平衡点的稳定性与 $\boldsymbol{g}(\boldsymbol{x})$ 项有关,可以通过中心流形(Center Manifold)理论来对问题进行简化后讨论稳定性。

例 2.17　考虑非线性系统

$$\dot{x}=-x^3+y$$
$$\dot{y}=x+u$$

将系统看作是两个子系统的互连,选取输出反馈控制,即

$$u=-Ky,\ K>0$$

则两个子系统的非受迫系统都是稳定的,而且高增益输出反馈可使第二个子系统获得较快的收敛速率。下面考察闭环系统的稳定性。闭环系统

$$\dot{x}=-x^3+y$$
$$\dot{y}=x-Ky$$

在平衡点(0,0)的 Jacobi 矩阵为

$$\boldsymbol{A}=\begin{bmatrix}0 & 1\\ 1 & -K\end{bmatrix}$$

其特征多项式为

$$\lambda^2+K\lambda-1=0$$

系统不稳定。

例 2.18　考虑一阶系统

$$\dot{x}=ax+bx^5$$

的原点是系统一个平衡点,该系统在原点附近的线性化为

$$\dot{x}=ax$$

应用定理 2.7,可以得出该非线性系统的稳定性:当 $a<0$ 时,系统渐近稳定;当 $a>0$ 时,系统不稳定;当 $a=0$ 时,不能由线性近似判断系统的稳定性质,此时可以应用 Lyapunov 直接方法判断。

例 2.19　考虑例 1.1 给出的单摆系统

$$ml\ddot{\theta}=-mg\sin\theta-kl\dot{\theta}$$

取 $x_1=\theta$,$x_2=\dot{\theta}$,则可得如下状态空间模型

$$\dot{x}_1 = x_2$$

$$\dot{x}_2 = -\frac{g}{l}\sin x_1 - \frac{k}{m}x_2$$

显然,系统有两个平衡点,即($x_1 = 0, x_2 = 0$)和($x_1 = \pi, x_2 = 0$)。系统的 Jacobi 矩阵为

$$\frac{\partial \boldsymbol{f}}{\partial \boldsymbol{x}} = \begin{pmatrix} 0 & 1 \\ -\frac{g}{l}\cos x_1 & -\frac{k}{m} \end{pmatrix}$$

对于第一个平衡点 $\boldsymbol{x} = \boldsymbol{0}$,Jacobi 矩阵为

$$\boldsymbol{A} = \begin{pmatrix} 0 & 1 \\ -\frac{g}{l} & -\frac{k}{m} \end{pmatrix}$$

当 $k \neq 0$ 时,$\boldsymbol{A}$ 的特征值满足 $\mathrm{Re}\lambda_i(\boldsymbol{A}) < 0$,因此原点处的平衡点是渐近稳定的。

对于第二个平衡点,$x_1 = \pi, x_2 = 0$,系统的 Jacobi 矩阵为

$$\widetilde{\boldsymbol{A}} = \begin{pmatrix} 0 & 1 \\ \frac{g}{l} & -\frac{k}{m} \end{pmatrix}$$

当 $k \neq 0$ 时,$\widetilde{\boldsymbol{A}}$ 存在复平面右半平面的特征值,因此该平衡点是不稳定的。

2.2.4 Krasovskii 方法

利用 Lyapunov 直接方法判断系统稳定性的关键是确定系统的 Lyapunov 函数。对于实际的物理系统,可以首先选择系统的能量函数作为候选的 Lyapunov 函数。对于一般的非线性系统,通常很难确定系统的 Lyapunov 函数。对于线性系统,可以通过求解 Lyapunov 方程判断稳定性,同时得到二次型 Lyapunov 函数。同样,Lyapunov 间接方法也可看作是一种确定 Lyapunov 函数的方法。

Krasovskii 方法给出了利用非线性系统的模型直接构造 Lyapunov 函数及判断稳定性的方法。

定理 2.8 假设非线性系统(2.6)满足

$$\boldsymbol{f}(\boldsymbol{0}) = \boldsymbol{0}, \boldsymbol{0} \in D \subset \mathbb{R}^n \tag{2.24}$$

令 $\boldsymbol{A}(\boldsymbol{x})$ 为 $\boldsymbol{f}(\boldsymbol{x})$ 的 Jacobi 矩阵,即 $\boldsymbol{A}(\boldsymbol{x}) = \frac{\partial \boldsymbol{f}(\boldsymbol{x})}{\partial \boldsymbol{x}}$,如果对于 $\forall \boldsymbol{x} \in D$,都有

$$\boldsymbol{F}(\boldsymbol{x}) \triangleq \boldsymbol{A}^{\mathrm{T}}(\boldsymbol{x}) + \boldsymbol{A}(\boldsymbol{x}) < 0$$

成立,则原点是渐近稳定的,且可选择 Lyapunov 函数为

$$V(\boldsymbol{x}) = \boldsymbol{f}^{\mathrm{T}}(\boldsymbol{x})\boldsymbol{f}(\boldsymbol{x}) \tag{2.25}$$

如果 $D = \mathbb{R}^n$,且 $V(\boldsymbol{x})$ 是径向无界的,则原点是全局渐近稳定的。

证明 由 $F(\boldsymbol{x})$ 是负定的,可得 Jacobi 矩阵 $\boldsymbol{A}(\boldsymbol{x})$ 可逆。否则,必存在 $\boldsymbol{y}_0 \neq \boldsymbol{0}$,使得 $\boldsymbol{A}(\boldsymbol{x})\boldsymbol{y}_0 = \boldsymbol{0}$,则由 $\boldsymbol{F}(\boldsymbol{x})$ 的负定性,可得

$$0 > \boldsymbol{y}_0^{\mathrm{T}}\boldsymbol{F}(\boldsymbol{x})\boldsymbol{y}_0 = 2\boldsymbol{y}_0^{\mathrm{T}}\boldsymbol{A}(\boldsymbol{x})\boldsymbol{y}_0 = 0$$

显然存在矛盾。由反函数定理,若 $\boldsymbol{A}(\boldsymbol{x})$ 可逆,则 $\boldsymbol{f}(\boldsymbol{x})$ 是可逆映射,即对于 $\boldsymbol{x} \in D$,若 $\boldsymbol{x} \neq \boldsymbol{0}$,则 $\boldsymbol{f}(\boldsymbol{x}) \neq \boldsymbol{0}$。对于由式(2.25)定义的 $V(\boldsymbol{x})$,计算其对时间的导数,可得

$$\dot{V}(\boldsymbol{x}) = \boldsymbol{f}^{\mathrm{T}}\dot{\boldsymbol{f}} + \dot{\boldsymbol{f}}^{\mathrm{T}}\boldsymbol{f} = \boldsymbol{f}^{\mathrm{T}}\boldsymbol{A}\boldsymbol{f} + \boldsymbol{f}^{\mathrm{T}}\boldsymbol{A}^{\mathrm{T}}\boldsymbol{f} = \boldsymbol{f}^{\mathrm{T}}\boldsymbol{F}\boldsymbol{f}$$

由 $\boldsymbol{F}(\boldsymbol{x})$ 是负定的,可知定理结论成立。如果上述条件全局成立,由 $V(\boldsymbol{x})$ 的径向无界性,可得原点的全局渐近稳定性。

因此定理 2.8 称为 Krasovskii 定理。

例 2.20　考虑非线性系统

$$\dot{x}_1 = -3x_1 + x_2$$
$$\dot{x}_2 = x_1 - x_2 - x_2^3$$

经计算,可得

$$\boldsymbol{A}(\boldsymbol{x}) = \frac{\partial \boldsymbol{f}}{\partial \boldsymbol{x}} = \begin{pmatrix} -3 & 1 \\ 1 & -1-3x_2^2 \end{pmatrix}$$

$$\boldsymbol{F} = \boldsymbol{A} + \boldsymbol{A}^{\mathrm{T}} = \begin{pmatrix} -6 & 2 \\ 2 & -2-6x_2^2 \end{pmatrix}$$

矩阵 $\boldsymbol{F}$ 是负定的,因而原点是渐近稳定的,相应的 Lyapunov 函数为

$$V(\boldsymbol{x}) = (-3x_1 + x_2)^2 + (x_1 - x_2 - x_2^3)^2$$

当 $\|\boldsymbol{x}\| \to \infty$ 时,$V(\boldsymbol{x}) \to \infty$,即 $V(\boldsymbol{x})$ 是径向无界的,所以原点处的平衡点是全局稳定的。

定理 2.8 的应用是十分直接的,但在实际中应用是受到限制的。一方面,许多系统的 Jacobi 矩阵不满足负定性条件;另一方面,对于高阶系统,检查矩阵 $\boldsymbol{F}$ 对于所有 $\boldsymbol{x}$ 的负定性一般来说是困难的。由定理的证明过程不难看出,$\boldsymbol{F}(\boldsymbol{x})$ 负定的条件可由如下条件代替:"存在正定对称矩阵 $\boldsymbol{P}$,$\boldsymbol{Q}$,使得

$$\boldsymbol{F}(\boldsymbol{x}) = \boldsymbol{A}^{\mathrm{T}}(\boldsymbol{x})\boldsymbol{P} + \boldsymbol{P}\boldsymbol{A}(\boldsymbol{x}) + \boldsymbol{Q}$$

是半负定的"。此时所得结论称为推广的 Krasovskii 定理。

定理 2.9　对于系统(2.6),假设式(2.24)成立,令 $\boldsymbol{A}(\boldsymbol{x})$ 为 $\boldsymbol{f}(\boldsymbol{x})$ 的 Jacobi 矩阵,如果存在两个正定对称矩阵 $\boldsymbol{P}$ 和 $\boldsymbol{Q}$,使得矩阵

$$\boldsymbol{F}(\boldsymbol{x}) = \boldsymbol{A}^{\mathrm{T}}(\boldsymbol{x})\boldsymbol{P} + \boldsymbol{P}\boldsymbol{A}(\boldsymbol{x}) + \boldsymbol{Q}$$

在 D 内是半负定的,则原点是渐近稳定的,且函数

$$V(\boldsymbol{x}) = \boldsymbol{f}^{\mathrm{T}}\boldsymbol{P}\boldsymbol{f}$$

为系统的一个 Lyapunov 函数。如果 $D = \mathbb{R}^n$,且 $V(\boldsymbol{x})$ 是径向无界的,则该系统的平衡点 $\boldsymbol{0}$ 是全局渐近稳定的。

2.2.5　变量梯度法

利用 Lyapunov 直接方法判别系统稳定性的基本思路如是选取关于系统状态的正定函数 $V(\boldsymbol{x})$ 作为候选的 Lyapunov 函数,计算其对时间的导数 $\dot{V}(\boldsymbol{x})$,根据 $\dot{V}(\boldsymbol{x})$ 的定号性给出稳定性的结论,与此相对应,变量梯度法的基本思路是首先给出带有未定参数的 $\dot{V}(\boldsymbol{x})$ 的表达式,通过确定一定的参数值保证 $\dot{V}(\boldsymbol{x}) < 0$,然后对 $\dot{V}(\boldsymbol{x})$ 进行积分,得到 $V(\boldsymbol{x})$ 的表

达式,通过确定一定的参数值保证 $V(\boldsymbol{x})>0$。具体地,设 $V(\boldsymbol{x})$ 为一标量函数,记其梯度为

$$\boldsymbol{g}^{\mathrm{T}}(\boldsymbol{x})=\frac{\partial V(\boldsymbol{x})}{\partial \boldsymbol{x}} \triangleq V(\boldsymbol{x})$$

则 $V(\boldsymbol{x})$ 沿着系统(2.6)的解对时间的导数为

$$\dot{V}(\boldsymbol{x})=\frac{\partial V}{\partial \boldsymbol{x}}\boldsymbol{f}(\boldsymbol{x})=\boldsymbol{g}^{\mathrm{T}}(\boldsymbol{x})\cdot\boldsymbol{f}(\boldsymbol{x})$$

选择 $\boldsymbol{g}^{\mathrm{T}}(\boldsymbol{x})$,使其成为某个正定函数的梯度。这样,通过积分即可获得相应的正定函数,如果能够同时使得由上式描述的 $\dot{V}(\boldsymbol{x})<0$,即可判断出系统的渐近稳定性。

一个函数向量 $\boldsymbol{g}(\boldsymbol{x})=\begin{bmatrix} g_1(\boldsymbol{x}) \\ \vdots \\ g_n(\boldsymbol{x}) \end{bmatrix}$,其转置为某个标量函数的梯度的充分必要条件是 $\boldsymbol{g}(\boldsymbol{x})$ 的 Jacobi 矩阵

$$\boldsymbol{J}_g(\boldsymbol{x})=\begin{bmatrix} \frac{\partial g_1}{\partial x_1} & \frac{\partial g_1}{\partial x_2} & \cdots & \frac{\partial g_1}{\partial x_n} \\ \frac{\partial g_2}{\partial x_1} & \frac{\partial g_2}{\partial x_2} & \cdots & \frac{\partial g_2}{\partial x_n} \\ \vdots & \vdots & & \vdots \\ \frac{\partial g_n}{\partial x_n} & \frac{\partial g_n}{\partial x_2} & \cdots & \frac{\partial g_n}{\partial x_n} \end{bmatrix}$$

是对称的。上述条件等价于

$$\frac{\partial g_i(\boldsymbol{x})}{\partial x_j}=\frac{\partial g_j(\boldsymbol{x})}{\partial x_i},\ \forall i,j=1,2,\cdots,n \tag{2.26}$$

这一条件也称为旋度条件(Curl Condition)。

变量梯度法的步骤:

步骤一:在满足旋度条件的约束下,选择 $g(\boldsymbol{x})$,使得

$$\boldsymbol{g}^{\mathrm{T}}(\boldsymbol{x})\cdot\boldsymbol{f}(\boldsymbol{x})$$

负定,即事先假定带有一些未定参数的函数向量 $\boldsymbol{g}(\boldsymbol{x})$,通过一些未定参数的选择,满足旋度条件,且使得负定性要求满足,其余的未定参数在后面用来确定 $V(\boldsymbol{x})$ 的正定性。

步骤二:通过积分得到 $V(\boldsymbol{x})$ 的表达式,即

$$V(\boldsymbol{x})=\int_0^x \boldsymbol{g}^{\mathrm{T}}(\boldsymbol{y})\,\mathrm{d}\boldsymbol{y}=\int_0^x \sum_{i=1}^{n} g_i(\boldsymbol{y})\,\mathrm{d}y_i \tag{2.27}$$

其中

$$\mathrm{d}\boldsymbol{y}=\begin{bmatrix} \mathrm{d}y_1 \\ \vdots \\ \mathrm{d}y_n \end{bmatrix}$$

式(2.27)实际上就是 $\mathbb{R}^n$ 空间中的线积分。由于梯度向量的线积分与具体的积分路径无关,因此如果满足旋度条件(2.26),则积分(2.27)与积分路径无关。为方便起见,可将积

分取为沿着$\mathbb{R}^n$空间的各个坐标轴依次进行积分，即

$$V(\boldsymbol{x}) = \int_0^{x_1} g_1(y_1, 0, \cdots, 0)\,\mathrm{d}y_1 + \int_0^{x_2} g_2(x_1, y_2, 0, \cdots, 0)\,\mathrm{d}y_2 + \cdots + \int_0^{x_n} g_n(x_1, x_2, \cdots, x_{n-1}, y_n)\,\mathrm{d}y_n$$

步骤三：由步骤二得到的 $V(\boldsymbol{x})$ 中还带有一些未定参数，即 $\boldsymbol{g}(\boldsymbol{x})$ 中剩余的未定参数，通过适当选择这些未定参数，使得 $V(\boldsymbol{x})$ 正定。

例 2.21　考虑下述非线性系统

$$\dot{x}_1 = -2x_1$$

$$\dot{x}_2 = -2x_2 + 2x_1x_2^2$$

假设

$$g_1(\boldsymbol{x}) = a_{11}(x_1)x_1 + a_{12}(x_2)x_2$$
$$g_2(\boldsymbol{x}) = a_{21}(x_1)x_1 + a_{22}(x_2)x_2$$

其中 $a_{ij}, i, j = 1,2$ 待定。根据旋度条件$\frac{\partial g_1}{\partial x_2} = \frac{\partial g_2}{\partial x_1}$可得

$$a_{12} + x_2\frac{\partial a_{12}}{\partial x_2} = a_{21} + x_1\frac{\partial a_{21}}{\partial x_1}$$

取 $a_{21} = a_{12} = 0$，则旋度条件(2.26)满足。此时有

$$\boldsymbol{g}(\boldsymbol{x}) = \begin{bmatrix} a_{11}x_1 \\ a_{22}x_2 \end{bmatrix}$$

计算 Lyapunov 函数对时间的导数

$$\dot{V} = \boldsymbol{g}^{\mathrm{T}}\boldsymbol{f} = [a_{11}x_1 \quad a_{22}x_2]\begin{bmatrix} -2x_1 \\ -2x_2 + 2x_1x_2^2 \end{bmatrix} = -2a_{11}x_1^2 - 2a_{22}x_2^2 + 2a_{22}x_1x_2^3$$

显然，当 $a_{11} > 0$，$a_{22} > 0$ 时，$\dot{V} < 0$。取 $a_{11} = 1, a_{22} = 1$，则

$$\dot{V} = -2x_1^2 - 2x_2^2 + 2x_1x_2^3 = -2x_1^2 - 2x_2^2(1 - x_1x_2)$$

在平衡点 $\mathbf{0}$ 附近，二次项起主导作用，因而

$$\dot{V}(\boldsymbol{x}) < 0$$

此时，$\boldsymbol{g}(\boldsymbol{x}) = \begin{bmatrix} x_1 \\ x_2 \end{bmatrix}$，对其积分可得 $V(\boldsymbol{x})$，即

$$V = \int_0^{x} \boldsymbol{g}^{\mathrm{T}}(\boldsymbol{y})\,\mathrm{d}\boldsymbol{y} = \int_0^{x_1} y_1\,\mathrm{d}y_1 + \int_0^{x_2} y_2\,\mathrm{d}y_2 = \frac{1}{2}x_1^2 + \frac{1}{2}x_2^2$$

显然，所得 $V(\boldsymbol{x})$ 是正定的，因而可知对于所给系统，平衡点是局部渐近稳定的。

2.2.6　不变性原理

系统的渐近稳定性是一种非常重要的性质，但是利用 Lyapunov 直接方法往往很难判

定,因为对于许多渐近稳定的系统,所选择的候选 Lyapunov 函数的导数往往只是半负定的。此时借助 J. P. La Salle 提出的不变性原理(简称 La Salle 不变性原理,也称 La Salle 原理),可能得出渐近稳定性的结论。

首先介绍一些概念。设 $\boldsymbol{x}(t)$ 为系统(2.6) 的解。

正极限点(Positive Limit Point):对于点 $\boldsymbol{p} \in \mathbb{R}^n$,如果存在序列$\{t_n\}$,当 $n \to \infty$ 时,有

$$t_n \to +\infty,\ \boldsymbol{x}(t_n) \to \boldsymbol{p}$$

则称 $\boldsymbol{p}$ 点为 $\boldsymbol{x}(t)$ 的正极限点,也称为 ω 极限点。

1. 负极限点(Negative Limit Point)

对于点 $\boldsymbol{p} \in \mathbb{R}^n$,如果存在序列$\{t_n\}$,当 $n \to \infty$ 时,有

$$t_n \to -\infty,\boldsymbol{x}(t_n) \to \boldsymbol{p}$$

则称 $\boldsymbol{p}$ 点为 $\boldsymbol{x}(t)$ 的负极限点,也称为 α 极限点。

根据上述定义,假设系统(2.6) 的解存在于整个实数轴上,如果存在趋向于 $+\infty$ 或 $-\infty$ 的$\mathbb{R}^1$上的点列,使得点列中的点所对应的系统的解的值所形成的$\mathbb{R}^n$中的点列是收敛的,则正或负极限点存在。

$\boldsymbol{x}(t)$ 的所有正极限点的集合称为正极限集;$\boldsymbol{x}(t)$ 的所有负极限点的集合称为负极限集。

2. 不变集(Invariant Set)

给定一个集合 $M \subset \mathbb{R}^n$,如果 $\boldsymbol{x}(0) \in M$,可得

$$\boldsymbol{x}(t) \in M, \forall t \in \mathbb{R}$$

则称集合 M 为系统(2.6) 的不变集。

3. 正不变集(Positive Invariant Set)

给定一个集合 $M \subset \mathbb{R}^n$,如果 $\boldsymbol{x}(0) \in M$,可得

$$x(t) \in M, \forall t \geqslant 0$$

则称集合 M 为系统(2.6) 的正不变集。

4. 负不变集(Negative Invariant Set)

给定一个集合 $M \subset \mathbb{R}^n$和一个点 $\boldsymbol{p} \in \mathbb{R}^n$,点 $\boldsymbol{p}$ 到集合 M 的距离定义为

$$\operatorname{dist}(\boldsymbol{p},M) = \inf_{\boldsymbol{x} \in M} \| \boldsymbol{p} - \boldsymbol{x} \|$$

如果对于 $\forall \varepsilon > 0$,存在 $T > 0$,使得

$$\operatorname{dist}(\boldsymbol{x}(t),M) < \varepsilon,\ \forall t > T$$

则称系统(2.6) 的解 $\boldsymbol{x}(t)$ 随 $t \to \infty$ 趋近于集合 M。

显然,如果系统(2.6) 的解趋向于集合 M 的一个子集,则该解必趋向于 M。

对于一个自治的非线性系统,可以给出许多不变集的例子,如整个状态空间是一个平凡的不变集;任何平衡点都是一个不变集;一个平衡点的吸引域是一个不变集;状态空间的任何一条状态轨线是一个不变集(见例 2.22);极限环也是不变集。根据极限集的定义,稳定的极限环也是系统的正极限集,系统的每一个解都是趋向于极限环的,但是 $\lim\limits_{t \to \infty} x(t)$ 并不存在。

例 2.22　自治系统的任意一个解在状态空间中形成的轨线为不变集，而非自治系统解的轨迹一般来说不是不变集。

设自治系统(2.6)由初始条件 $\boldsymbol{x}(0)=\boldsymbol{x}_0$ 决定的解轨迹为 $\boldsymbol{x}(t)$，为了证明该轨迹为不变集，必须证明在0时刻由该轨迹上的任意点出发，对应的解仍然在该轨迹上。设 $\boldsymbol{x}_1$ 为该轨迹上的一点，它对应于时间 t_1，即

$$\boldsymbol{x}_1=\boldsymbol{x}(t_1)$$

在0时刻系统由 $\boldsymbol{x}_1$ 开始运动，那么由 $\boldsymbol{x}_1$ 所决定的解 $z(t)$ 必然满足

$$\dot{z}=\boldsymbol{f}(z),z(0)=\boldsymbol{x}_1=\boldsymbol{x}(t_1)$$

由于

$$\dot{\boldsymbol{x}}(t+t_1)=\boldsymbol{f}(\boldsymbol{x}(t+t_1))$$

所以 $z(t)=\boldsymbol{x}(t+t_1)$，即当 t 由0变到 ∞ 时，$z(t)$ 仍停留在 $\boldsymbol{x}(t)$ 所描述的轨迹上。

极限环作为系统轨线的一种特殊情况，也是不变集。

对于非自治系统

$$\dot{\boldsymbol{x}}=\boldsymbol{f}(\boldsymbol{x},t)$$

假设由初始条件 $\boldsymbol{x}(0)=\boldsymbol{x}_0$ 决定的解轨迹仍记为 $\boldsymbol{x}(t)$，由于

$$\dot{\boldsymbol{x}}(t+t_1)=\boldsymbol{f}(\boldsymbol{x}(t+t_1),t+t_1)\neq\boldsymbol{f}(\boldsymbol{x}(t+t_1),t)$$

所以 $\boldsymbol{x}(t+t_1)$ 不再是系统

$$\dot{z}=f(z,t),z(0)=x(t_1)$$

的解，因此，从一条解轨迹上某一点出发的轨迹可能不再停留在那条轨迹上，即系统的解轨迹不再是不变集。

引理 2.3　如果系统(2.6)的解有界，且对于 $\forall t\geqslant 0$，都有 $\boldsymbol{x}(t)\in D\subset\mathbb{R}^n$，则 $\boldsymbol{x}(t)$ 的正极限集(记为 L^+)是一个非空的、紧的不变集，且当 $t\to\infty$ 时，$\boldsymbol{x}(t)$ 趋近于 L^+。

下面给出 LaSalle 不变性原理。

定理 2.10　设 $\Omega\subset D\subset\mathbb{R}^n$ 是系统(2.6)的一个紧的正不变集，$V:D\to R$ 是一个连续可导函数，且 $\dot{V}(\boldsymbol{x})\leqslant 0,\boldsymbol{x}\in\Omega$，记作

$$E=\{\boldsymbol{x}\in\Omega\mid\dot{V}(\boldsymbol{x})=0\}$$

令 M 是 E 中最大的不变集，则当 $t\to\infty$ 时，以 Ω 中任意点为初值的系统(2.6)的解都趋向于不变集 M。

证明　令 $\boldsymbol{x}(t)$ 是系统(2.6)起始于 Ω 中某点的解，由于 Ω 为不变集，可得 $\boldsymbol{x}(t)\in\Omega$，则由 $\dot{V}(\boldsymbol{x})\leqslant 0$ 可知 $V(\boldsymbol{x}(t))$ 关于时间变量为减函数。$V(\boldsymbol{x})$ 在紧集 Ω 上连续(紧集上的连续函数下有界)；因此可得 $V(\boldsymbol{x})$ 下有界。因此当 $t\to\infty$ 时，$V(\boldsymbol{x}(t))$ 存在极限，记作 a，即

$$\lim_{t\to\infty}V(\boldsymbol{x}(t))=a$$

将 Ω 中的正极限集记作 L^+，$L^+\subset\Omega$。对于 $\forall\boldsymbol{p}\in L^+$，由正极限集的定义，显然存在点列 t_n，使得 $n\to+\infty$，有

$$t_n\to\infty,\boldsymbol{x}(t_n)\to p$$

由 $V(\boldsymbol{x})$ 的连续性可得

$$V(\boldsymbol{p}) = \lim_{n\to+\infty} V(\boldsymbol{x}(t_n)) = a$$

由引理知L^+是非空紧集、不变集。由前面讨论知在L^+中,$V(\boldsymbol{x})$取恒值a,因此对于$\forall \boldsymbol{x} \in L^+$有$\dot{V}(\boldsymbol{x}) = 0$,再由集合$E$的定义可知$L^+ \subset E$。由于$L^+$为不变集,而$M$是$E$中最大的不变集,因此可得$L^+ \subset M$。由引理2.3可知,当$t\to+\infty$时,$\boldsymbol{x}(t)$趋于$L^+$,因而当$t\to+\infty$时,$\boldsymbol{x}(t)$趋近于$M$。

利用La Salle不变性原理可以判断系统的渐近稳定性。例如,考虑二维空间中的不变性原理,设$V(\boldsymbol{x}) = x_1^2 + x_2^2$,而$\dot{V}(\boldsymbol{x}) = -x_2^2$,如图2.6所示。显然,集合$E$为$x_1$轴在集合$\Omega$内的部分。如果集合$E$中最大的不变集$M$为原点,则根据定理2.10可得系统平衡点的渐近稳定性。利用LaSalle不变性原理判断系统的渐近稳定性,同Lyapunov渐近稳定性判别方法相比,放松了Lyapunov方法中对$\dot{V}(\boldsymbol{x})$的负定性的要求,只要求$\dot{V}(\boldsymbol{x})$是半负定的。

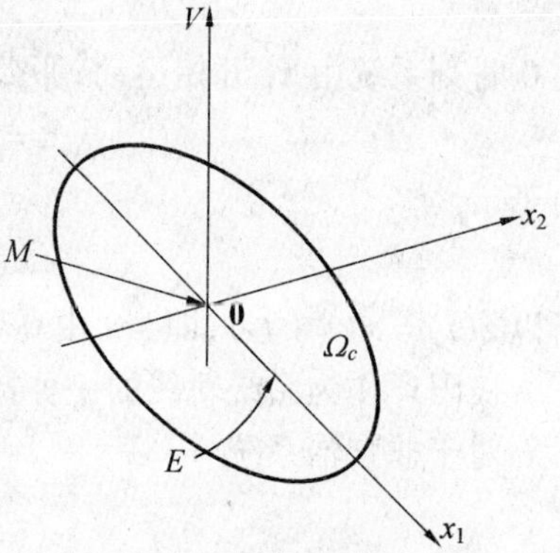

图2.6 不变性原理

推论2.1 对于非线性系统(2.6),设D是一个包含原点的区域,$V:D\to\mathbb{R}$是一个连续可导的正定函数,在区域D内,$\dot{V}(\boldsymbol{x}) \leqslant 0$。令

$$S = \{\boldsymbol{x} \in D \mid \dot{V}(\boldsymbol{x}) = 0\}$$

且假定S中除原点外不包含系统的其他解,则原点是渐近稳定的。

例2.23 例2.19利用线性化方法考虑了单摆的稳定性。这里利用不变性原理判断渐近稳定性。令$x_1 = \theta, x_2 = \dot{\theta}$,单摆系统的状态空间表达式为

$$\begin{bmatrix} \dot{x}_1 \\ \dot{x}_2 \end{bmatrix} = \begin{bmatrix} x_2 \\ -\dfrac{g\sin x_1}{l} - \dfrac{k}{m}x_2 \end{bmatrix}, x_1 \in (-\pi, \pi) \tag{2.28}$$

取$V(\boldsymbol{x})$为单摆中质点m的能量,即

$$V(\boldsymbol{x}) = \frac{1}{2}m(lx_2)^2 + mgl(1-\cos x_1)$$

显然,对于$x_1 \in (-\pi, \pi)$来说,$V(\boldsymbol{x})$是正定的。计算其导数,可得

$$\dot{V}(\boldsymbol{x}) = ml^2x_2\left(-\frac{g\sin x_1}{l} - \frac{k}{m}x_2\right) + mglx_2\sin x_1 = -kl^2x_2^2 \leqslant 0$$

如果将$V(\boldsymbol{x})$选为系统(2.28)的Lyapunov函数,则只能判断出系统在Lyapunov意义下是稳定的。但对于带有摩擦阻尼的单摆,随着能量的消耗,最终系统会稳定在平衡点上,即平衡点是渐近稳定的。现在考虑$\dot{V}(\boldsymbol{x}) \equiv 0$的情况,即

$$x_2 \equiv 0, x_1 \in (-\pi, \pi)$$

由$x_2 \equiv 0$可得$\dot{x}_2 \equiv 0$,即

$$\frac{g\sin x_1}{l} \equiv 0$$

因而可得$x_1 \equiv 0$,即这种情况只能发生在

$$x_1 \equiv 0, x_2 \equiv 0$$

时,因而可得系统(2.28)的平衡点的渐近稳定性,同其物理意义是相符的。应用推论 2.1,可得

$$D = \{\boldsymbol{x} \in R^2 \mid x_1 \in (-\pi, \pi)\}$$

$$S = \{\boldsymbol{x} \in D \mid \dot{V}(\boldsymbol{x}) = -kl^2 x_2^2 = 0\}$$

前面已经分析过,$S = \{\boldsymbol{0}\}$,因而单摆的平衡点是渐近稳定的。

推论 2.2　对于系统(2.6),$V:\mathbb{R}^n \to \mathbb{R}$ 是一个连续可导径向无界的正定函数,在$\mathbb{R}^n$内,$\dot{V}(\boldsymbol{x}) \leqslant 0$。令

$$S = \{\boldsymbol{x} \in \mathbb{R}^n \mid \dot{V}(\boldsymbol{x}) = 0\}$$

且假定 S 中除原点外不包含系统的其他解,则原点是全局渐近稳定的。

例 2.24　考虑一阶系统的自适应控制

$$\dot{y} = ay + u$$

$$u = -ky$$

$$\dot{k} = \gamma y^2, \gamma > 0$$

其中,y 为待控变量;k 为自适应参数。取 $x_1 = y$, $x_2 = k$,则闭环系统为

$$\dot{x}_1 = -(x_2 - a)x_1$$

$$\dot{x}_2 = \gamma x_1^2$$

闭环系统的所有平衡点组成一个集合为

$$\{x \in \mathbb{R}^2 \mid x_1 = 0\}$$

选取

$$V(\boldsymbol{x}) = \frac{1}{2}x_1^2 + \frac{1}{2\gamma}(x_2 - b)^2, b > a$$

计算可得

$$\dot{V}(\boldsymbol{x}) = -x_1^2(b - a) \leqslant 0$$

显然,$V(\boldsymbol{x})$ 是径向无界的,且集合

$$\Omega_c = \{\boldsymbol{x} \in \mathbb{R}^2 \mid V(\boldsymbol{x}) \leqslant c\}$$

是紧的正不变集。取 $\Omega = \Omega_c$,则引理 2.3 的条件满足,其中

$$E = \{\boldsymbol{x} \in \Omega_c \mid x_1 = 0\}$$

由于

$$x_1 = 0, x_2 = \text{const}$$

为闭环系统的平衡点,因此实际上 E 就是不变集,即 $M = E$。由 La Salle 定理起始于 Ω_c 中的每一条轨迹都将趋向于 M,即当 $t \to \infty$ 时,有 $x_1(t) \to 0$。$V(\boldsymbol{x})$ 径向无界,故上述结论是全局的,即对于 $\forall \boldsymbol{x}(0)$,可取适当的 $c > 0$,使得 $\boldsymbol{x}(0) \in \Omega_c$,并保证 $x_1(t)$ 的收敛性。

例 2.25　考虑线性系统

$$\dot{\boldsymbol{x}} = \boldsymbol{A}\boldsymbol{x}$$

$$\boldsymbol{y} = \boldsymbol{c}\boldsymbol{x}$$

其中,$\boldsymbol{A} \in \mathbb{R}^{n \times n}$,$\boldsymbol{c} \in \mathbb{R}^{1 \times n}$。由线性系统理论可知,如果系统是可观测的,并且存在一个正定对称矩阵 $\boldsymbol{P}$,满足

$$A^{\mathrm{T}}P + PA + c^{\mathrm{T}}c = 0$$

则系统是渐近稳定的。现利用不变性原理对这一结论进行验证。取 $V(\boldsymbol{x}) = \boldsymbol{x}^{\mathrm{T}}\boldsymbol{P}\boldsymbol{x}$,则

$$\dot{V}(\boldsymbol{x}) = -\boldsymbol{x}^{\mathrm{T}}\boldsymbol{c}^{\mathrm{T}}\boldsymbol{c}\boldsymbol{x} \leqslant 0$$

$$\dot{V}(\boldsymbol{x}) = 0 \Rightarrow \boldsymbol{c}\boldsymbol{x}(t) \equiv 0 \Rightarrow \boldsymbol{c}\exp(\boldsymbol{A}t)x_0 \equiv 0$$

由于$(\boldsymbol{c},\boldsymbol{A})$ 可观测,可得 $\boldsymbol{x}_0 = 0$,即最大的不变集为$\{\boldsymbol{0}\}$,由不变性原理可知系统是渐近稳定的。

需要注意的是,不变性原理只适用于自治系统,对于非自治系统一般来说并不适用。

例 2.26 考虑如下的非自治非线性系统

$$\dot{x}_1 = \mathrm{e}^{-2t}x_2 \tag{2.29}$$

$$\dot{x}_2 = -\mathrm{e}^{-2t}x_1 - x_2 \tag{2.30}$$

其正定函数取为

$$V(x_1, x_2) = \frac{1}{2}(x_1^2 + x_2^2)$$

显然 $V(\boldsymbol{x})$ 是径向无界的。计算可得

$$\dot{V}(x_1, x_2) = -x_2^2 \leqslant 0$$

定义

$$S = \{(x_1, x_2) \mid \dot{V}(x_1, x_2) = 0\}$$

根据系统的状态方程(2.29)、(2.30),显然 S 中除了原点外,还包含系统其他解。如果推论 2.2 适用,显然应该有

$$\lim_{t\to\infty} x_1(t) = 0,\ \lim_{t\to\infty} x_2(t) = 0 \tag{2.31}$$

成立。但实际上,式(2.31) 并不成立。考虑初始条件 $x_1(0) \neq 0$, $x_2(0) = 0$,由 $\dot{V} \leqslant 0$, $x_2(0) = 0$,可得

$$V(x_1, x_2) = \frac{1}{2}(x_1^2(t) + x_2^2(t)) \leqslant$$

$$V(x_1(0), x_2(0)) = \frac{1}{2}x_1^2(0)$$

因此可得 $|x_1(t)| \leqslant |x_1(0)|$, $t \geqslant 0$。前面已经假设 $x_2(0) = 0$,由式(2.30) 可得

$$|x_2(t)| = \left|\mathrm{e}^{-t}\int_0^t \mathrm{e}^{-\tau}x_1(\tau)\,\mathrm{d}\tau\right| \leqslant |x_1(0)|,\ t \geqslant 0 \tag{2.32}$$

由式(2.29) 可得

$$|x_1(t)| = \left|x_1(0) + \int_0^t \mathrm{e}^{-2\tau}x_2(\tau)\,\mathrm{d}\tau\right| \geqslant$$

$$|x_1(0)| - \left|\int_0^t \mathrm{e}^{-2\tau}x_2(\tau)\,\mathrm{d}\tau\right| \geqslant$$

$$|x_1(0)| - \int_0^t \mathrm{e}^{-2\tau}|x_2(\tau)|\,\mathrm{d}\tau,\ t \geqslant 0$$

将式(2.32) 代入上式,可得

$$|x_1(t)| \geqslant \frac{1}{2}|x_1(0)|,\ t \geqslant 0$$

因此$\lim\limits_{t\to\infty} x_1(t)=0$不可能成立。

取初值$x_1(0)=3$，$x_2(0)=0$，对系统(2.29)、(2.30)进行仿真，可得系统状态变化情况，如图 2.7 所示。

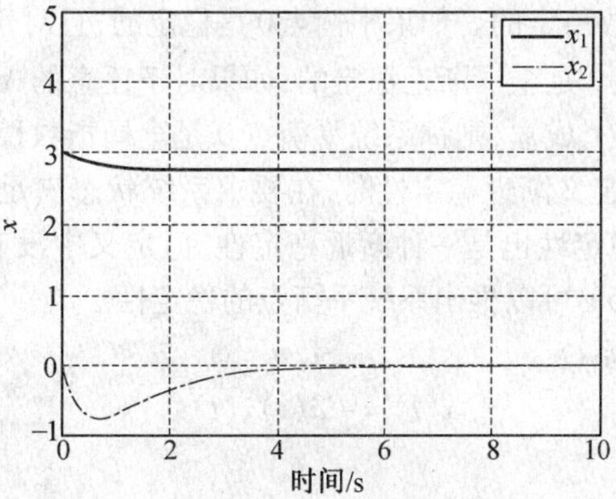

图 2.7　例 2.26 的仿真结果

2.3　非自治系统的稳定性

2.3.1　稳定性的定义

把 2.2 节所定义的稳定性、不稳定性、渐近稳定性和指数稳定性等概念推广到非自治系统，关键是在定义中严格包含初始时刻t_0，这主要是由于非自治系统的稳定性与系统的初始时刻相关，而自治系统的稳定性与系统的初始时刻无关。自治系统的解与非自治系统的解对于初始时刻具有不同的依赖关系，这是由于自治系统的解仅与$t-t_0$相关，而非自治系统的解与t_0和t均相关。

考虑非线性非自治系统

$$\dot{\boldsymbol{x}}=\boldsymbol{f}(t,\boldsymbol{x}) \tag{2.33}$$

其中，$\boldsymbol{f}:[0,\infty)\times\boldsymbol{D}\to\mathbb{R}^n$在$[0,\infty)\times\boldsymbol{D}$上是$t$的分段连续函数，且对于$\boldsymbol{x}$是局部 Liptchitz 的，$D\subset\mathbb{R}^n$是包含原点的区域。假设 0 为系统(2.33)的平衡点，记系统的解为$\boldsymbol{x}(t)$。

如果对于$\forall\varepsilon>0$，都存在$\boldsymbol{\delta}=\boldsymbol{\delta}(\varepsilon,t_0)>0$，当$\|\boldsymbol{x}(t_0)\|<\boldsymbol{\delta}$时，有

$$\|\boldsymbol{x}(t)\|<\varepsilon,\ \forall t\geqslant t_0\geqslant 0$$

成立，则称系统(2.33)的平衡点 0 为稳定的；如果平衡点 0 不是稳定的，则称平衡点 0 为不稳定的；如果平衡点是稳定的，并且存在正的常数$c=c(t_0)$，使得对于所有的$\|\boldsymbol{x}(t_0)\|<c$，当$t\to\infty$时，有

$$\boldsymbol{x}(t)\to 0 \tag{2.34}$$

成立，则称平衡点 0 为渐近稳定的。

一般来说，在稳定性的定义中，常数$\boldsymbol{\delta}$是依赖于初始时刻t_0的。而对于渐近稳定性，需要对于任何初始时刻t_0都存在一个吸引域，而吸引域的大小和轨迹收敛的速度可能与初始时刻t_0有关。

对于非自治非线性系统(2.33)，如果存在正的常数 c,k 和 λ，对于任意满足 $\|\boldsymbol{x}(t_0)\| < c$ 的初值 $\boldsymbol{x}(t_0)$，都有

$$\|\boldsymbol{x}(t)\| \leqslant k\|\boldsymbol{x}(t_0)\|\mathrm{e}^{-\lambda(t-t_0)}, \forall t \geqslant t_0 \tag{2.35}$$

成立，则称平衡点0是指数稳定的。如果平衡点0是稳定的，且对于 $\forall \boldsymbol{x}(t_0) \in \mathbb{R}^n$，都有式(2.34)成立，则称平衡点0是全局渐近稳定的；如果对于任意的 $\forall \boldsymbol{x}(t_0) \in \mathbb{R}^n$，存在正的常数 k 和 λ，使得式(2.35)成立，则称系统平衡点0是全局指数稳定的。

同自治系统类似，在定义渐近稳定性时，在要求系统状态满足收敛性的同时，要求平衡点具有稳定性。指数稳定性也是一种渐近稳定性，但定义中没有明确要求平衡点是稳定的，这是因为由式(2.35)可以推出系统平衡点的稳定性。

例 2.27 考虑一阶系统

$$\dot{x}(t) = -a(t)x(t)$$

它的解是

$$x(t) = x(t_0)\mathrm{e}^{-\int_{t_0}^{t} a(s)\mathrm{d}s}$$

根据系统的解可以判断出，当

$$a(t) \geqslant 0, \ \forall t \geqslant t_0$$

时，系统是稳定的；当

$$\int_0^{\infty} a(s)\mathrm{d}s = +\infty$$

时，系统是渐近稳定的；如果存在正的常数 T 和 γ，使得对于 $\forall t \geqslant 0$，有

$$\int_0^{t+T} a(s)\mathrm{d}s \geqslant \gamma$$

则系统是指数稳定的。

对于非自治系统的稳定性，需要考虑一致性的概念。所谓一致性是指针对系统的某些性质，如向平衡点收敛的速率，不论系统什么时候开始运行，系统的这些性质对于初始时间都是一致的，即这些性质不因初始时间的改变而改变。对于稳定性来说，包括一致稳定性和一致渐近稳定性。

考虑系统(2.33)，如果对于 $\forall \varepsilon > 0$ 都存在 $\delta = \delta(\varepsilon) > 0$，使得对于任意的 $\|\boldsymbol{x}(t_0)\| < \delta$，都有

$$\|\boldsymbol{x}(t)\| < \varepsilon, \forall t \geqslant t_0 \geqslant 0$$

成立，则称平衡点 **0** 是局部一致稳定的。如果平衡点是一致稳定的，并且存在常数 c，使得对于所有 $\|\boldsymbol{x}(t_0)\| < c$，当 $t \to \infty$ 时，有 $\boldsymbol{x}(t) \to 0$ 关于 t_0 一致成立，则称平衡点是一致渐近稳定的。如果对于任意初值 $\boldsymbol{x}(t_0)$ 所对应的解，平衡点 **0** 都是一致渐近稳定的，则称为全局一致渐近稳定的。

在上述定义中，关于稳定性，要求 δ 与 t_0 无关；关于渐近稳定性，要求 c 与 t_0 无关，同时要求系统的解关于 t_0 一致地趋近于平衡点，即对于 $\forall \eta > 0$ 存在 $T = T(\eta) > 0$，使得当 $\|\boldsymbol{x}(t_0)\| < c$ 时，有

$$\|\boldsymbol{x}(t)\| < \eta, \forall t \geqslant t_0 + T(\eta)$$

成立。这里，一直收敛性体现在 $T(\eta)$ 只与 η 有关，而与 t_0 无关。

一致稳定性的定义中要求的状态空间中关于初值 $\boldsymbol{x}(t_0)$ 的与 ε 相关的区域大小 δ 与系统的时间初值 t_0 无关,实际上,与自治系统的稳定性定义中的要求是相同的,因为自治系统的稳定性都是一致的,因此在 2.2 节中关于自治系统的稳定性不讨论一致性的问题。如果系统是稳定的,但不是一致的,则对于每一个给定的时间初值 t_0,都存在 $\delta(\varepsilon, t_0)$,使得稳定性条件成立,但这并不意味着对于任意给定的时间初值 t_0,存在一个与 t_0 无关的 δ,使得稳定性条件成立。

由一致稳定性可以得到稳定性;由渐近稳定性可以得到稳定性;由一致渐近稳定性可以得到渐近稳定性。一致渐近稳定要求对初值的限制和对平衡点的收敛速度都是对于 t_0 一致的。

例 2.28 考虑一阶系统

$$\dot{x} = (6t\sin t - 2t)x$$

这个系统其精确的解析解为

$$x(t) = x(t_0)\exp(6\sin t - 6t\cos t - t^2 - 6\sin t_0 + 6t_0\cos t_0 + t_0^2)$$

这个系统是稳定的,但不是一致稳定的。具体地,考虑上式指数项,对于 $\forall t_0$ 来说,当 t 远大于 t_0 时,二次项 $-t^2$ 将起主导作用,因而解中的指数项是有界的:存在一个与 t_0 有关的常数 $c(t_0)$,使得

$$\exp(6\sin t - 6t\cos t - t^2 - 6\sin t_0 + 6t_0\cos t_0 + t_0^2) < c(t_0), \forall t \geqslant t_0$$

因此对于 $\forall t \geqslant t_0$,系统的解满足

$$|x(t)| < |x(t_0)| c(t_0)$$

任给 $\varepsilon > 0$,取 $\delta = \dfrac{\varepsilon}{c(t_0)}$,则当 $|x(t_0)| \leqslant \delta$ 时,有 $|x(t)| < \varepsilon$ 成立,因此系统是稳定的。再考察其稳定性的一致性。取系统的初始时刻

$$t_0 = 2n\pi,\ n = 0,1,2,\cdots$$

并取 $t = t_0 + \pi$,则

$$x(t) = x(t_0 + \pi) = x(t_0)\exp((4n + 1)(6 - \pi)\pi)$$

给定 $\varepsilon > 0$,假设 $|x(t)| < \varepsilon$,则有

$$|x(t_0)| \exp((4n + 1)(6 - \pi)\pi) < \varepsilon$$

在上式中,令 $n \to \infty$,则对于 $x(t_0) \neq 0$,不可能存在与 t_0 无关的 $\delta(\varepsilon)$,使得当 $|x(t_0)| < \delta(\varepsilon)$ 时,上式成立,因为此时上式的等号左边是随着 $n \to \infty$ 而趋于 ∞ 的。

例 2.29 考虑一阶系统

$$\dot{x} = -\frac{x}{1 + t},\ t_0 > -1$$

容易求出系统的解为

$$x(t) = x(t_0)\frac{1 + t_0}{1 + t}$$

其稳定性利用定义是容易检验的。由于当 $t \to \infty$ 时,系统的解满足 $x(t) \to 0$,因而平衡点的稳定性是渐近的。该系统不是一致渐近稳定的。取 $0 < \eta < 1$,假设存在 $T(\eta)$,使得

$$|x(t_0)| \frac{1 + t_0}{1 + t_0 + T} < \eta$$

即

$$T > |x(t_0)|\frac{1+t_0}{\eta} - 1 - t_0 = \frac{|x(t_0)| + (|x(t_0)| - \eta)t_0}{\eta} - 1$$

取 $|x(t_0)| - \eta > 0$,若 T 与 t_0 无关,则当 $t_0 \to \infty$ 时,上式不可能成立,故系统的平衡点不是一致渐近稳定的。

2.3.2 Lyapunov 直接方法

将Lyapunov分析方法扩展到非自治系统,直接法也是利用标量Lyapunov函数来判断非线性系统的稳定性,间接方法也是利用线性近似系统的稳定性判断原非线性系统的稳定性,但需要的条件更加复杂,受到的限制更多。首先介绍常用的一些概念。

对于给定的满足 $V(t,\mathbf{0}) = 0$ 的时变标量函数 $V(t,\boldsymbol{x})$ 和区域 $D \subset \mathbb{R}^n$,$\mathbf{0} \in D$,如果对于 $\forall t > t_0$, $\forall \boldsymbol{x} \in D$,都有 $V(t,\boldsymbol{x}) \geqslant 0$,则称 $V(t,\boldsymbol{x})$ 是局部半正定的;如果存在时不变正定函数 $V_0(\boldsymbol{x})$,使得

$$V(t,\boldsymbol{x}) \geqslant V_0(\boldsymbol{x}), \forall t \geqslant t_0, \forall \boldsymbol{x} \in D$$

则称 $V(t,\boldsymbol{x})$ 是局部正定的。

上述定义说明,如果一个时变函数总大于一个定常的局部正定函数,则它是局部正定的。类似的可以定义负定、半负定等概念及相应的全局性概念(如全局正定、径向无界等),这里不再具体给出。如果 $-V(t,\boldsymbol{x})$ 是半正定的,则称函数 $V(t,\boldsymbol{x})$ 是半负定的;如果 $-V(t,\boldsymbol{x})$ 是正定的,则称函数 $V(t,\boldsymbol{x})$ 是负定的。

如果标量函数 $V(t,\boldsymbol{x})$ 满足 $V(t,\mathbf{0}) = 0$,且存在正定函数 $V_1(\boldsymbol{x})$,使得

$$V(t,\boldsymbol{x}) \leqslant V_1(\boldsymbol{x}), \forall t \geqslant t_0$$

则称标量函数 $V(t,\boldsymbol{x})$ 是渐小的(Decrescent)。

有的文献中也将渐小的函数 $V(t,\boldsymbol{x})$ 称为具有无穷小上界。

例 2.30 时变标量函数

$$V(t,\boldsymbol{x}) = (1 + \sin^2 t)(x_1^2 + x_2^2)$$

满足

$$x_1^2 + x_2^2 \leqslant V(t,\boldsymbol{x}) \leqslant 2(x_1^2 + x_2^2)$$

因而标量函数 $V(t,\boldsymbol{x})$ 是正定、渐小的。

正定函数和渐小函数的定义可以用 K 类函数描述。

连续函数 $\alpha:[0,a) \to [0,\infty)$,如果满足

①$\alpha(0) = 0$;

②$\alpha(p) > 0$, $\forall p > 0$;

③$\alpha(\cdot)$ 是严格增函数。

则称该函数为 K 类(Class K) 函数。如果当 $a = \infty$ 且 $r \to \infty$ 时,有 $\alpha(r) \to \infty$ 成立,则称函数 $\alpha(\cdot)$ 为 K_∞ 类函数。

连续函数 $\beta:[0,a) \times [0,\infty) \to [0,\infty)$,如果满足

① 对于固定的 s,$\beta(r,s)$ 关于 r 是 K 类函数;

② 对于固定的 r,$\beta(r,s)$ 关于 s 为减函数。

而且当 $s \to \infty$ 时，有 $\beta(r,s) \to 0$ 成立，则称函数 $\beta(\cdot,\cdot)$ 为 KL 类函数。

例 2.31　函数

$$\alpha(r) = \arctan(r),\ r \in [0,\infty)$$

为 K 类函数，但不是 K_∞ 类函数；函数

$$\alpha(r) = r^c,\ c > 0,\ r \in [0,\infty)$$

为 K_∞ 类函数；函数

$$\beta(r,s) = \frac{r}{ksr+1},\ k > 0,\ r \in [0,\infty)$$

和

$$\beta(r,s) = r^c \mathrm{e}^{-s},\ c > 0$$

KL 类函数。

对于 $R_0 > 0$，定义 $\mathbb{R}^n$ 空间中以原点为球心、R_0 为半径的球域如下

$$B_{R_0} = \{\boldsymbol{x} \in \mathbb{R}^n \mid \|\boldsymbol{x}\| \leqslant R_0\} \tag{2.36}$$

引理 2.4　时变标量函数 $V(t,\boldsymbol{x})$，$V(t,\boldsymbol{0}) = 0$ 是局部正定的，当且仅当存在 $R_0 > 0$ 和一个 K 类函数 $\alpha_1(\cdot)$，使得

$$V(t,\boldsymbol{x}) \geqslant \alpha_1(\|\boldsymbol{x}\|),\ \forall t \geqslant 0,\ \forall \boldsymbol{x} \in B_{R_0}$$

若上式对于 $\forall \boldsymbol{x} \in \mathbb{R}^n$ 成立，则 $V(t,\boldsymbol{x})$ 是全局正定的。$V(t,\boldsymbol{x})$ 是局部渐小的，当且仅当存在一个 K 类函数 $\alpha_2(\cdot)$，使得

$$V(t,\boldsymbol{x}) \leqslant \alpha_2(\|\boldsymbol{x}\|),\ \forall t \geqslant 0,\ \forall \boldsymbol{x} \in B_{R_0}$$

若对于 $\forall \boldsymbol{x} \in \mathbb{R}^n$ 成立，则 $V(t,\boldsymbol{x})$ 是全局渐小的。

下面给出用 K 类函数和 KL 类函数定义的一致稳定性和一致渐近稳定性。

定理 2.11　系统(2.33)的平衡点 **0** 是一致稳定的，当且仅当存在一个 K 类函数 $\alpha(\cdot)$ 和一个正的与 t_0 无关的常数 c，使得

$$\|\boldsymbol{x}(t)\| \leqslant \alpha(\|\boldsymbol{x}(t_0)\|),\ \forall t \geqslant t_0 \geqslant 0,\ \forall \|\boldsymbol{x}(t_0)\| < c \tag{2.37}$$

系统(2.33)的平衡点 **0** 是一致渐近稳定的，当且仅当存在一个 KL 类函数 $\beta(\cdot,\cdot)$ 和一个正的与 t_0 无关的常数 c，使得

$$\|\boldsymbol{x}(t)\| \leqslant \beta(\|\boldsymbol{x}(t_0)\|, t - t_0),\ \forall t \geqslant t_0 \geqslant 0,\ \forall \|\boldsymbol{x}(t_0)\| < c \tag{2.39}$$

系统(2.33)的平衡点 **0** 是全局一致渐近稳定的，当且仅当不等式(2.38)对于任意的初始状态 $\boldsymbol{x}_0$ 都成立。

对于定理中的全局一致渐近稳定性来说，显然式(2.38)中的 KL 类函数 $\beta(r,s)$ 对于固定的 s 来说，是关于 r 的 K_∞ 类函数。当

$$\beta(r,s) = kr\mathrm{e}^{-\lambda s}$$

时，会出现一致渐近稳定性的特例，即指数稳定性。显然，由指数稳定性可以得到一致渐近稳定性。

类似于自治系统的稳定性判定定理，Lyapunov 直接方法对稳定性的判别也是通过考察某一个正定函数沿着系统的解对于时间的全导数的定号性来进行判定的。

定理 2.12　对于系统(2.33)，如果在 B_{R_0} 内存在一个标量函数 $V(t,\boldsymbol{x})$，关于 $(t,\boldsymbol{x})$ 具有连续的偏导数，且满足

(1) $V(t,\boldsymbol{x})$ 是正定的；

(2) $\dot{V}(t,\boldsymbol{x})$ 是半负定的。

则平衡点 **0** 是稳定的。如果(1)、(2) 成立，且

(3) $V(t,x)$ 是渐小的，

则平衡点 **0** 是一致稳定的。如果(1)、(3) 成立，且把条件(2) 加强为

(2′) $\dot{V}(t,\boldsymbol{x})$ 是负定的，

则平衡点 **0** 是一致渐近稳定的。如果(1)、(2′)、(3) 成立，且

(4) $V(t,\boldsymbol{x})$ 是径向无界的，

则平衡点 **0** 是全局一致渐近稳定的。

定理 2.12 中的 $\dot{V}(t,\boldsymbol{x})$ 是 $V(t,\boldsymbol{x})$ 沿着系统(2.33) 的解关于时间的全导数，由于 $V(t,\boldsymbol{x})$ 本身可能是时变的，因而其表达式为

$$\dot{V}(t,\boldsymbol{x})=\frac{\partial V(t,\boldsymbol{x})}{\partial t}+\frac{\partial V(t,\boldsymbol{x})}{\partial \boldsymbol{x}}\boldsymbol{f}(t,\boldsymbol{x})$$

上述稳定性判定定理可以总结为表 2.1。

表 2.1 稳定性的判定

稳定性	判定条件
稳定	$V(t,\boldsymbol{x})$ 正定；$\dot{V}(t,\boldsymbol{x})$ 半负定
一致稳定	$V(t,\boldsymbol{x})$ 正定；$V(t,\boldsymbol{x})$ 渐小；$\dot{V}(t,\boldsymbol{x})$ 半负定
一致渐近稳定	$V(t,\boldsymbol{x})$ 正定；$V(t,\boldsymbol{x})$ 渐小；$\dot{V}(t,\boldsymbol{x})$ 负定
全局一致渐近稳定	$V(t,\boldsymbol{x})$ 正定；$V(t,\boldsymbol{x})$ 渐小；$\dot{V}(t,\boldsymbol{x})$ 半负定；$V(t,\boldsymbol{x})$ 径向无界

利用引理 2.4 可以将定理 2.12 中的各个判别条件相应地换为

① $V(t,\boldsymbol{x})\geqslant\alpha(\|\boldsymbol{x}\|)>0,\ \forall \boldsymbol{x}\neq 0$；

② $\dot{V}(t,\boldsymbol{x})\leqslant 0$；

③ $V(t,\boldsymbol{x})\leqslant\beta(\|\boldsymbol{x}\|)$；

②′ $\dot{V}(t,\boldsymbol{x})\leqslant-\gamma(\|\boldsymbol{x}\|)$；

④ 当 $\|\boldsymbol{x}\|\to\infty$ 时，$\alpha(\|\boldsymbol{x}\|)\to\infty$。

其中，$\alpha(\cdot)$，$\beta(\cdot)$，$\gamma(\cdot)$ 均为 K 类函数。

例 2.32 考虑如下系统

$$\dot{x}=-(1+g(t))x^3$$

其中 $g(t)$ 连续，且对于 $\forall t,g(t)\geqslant 0$。选取候选 Lyapunov 函数为

$$V(x)=\frac{1}{2}x^2$$

则可得

$$\dot{V}(x)=-(1+g(t))x^4\leqslant -x^4,\forall x\in\mathbb{R},\forall t\geqslant 0$$

因此根据定理 2.12，原点是(全局) 一致渐近稳定的。

例 2.33 考虑系统

$$\dot{x}_1=-x_1(t)-\mathrm{e}^{-2t}x_2(t)$$

$$\dot{x}_2 = x_1(t) - x_2(t)$$

选择标量函数

$$V(t,\boldsymbol{x}) = x_1^2 + (1 + \mathrm{e}^{-2t})x_2^2$$

经验算可知 $V(t,\boldsymbol{x})$ 为系统的 Lyapunov 函数，因此系统全局一致渐近稳定。这个系统实际上是一个时变线性系统。

下面对定理 2.12 中的条件进行讨论。

讨论 2.1　定理 2.12 要求时变标量函数 $V(t,\boldsymbol{x})$ 满足正定性的要求，这一条件不能弱化为

$$V(t,\boldsymbol{x}) > 0,\ \forall \boldsymbol{x} \neq 0$$

例如，考虑系统

$$\dot{x} = x$$

显然，系统的解为

$$x(t) = x_0 \mathrm{e}^t$$

系统的平衡点 0 是不稳定的。定义 $V(t,\boldsymbol{x}) = \mathrm{e}^{-3t}x^2$，则对于 $\forall x \neq 0$，有 $V(t,\boldsymbol{x}) > 0$ 成立。计算其导数，可得

$$\dot{V}(t,\boldsymbol{x}) = -3\mathrm{e}^{-3t}x^2 + 2\mathrm{e}^{-3t}x^2 = -\mathrm{e}^{-3t}x^2 < 0$$

即其导数是半负定的。出现这种情形是由于系统不稳定，状态随着时间以指数形式发散，所以 $V(t,\boldsymbol{x})$ 沿系统轨迹呈指数形式衰减，而且 $V(t,\boldsymbol{x})$ 衰减速度快于状态发散的速度，因此，当 $t \to \infty$ 时，$V(t,\boldsymbol{x})$ 沿系统轨迹减小，其导数是半负定的。由此可以看出，正定性的要求强于 $V(t,\boldsymbol{x}) > 0$ 的要求，稳定性定理要求 $V(t,\boldsymbol{x})$ 是正定的。

讨论 2.2　定理 2.12 中的条件(3)，即渐小性的要求，保证了系统稳定性的一致性。同时，渐小性对于保证系统稳定性的渐近性也起着非常重要的作用，即对于非自治非线性系统(2.33)，如果存在标量函数 $V(t,\boldsymbol{x})$，满足定理 2.12 中的条件(1)、(2′)，只能得出稳定性的结论，而得不出渐近稳定性的结论。例如，考虑按照如下原则建立函数 $g(\cdot)$：$[0,\infty) \to \mathbb{R}$：

①$g(t) = 1,\ t = 1,2,3,\cdots$；

② 定义区间

$$I_i = \left[i - \left(\frac{1}{2}\right)^i, i + \left(\frac{1}{2}\right)^i\right], i = 1,2,3,\cdots$$

当 $t \notin \bigcup_{i=1}^{\infty} I_i$ 时，取 $g^2(t) = \mathrm{e}^{-t}$；

③ 对于 $\forall t \in I_i$，取 $1 \geqslant g^2(t) \geqslant \mathrm{e}^{-t}$；

④$g(t)$ 关于 t 是连续可导的函数。

利用函数 $g(t)$，构造非线性系统

$$\dot{x} = \frac{\dot{g}(t)}{g(t)}x$$

取 $t_0 = 0$，上述系统的解为

$$x(t) = x_0 \frac{g(t)}{g(0)}$$

利用系统的解及函数 $g(t)$ 的性质,容易判断出系统是稳定的,但不是渐近稳定的。取系统的候选 Lyapunov 函数为

$$V(t,\boldsymbol{x})=\frac{x^2}{g^2(t)}\left(4-\int_0^t g^2(\tau)\mathrm{d}\tau\right)$$

由于上式中的积分满足

$$\int_0^t g^2(\tau)\mathrm{d}\tau\leqslant\int_0^\infty g^2(\tau)\mathrm{d}\tau\leqslant\sum_{i=0}^{\infty}\left(\frac{1}{2}\right)^i-\sum_{i=1}^{\infty}\int_{I_i}\mathrm{e}^{-\tau}\mathrm{d}\tau+\int_0^\infty\mathrm{e}^{-\tau}\mathrm{d}\tau<3$$

因此根据 $V(t,\boldsymbol{x})$ 的定义可知 $V(t,\boldsymbol{x})>x^2$,故 $V(t,\boldsymbol{x})$ 正定。计算其导数,可得

$$\dot V(t,\boldsymbol{x})=-x^2$$

即 $\dot V(t,\boldsymbol{x})$ 负定。显然,$V(t,\boldsymbol{x})$ 不是渐小的,因而不能保证系统稳定性的渐近性。

$V(t,\boldsymbol{x})$ 正定、$\dot V(t,\boldsymbol{x})$ 半负定即可保证系统的稳定性,那么 $\dot V(t,\boldsymbol{x})$ 负定能提供什么附加的特性呢?实际上,如果 $\dot V(t,\boldsymbol{x})$ 是负定的,则可以找到一个无穷的时间序列 $t_i,i=1,2,\cdots$,满足 $\lim\limits_{i\to\infty}t_i=\infty$,使得该序列所对应的状态值 $\boldsymbol{x}(t_i)$ 满足 $\lim\limits_{i\to\infty}\boldsymbol{x}(t_i)=0$。

下面讨论指数稳定性的判定问题。对比本节中给出的针对非自治系统的指数稳定性定义和 2.2 节给出的自治系统指数稳定性定义,可以发现实际上两者是相同的,而且判别方法也是类似的,因此在这里统一进行介绍。

定理 2.13 对于非线性系统(2.33),平衡点为 $\boldsymbol{0}\in D\subset\mathbb{R}^n$,如果存在连续可导函数

$$V:[0,\infty)\times D\to\mathbb{R}$$

和常数 $k_1>0,\ k_2>0,\ k_3>0,\ a>0$,使得

$$k_1\ \|\boldsymbol{x}\|^a\leqslant V(t,\boldsymbol{x})\leqslant k_2\ \|\boldsymbol{x}\|^a \tag{2.39}$$

$$\frac{\partial V}{\partial t}+\frac{\partial V}{\partial \boldsymbol{x}}\boldsymbol{f}(t,\boldsymbol{x})\leqslant-k_3\ \|\boldsymbol{x}\|^a \tag{2.40}$$

对于 $\forall t\geqslant 0$ 和 $\boldsymbol{x}\in D$ 成立,则平衡点 $\boldsymbol{0}$ 是指数稳定的。如果上述假设均全局成立($D=\mathbb{R}^n$),则平衡点 $\boldsymbol{0}$ 是全局指数稳定的。

例 2.34 考虑线性时变系统

$$\dot x=\boldsymbol{A}(t)\boldsymbol{x},\ \det(\boldsymbol{A}(t))\neq 0$$

如果给定 $\boldsymbol{Q}(t)$ 连续、对称正定,且满足

$$\boldsymbol{Q}(t)\geqslant c_3\boldsymbol{I}>\boldsymbol{0},c_3>0,\forall t\geqslant 0$$

存在 $\boldsymbol{P}(t)$ 连续可微、有界、对称正定,且满足

$$\boldsymbol{0}<c_1\boldsymbol{I}\leqslant\boldsymbol{P}(t)\leqslant c_2\boldsymbol{I},\ c_2\geqslant c_1>0,\ \forall t\geqslant 0$$

满足

$$\dot{\boldsymbol{P}}(t)+\boldsymbol{P}(t)\boldsymbol{A}(t)+\boldsymbol{A}^{\mathrm{T}}(t)\boldsymbol{P}(t)+\boldsymbol{Q}(t)=\boldsymbol{0}$$

则原点全局指数稳定。取 $V(t,\boldsymbol{x})=\boldsymbol{x}^{\mathrm{T}}\boldsymbol{P}(t)\boldsymbol{x}$,则

$$c_1\ \|\boldsymbol{x}\|^2\leqslant V(t,\boldsymbol{x})\leqslant c_2\ \|\boldsymbol{x}\|^2$$

其导数为

$$\begin{aligned}\dot V(t,\boldsymbol{x})=&\boldsymbol{x}^{\mathrm{T}}\dot{\boldsymbol{P}}(t)\boldsymbol{x}+\boldsymbol{x}^{\mathrm{T}}\boldsymbol{P}(t)\dot{\boldsymbol{x}}+\dot{\boldsymbol{x}}^{\mathrm{T}}\boldsymbol{P}(t)\boldsymbol{x}=\\&\boldsymbol{x}^{\mathrm{T}}(\dot{\boldsymbol{P}}(t)+\boldsymbol{P}(t)\boldsymbol{A}(t)+\boldsymbol{A}^{\mathrm{T}}(t)\boldsymbol{P}(t))\boldsymbol{x}=\\&-\boldsymbol{x}^{\mathrm{T}}\boldsymbol{Q}(t)\boldsymbol{x}\leqslant\end{aligned}$$

$$-c_3\ \|\boldsymbol{x}\|_2^2$$

原点全局指数稳定,$a=2$。

例 2.35　对于一阶系统

$$\dot{x}=-(1+\sin^2(x))x,\ x(0)=x_0$$

选择候选 Lyapunov 函数 $V(x)=\frac{1}{2}x^2$。显然,$V(x)$ 满足

$$\frac{1}{2}|x|^2\leqslant V(x)\leqslant\frac{1}{2}|x|^2$$

其导数为

$$\dot{V}(x)=-x^2(1+\sin^2(x))\leqslant -|x|^2$$

因此系统指数稳定,$a=2$。

例 2.36　考虑系统

$$\dot{x}_1=-x_1-g(t)x_2$$
$$\dot{x}_2=x_1-x_2$$

其中 $g(t)$ 是连续可微函数,满足

$$0\leqslant g(t)\leqslant k,\ \dot{g}(t)\leqslant g(t),\ \forall t\geqslant 0$$

显然,所给系统为线性时变系统。选取候选 Lyapunov 函数为

$$V(t,\boldsymbol{x})=x_1^2+(1+g(t))x_2^2$$

则显然有

$$x_1^2+x_2^2\leqslant V(t,\boldsymbol{x})\leqslant x_1^2+(1+k)x_2^2,\ \forall x\in\mathbb{R}^2$$

因此,$V(t,\boldsymbol{x})$ 正定、渐小、径向无界。计算 $V(t,\boldsymbol{x})$ 的导数,可得

$$\dot{V}(t,\boldsymbol{x})=-2x_1^2+2x_1x_2-(2+2g(t)-\dot{g}(t))x_2^2$$

考虑不等式

$$2+2g(t)-\dot{g}(t)\geqslant 2+2g(t)-g(t)\geqslant 2$$

可得

$$\dot{V}(t,\boldsymbol{x})\leqslant -2x_1^2+2x_1x_2-2x_2^2=-\begin{bmatrix}x_1 & x_2\end{bmatrix}\begin{bmatrix}2 & -1\\ -1 & 2\end{bmatrix}\begin{bmatrix}x_1\\ x_2\end{bmatrix}$$

因而系统是指数稳定的,$a=2$。

2.3.3　Lyapunov 间接方法

与 2.2 节中自治系统的线性近似方法相对应,对于非自治非线性系统,可以利用(时变)线性化系统判断原非线性系统的稳定性。为此,首先介绍线性时变系统的稳定性。

考虑线性系统

$$\dot{\boldsymbol{x}}(t)=\boldsymbol{A}(t)\boldsymbol{x}(t),\ t\geqslant 0 \tag{2.41}$$

如果线性系统(2.41)的零平衡点是稳定的,则一切其他非零平衡点也是稳定的;如果线性系统(2.41)的零解是渐近稳定的,则其必为全局渐近稳定。另外,原点的一致渐近稳定性等价于指数稳定性。

需要注意的是,对于线性时变系统,一致渐近稳定性不能由矩阵 $\boldsymbol{A}(t)$ 的特征值的位

置来刻画。矩阵 $\boldsymbol{A}(t)$ 的特征值在任意时刻 $t \geqslant 0$ 上均具有负实部,不能保证时变系统(2.41)的稳定性。考虑线性时变系统

$$\dot{\boldsymbol{x}} = \begin{bmatrix} -1 & e^{2t} \\ 0 & -1 \end{bmatrix} \boldsymbol{x}$$

矩阵 $\boldsymbol{A}(t)$ 的两个特征值在任意时刻均为 -1,但是由系统状态方程可得

$$x_2 = x_2(0) e^{-t}$$
$$\dot{x}_1 + x_1 = x_2(0) e^{t}$$

显然系统是不稳定的。但是对于系统(2.41),如果对称矩阵 $\boldsymbol{A}^{\mathrm{T}}(t) + \boldsymbol{A}(t)$ 负定,即存在 $\lambda > 0$,使得对于 $\forall t \geqslant 0$ 都有

$$\lambda_i(\boldsymbol{A}^{\mathrm{T}}(t) + \boldsymbol{A}(t)) \leqslant -\lambda$$

则时变系统(2.41)是渐近稳定的。取系统的候选 Lyapunov 函数为 $V = \boldsymbol{x}^{\mathrm{T}}\boldsymbol{x}$,利用 Lyapunov 直接方法即可证明上述结论。该结果提供了渐近稳定性的一个充分条件。该条件与 Krasovskii 定理的条件相同,但是不能看作是 Krasovskii 定理的推论,因为 Krasovskii 定理只适用于自治系统。

考虑非线性系统(2.33),假设 $\boldsymbol{f}(t,\boldsymbol{x})$ 关于 $\boldsymbol{x}$ 连续可导,其 Jacobi 矩阵为

$$\boldsymbol{A}(t) = \left.\frac{\partial \boldsymbol{f}(t,\boldsymbol{x})}{\partial \boldsymbol{x}}\right|_{x=0} \tag{2.42}$$

记 $\boldsymbol{f}_{\mathrm{h.o.t}}(t,\boldsymbol{x}) = \boldsymbol{f}(t,\boldsymbol{x}) - \boldsymbol{A}(t)\boldsymbol{x}$,则

$$\boldsymbol{f}(t,\boldsymbol{x}) = \boldsymbol{A}(t)\boldsymbol{x} + \boldsymbol{f}_{\mathrm{h.o.t}}(t,\boldsymbol{x}) \tag{2.43}$$

由此非线性系统(2.33)可以表示为

$$\dot{\boldsymbol{x}} = \boldsymbol{A}(t)\boldsymbol{x} + \boldsymbol{f}_{\mathrm{h.o.t}}(t,\boldsymbol{x})$$

其中的高次项 $\boldsymbol{f}_{h.o.t}(t,\boldsymbol{x})$ 如果满足收敛性条件

$$\lim_{\|x\| \to 0} \sup_{\forall t \geqslant t_0} \frac{\| \boldsymbol{f}_{h.o.t}(t,\boldsymbol{x}) \|}{\| \boldsymbol{x} \|} = 0 \tag{2.44}$$

则称线性系统

$$\dot{\boldsymbol{x}} = \boldsymbol{A}(t)\boldsymbol{x} \tag{2.45}$$

为非线性系统(2.33)在平衡点 $\boldsymbol{0}$ 处的线性化系统。需要注意的是,高次项 $\boldsymbol{f}_{\mathrm{h.o.t}}(t,\boldsymbol{x})$ 对于任意固定的 $t \geqslant t_0$,显然满足

$$\lim_{\|x\| \to 0} \frac{\| \boldsymbol{f}_{\mathrm{h.o.t}}(t,\boldsymbol{x}) \|}{\| \boldsymbol{x} \|} = 0 \tag{2.46}$$

但是式(2.46)并不意味着式(2.44)成立,因为式(2.46)中的收敛相对于时间不一定是一致的。

对于非自治系统(2.33),只有满足收敛条件(2.44)时才能得到线性化系统。对于一个非线性非自治系统,一般说来,其线性化系统是时变的。而对于自治系统,线性化系统是定常的。当然,在有些情况下,非自治系统的线性化系统也可能是定常的,如系统

$$\dot{x} = -x + \frac{x^2}{t}, \ t_0 > 0$$

显然满足收敛条件(2.44),其线性化系统是定常的。但是对于系统

$$\dot{x} = -x + tx^2,\ t_0 > 0$$

收敛条件(2.44) 不满足。

定理 2.14　如果非线性系统(2.33) 的线性化系统(2.45) 是一致渐近稳定的,则非线性系统(2.33) 的平衡点 0 是一致渐近稳定的。

定理 2.14 给出的是局部稳定性结论,而且要求线性化系统(2.45) 渐近稳定性的一致性,如果线性化系统(2.45) 只是渐近稳定的,则得不出非线性系统(2.33) 的稳定性的结论。与自治系统的 Lyapunov 间接方法不同,上述定理没有将线性化时变系统的不稳定性与非线性系统的不稳定性联系起来。

下面的结论给出了根据线性近似系统的不稳定性推断出非线性非自治系统的不稳定性,但是仅适用于线性近似系统是定常的非线性非自治系统。

定理 2.15　对于非线性系统(2.33),如果 Jacobi 矩阵 $\boldsymbol{A}(t)$ 是定常的,即

$$\boldsymbol{A}(t) = \boldsymbol{A}$$

那么如果线性近似系统(2.45) 是不稳定的,则非线性系统(2.33) 的平衡点 $\mathbf{0}$ 是不稳定的。

2.3.4　Barbalat 引理

对于自治系统而言,LaSalle 不变性原理是研究渐近稳定性的有用工具,但是不变性原理不能应用于非自治系统。可以应用于非自治系统的一个重要而简单的结果是 Barbalat 引理,Barbalat 引理是一个关于函数及其导数的渐近性数学结果,当把这个引理适当用于动力系统时可以得出渐近稳定性。

首先讨论函数及其导数的渐近特性。从直观上看,给定一个函数 $f(t)$,由于常数对时间的导数为 0,因而,如果当 $t \to \infty$ 时,$\dot{f}(t) \to 0$,则应该有 $f(t) \to \text{const}$ 成立;如果当 $t \to \infty$ 时,$f(t) \to \text{const}$,$\dot{f}(t) \to 0$,则应该有 $\dot{f}(t) \to 0$ 成立,即

$$\dot{f}(t) \to 0,\ t \to \infty \Rightarrow f(t) \to \text{const},\ t \to \infty \tag{2.47}$$

$$f(t) \to \text{const},\ t \to \infty \Rightarrow \dot{f}(t) \to 0,\ t \to \infty \tag{2.48}$$

但是,如果没有其他附加条件,式(2.47)、(2.48) 均不成立。考虑函数

$$f(t) = \sin \ln t,\ t > 0$$

其导数为

$$\dot{f}(t) = \frac{\cos \ln t}{t} \to 0,\ t \to \infty$$

但当 $t \to \infty$ 时,$f(t)$ 不收敛。这一例子说明式(2.47) 不成立。考虑函数

$$f(t) = e^{-t} \sin e^{2t}$$

显然,当 $t \to \infty$ 时,$f(t) \to 0$。但是其导数为

$$\dot{f}(t) = -e^{-t} \sin e^{2t} + 2e^{t} \cos e^{2t}$$

当 $t \to \infty$ 时,它是无界的。这一例子说明式(2.48) 不成立。显然,要使式(2.47)、(2.48) 关于函数及其导数极限的结论成立,需要附加一些限制,而这正是 Barbalat 引理的内容。

引理 2.5　如果连续可导函数 $f(t)$,当 $t \to \infty$ 时,具有有限的极限值,且 $\dot{f}(t)$ 是一致

连续①的,则有

$$\lim_{t\to\infty}\dot{f}(t)=0$$

成立。

由微分中值定理可知,一个函数一致连续的一个充分条件是其导数有界,即如果$\dot{f}$有界,则f一致连续。而对于$\dot{f}$来说,其一致连续的充分条件是$\ddot{f}$存在且有界。因此,由Barbalat引理可得如下结论。

推论 2.3 如果可导函数$f(t)$,当$t\to\infty$时,具有有限的极限值,且$\ddot{f}(t)$有界,则当$t\to\infty$时,有$\dot{f}(t)\to 0$成立。

例 2.37 考虑带有有界输入信号的稳定的线性定常系统

$$\dot{\boldsymbol{x}}=\boldsymbol{A}\boldsymbol{x}+\boldsymbol{B}\boldsymbol{u}$$

$$\boldsymbol{y}=\boldsymbol{C}\boldsymbol{x}$$

由于系统稳定,$\boldsymbol{u}$有界,因此$\dot{\boldsymbol{x}}$有界。由系统的输出方程可得

$$\dot{\boldsymbol{y}}=\boldsymbol{C}\dot{\boldsymbol{x}}$$

故$\dot{\boldsymbol{y}}$有界,可得系统的输出$\boldsymbol{y}$是一致连续的。

为了应用Barbalet引理分析动态系统,经常使用下面引理。

引理 2.6 一个标量函数$V(t,\boldsymbol{x})$,如果满足

(1) $V(t,\boldsymbol{x})$下有界;

(2) $\dot{V}(t,\boldsymbol{x})$半负定;

(3) $\dot{V}(t,\boldsymbol{x})$关于时间$t$一致连续,

则当$t\to\infty$时,有$\dot{V}(t,\boldsymbol{x})\to 0$成立。

例 2.38 考虑一个自适应控制系统的闭环跟踪误差动态方程

$$\dot{e}=-e+\theta\omega(t)$$

$$\dot{\theta}=-e\omega(t)$$

其中,e为跟踪误差;θ为参数误差;ω为外部干扰信号,是一个有界的连续函数。下面分析闭环系统能否保证跟踪误差e的收敛,即实现渐近跟踪。取$V=e^2+\theta^2$,则

$$\dot{V}=2e(-e+\theta\omega(t))+2\theta(-e\omega(t))=-2e^2\leqslant 0$$

是半负定的,因而对于$\forall t\geqslant 0$,有$V(t)\leqslant V(0)$,因而e和θ都是有界的。检查$\dot{V}$的一致连续性,为此,计算其导数,可得

$$\ddot{V}=-4e\cdot\dot{e}=-4e(-e+\theta\omega(t))$$

由于e,θ都是有界的,$\omega(t)$为有界干扰信号,根据上式可知$\ddot{V}$有界,因此$\dot{V}$一致连续。应用引理2.6可知,当$t\to\infty$时,有$e\to 0$成立。

Barbalat引理应用于稳定性分析,类似于自治系统的LaSalle不变性原理,但是,LaSalle不变性原理只能应用于自治系统,而Barbalat引理对于自治系统与非自治系统都

① 函数$f(t)$在$[0,\infty)$上连续是指对于$\forall t_1\geqslant 0$和$\forall\varepsilon>0$,存在$\delta(\varepsilon,t_1)>0$,使得对于$\forall t\geqslant 0$,如果$|t-t_1|<\delta$,则有$|f(t)-f(t_1)|<\varepsilon$成立。函数$f(t)$在$[0,\infty)$上一致连续是指对于$\forall\varepsilon>0$,存在$\delta(\varepsilon)>0$,使得对于$\forall t_1>0$和$\forall t\geqslant 0$,如果$|t-t_1|<\delta$,则有$|f(t)-f(t_1)|<\varepsilon$成立。

是适用的。在例2.38中，由于存在外部干扰信号 $\omega(t)$，因而系统是非自治的，不能应用LaSalle不变性原理，但Barbalat引理是适用的。

应用Barbalat引理只要求 $V(t,\boldsymbol{x})$ 对 t 和 $\boldsymbol{x}$ 是有下界的函数，而不必是一个正定函数；对于 $\dot{V}$，除了是半负定的，还要求是一致连续的。使用Barbalat引理进行稳定性分析时，主要困难仍然是如何恰当地选择标量函数 $V(t,\boldsymbol{x})$。

2.4　不稳定性判定定理

前面在稳定性的定义中指出：如果平衡点不是稳定的，则称其为不稳定。具体地说，考虑系统(2.33)及其解 $\boldsymbol{x}(t)$，如果对于某个 $\varepsilon>0$，在所有半径为 δ 的球域中，至少存在一个初始状态 $\boldsymbol{x}_0$，使得由其出发的系统的解不会始终限制于半径为 ε 的球域内，即存在 $t_\delta>t_0$，当 $t\geqslant t_\delta$ 时有 $\|\boldsymbol{x}(t)\|>\varepsilon$ 成立。从定义可以看出，不稳定性是个局部概念。不稳定的定义没有要求任意起始于靠近原点的解都运动于原点附近的某一区域之外，而仅仅要求存在一个起始于任意靠近原点的解向外运动即可。

无论是自治系统还是非自治系统，线性化方法(Lyapunov间接方法)都给出了系统的平衡点不稳定的判定方法。这里给出的不稳定判定定理是基于Lyapunov直接方法建立起来的。定理是针对非自治系统给出的，相应的自治系统的结论可由非自治系统的结论推得。

定理2.16　在系统(2.33)的平衡点 $\boldsymbol{0}$ 的邻域 Ω 内，若存在一个连续可导的、渐小的标量函数 $V(t,\boldsymbol{0})$，满足

(1) $V(t,\boldsymbol{0})=0,\ \forall t\geqslant t_0$；

(2) $V(t_0,\boldsymbol{x})$ 可以在任意近地接近原点处取得严格正的值；

(3) $\dot{V}(t,\boldsymbol{x})$ 在 Ω 内局部正定，

则平衡点 $\boldsymbol{0}$ 是不稳定的。

需要注意的是，定理2.16中的条件(2)比正定性的要求要弱，如函数

$$V(t,\boldsymbol{x})=x_1^2-x_2^2,\ \boldsymbol{x}\in\mathbb{R}^2$$

不是正定的，但是满足条件(2)的要求：沿着 $x_2=0$ 的方向，$V(t,\boldsymbol{x})=x_1^2$，当 $x_1\neq0$ 时为严格正。

例2.39　考虑系统

$$\dot{x}_1=2x_2+x_1(x_1^2+2x_2^4)$$
$$\dot{x}_2=-2x_1+x_2(x_1^2+x_2^4)$$

取

$$V=\frac{1}{2}(x_1^2+x_2^2)$$

则由定理2.16可得系统不稳定的结论。

定理2.17　在系统(2.33)的平衡点 $\boldsymbol{0}$ 的邻域 Ω 内，若存在一个连续可导的、渐小的标量函数 $V(t,\boldsymbol{x})$，满足

(1) $V(t_0,\boldsymbol{0})=0$，且 $V(t_0,\boldsymbol{x})$ 可以在任意近地接近原点处取得严格正的值；

(2) $\dot{V}(t,\boldsymbol{x}) - \lambda V(t,\boldsymbol{x}) \geqslant 0,\ \forall t \geqslant t_0,\ \boldsymbol{x} \in \Omega,\ \lambda > 0$,
则平衡点 **0** 是不稳定的。

例 2.40 考虑系统

$$\dot{x}_1 = x_1 + 3x_2 \sin^2 x_2 + 5x_1 x_2^2 \sin^2 x_1$$
$$\dot{x}_2 = 3x_1 \sin^2 x_2 + x_2 - 5x_1^2 x_2 \cos^2 x_1$$

取

$$V(\boldsymbol{x}) = \frac{1}{2}(x_1^2 - x_2^2)$$

则由定理 2.17 可得系统不稳定的结论。

为了应用上述两个定理,必须使得 $\dot{V}$ 在域 Ω 中的所有点均满足某些条件。下面的定理只需在 Ω 中的一个子域上满足这些条件。

定理 2.18(Chetaev 定理) 设 Ω 是系统(2.33)的平衡点 **0** 附近的一个邻域。如果存在一个具有连续一阶偏导数的标量函数 $V(t,\boldsymbol{x})$,它在 Ω 中是渐小的,而且在 Ω 中存在一个域 Ω_1,使得

(1) $V(t,\boldsymbol{x})$ 和 $\dot{V}(t,\boldsymbol{x})$ 在 Ω_1 中是正定的;

(2) 原点是 Ω_1 的一个边界点;

(3) 在 Ω 内部的 Ω_1 的边界点上,对于所有的 $t \geqslant t_0$, $V(t,\boldsymbol{x}) = 0$。

针对 2 阶系统,定理 2.18 的示意图如图 2.8 所示。

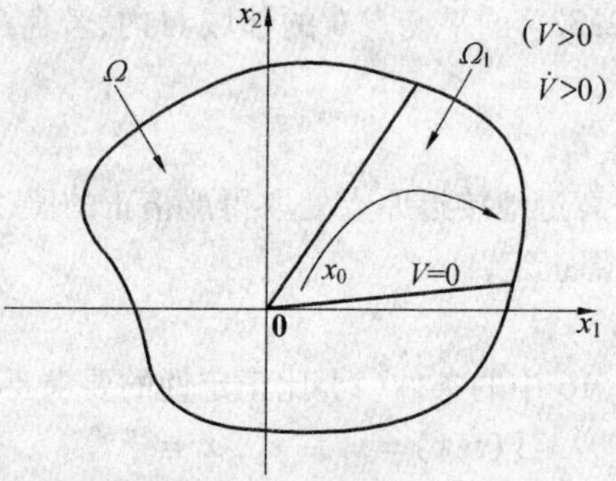

图 2.8 Chetaev 定理的示意图

例 2.41 考虑系统

$$\dot{x}_1 = x_1^2 + x_2^3$$
$$\dot{x}_2 = -x_2 + x_1^3$$

取函数

$$V = x_1 - \frac{1}{2}x_2^2$$

则验证定理 2.18 中的各条件,可得平衡点不稳定的结论。

2.5 Lyapunov 函数的存在性

前面关于平衡点的稳定性的判定定理,都是假设系统 Lyapunov 函数存在,因而是充

分条件。实际上,当系统的平衡点稳定时,相应的 Lyapunov 函数是存在的。这里给出的定理可以看作是前面针对各种稳定性情形所给出的 Lyapunov 定理的逆定理。关于 Lyapunov 稳定性的逆定理情况比较复杂,这里只给出渐近稳定和指数稳定的结果。

定理 2.19　如果系统(2.33)的平衡点 **0** 是一致渐近稳定的,则存在一个正定渐小的函数 $V(t,x)$,其沿系统(2.33)的解对时间的导数是负定的。

关于指数稳定性,有如下定理。

定理 2.20　对于所有

$$\boldsymbol{x} \in B_r \triangleq \{\boldsymbol{x} \in \mathbb{R}^n \mid \|\boldsymbol{x}\| \leq r,\ r > 0\}$$

和所有 $t \geq 0$,如果系统(2.33)中 $\boldsymbol{f}(t,\boldsymbol{x})$ 关于 $(t,\boldsymbol{x})$ 具有连续的、有界的一阶偏导数,且平衡点 **0** 是指数稳定的,则存在标量函数 $V(t,\boldsymbol{x})$ 和常数 $c_i(i=1,2,3,4)$,使得对于 $\forall \boldsymbol{x} \in B_r$ 和 $\forall t \geq 0$,有

$$c_1 \|\boldsymbol{x}\|^2 \leq V(t,\boldsymbol{x}) \leq c_2 \|\boldsymbol{x}\|^2$$

$$\dot{V}(t,\boldsymbol{x}) \leq -c_3 \|\boldsymbol{x}\|^2$$

$$\left\| \frac{\partial V(t,\boldsymbol{x})}{\partial \boldsymbol{x}} \right\| \leq c_4 \|\boldsymbol{x}\|$$

成立。

这一定理有其实际的应用价值,可以明确估计出某些非线性系统的收敛速率。定理的证明是基于系统的解可以得到的假设,然后在解的基础上构造 Lyapunov 函数。定理 2.20 具有重要的理论意义,在一些稳定性证明中可以发挥重要的作用。例如,考虑定常非线性系统

$$\dot{\boldsymbol{x}}(t) = \boldsymbol{f}(\boldsymbol{x}(t)),\ \boldsymbol{f}(\boldsymbol{0}) = \boldsymbol{0},\ \boldsymbol{A} = \left.\frac{\partial \boldsymbol{f}(\boldsymbol{x})}{\partial \boldsymbol{x}}\right|_{\boldsymbol{x}=\boldsymbol{0}} \tag{2.49}$$

其中,$\boldsymbol{f}(\boldsymbol{x})$ 二阶连续可微。由定理 2.20 可知,当 $\boldsymbol{A}$ 的所有特征值具有负实部时,非线性系统(2.49)是指数稳定的。利用逆定理可以证明其逆命题也是成立的,即有如下定理成立。

定理 2.21　系统(2.49)是指数稳定的,当且仅当其线性化系统

$$\dot{\boldsymbol{z}}(t) = \boldsymbol{A}\boldsymbol{z}(t)$$

是指数稳定的。

当 $\boldsymbol{A}$ 的所有特征值的实部非正,且存在零实部特征值时,系统(2.49)的渐近稳定性依赖于高阶项。此时,由定理 2.21 可知,即使系统(2.49)是渐近稳定的,也不可能是指数稳定的。

本节给出的这些定理在慢变系统稳定性的证明、利用观测器实现状态反馈时稳定性的证明、具有三角形式的系统稳定性的证明等方面也有应用,具体参见文献[1]。

2.6　输入 - 状态稳定性

输入 - 状态稳定性(Input-State Stability, ISS)指的是当系统存在输入时,系统的状态对于输入的响应的有界性。考虑系统

$$\dot{\boldsymbol{x}}=\boldsymbol{f}(t,\boldsymbol{x},\boldsymbol{u}) \tag{2.50}$$

其中$\boldsymbol{f}:[0,\infty)\times\mathbb{R}^n\times\mathbb{R}^m\to\mathbb{R}^n$是关于$t$的分段连续函数,关于$\boldsymbol{x}$和$\boldsymbol{u}$的局部Liptchitz函数,即存在常数$L_1>0$, $L_2>0$,使得

$$\|\boldsymbol{f}(t,\boldsymbol{x}_1,\boldsymbol{u})-\boldsymbol{f}(t,\boldsymbol{x}_2,\boldsymbol{u})\|\leqslant L_1\|\boldsymbol{x}_1-\boldsymbol{x}_2\|$$

$$\|\boldsymbol{f}(t,\boldsymbol{x},\boldsymbol{u}_1)-\boldsymbol{f}(t,\boldsymbol{x},\boldsymbol{u}_2)\|\leqslant L_2\|\boldsymbol{u}_1-\boldsymbol{u}_2\|$$

输入$\boldsymbol{u}(t)$对于所有的$t\geqslant 0$是t的分段连续有界函数。输入的有界性表明

$$\boldsymbol{u}(t)\in L_\infty^m,\ \|\boldsymbol{u}(\cdot)\|_{L_\infty}=\sup_{t\geqslant 0}\|\boldsymbol{u}(t)\|$$

即输入$\boldsymbol{u}(t)$属于一个有界的函数空间。有关函数空间及范数等概念,将在第3章作具体介绍。

假设系统(2.50)的无激励系统

$$\dot{\boldsymbol{x}}=\boldsymbol{f}(t,\boldsymbol{x},\boldsymbol{0}) \tag{2.51}$$

在$\boldsymbol{x}=\boldsymbol{0}$处有全局一致渐近稳定的平衡点。现在的问题是:在有界输入$\boldsymbol{u}(t)$的激励下,确定系统(2.50)的状态对于输入的响应是否有界。首先看线性系统的情形。

一个线性系统,系统状态可以看作是零状态响应(Zero-State Response)和零输入响应(Zero-Input Response)的线性叠加。考虑线性系统

$$\dot{\boldsymbol{x}}=\boldsymbol{A}\boldsymbol{x}+\boldsymbol{B}\boldsymbol{u} \tag{2.52}$$

其中$\boldsymbol{A}$为Hurwitz矩阵。系统(2.52)对于输入$\boldsymbol{u}(t)$的响应为

$$\boldsymbol{x}(t)=\mathrm{e}^{\boldsymbol{A}(t-t_0)}\boldsymbol{x}(t_0)+\int_{t_0}^{t}\mathrm{e}^{\boldsymbol{A}(t-\tau)}\boldsymbol{B}\boldsymbol{u}(\tau)\mathrm{d}\tau \tag{2.53}$$

其中,等号右边的第一项为由非零初值引起的系统的零输入响应,第二项为系统在零初始条件下由输入引起的零状态响应。由于矩阵$\boldsymbol{A}$为Hurwitz矩阵,故有

$$\|\mathrm{e}^{\boldsymbol{A}(t-t_0)}\|\leqslant k\mathrm{e}^{-\lambda(t-t_0)}$$

其中,λ与$\boldsymbol{A}$的特征值有关;k与$\boldsymbol{A}$的特征向量矩阵有关。利用上式可以给出状态的估计,即

$$\|\boldsymbol{x}(t)\|\leqslant k\mathrm{e}^{-\lambda(t-t_0)}\|\boldsymbol{x}(t_0)\|+\int_{t_0}^{t}k\mathrm{e}^{-\lambda(t-\tau)}\|\boldsymbol{B}\|\cdot\|\boldsymbol{u}(\tau)\|\mathrm{d}\tau\leqslant$$

$$k\mathrm{e}^{-\lambda(t-t_0)}\|\boldsymbol{x}(t_0)\|+\frac{k\|\boldsymbol{B}\|}{\lambda}\sup_{t_0\leqslant\tau\leqslant t}\|\boldsymbol{u}(\tau)\|$$

因此,如果系统(2.52)的非受迫系统是稳定的,则对于有界的输入,系统(2.52)状态也是有界的。

对于一般的非线性系统,这些性质并不成立,甚至当无激励的系统的原点是全局一致渐近稳定时,这一性质也可能不成立。

例2.42 考虑非线性系统

$$\dot{x}=-x+(1+2x)u$$

显然,非受迫系统($u=0$)是全局渐近稳定的。当输入$u=1$时,输入显然是有界的,但此时系统的状态方程为

$$\dot{x}=-x+1+2x=x+1$$

系统的状态显然是无界的。

例 2.43　考虑非线性系统

$$\dot{x} = -x + x^2 u$$

显然,当输入信号 $u = 0$ 时,系统的平衡点 0 是全局渐近稳定的。针对外部输入信号

$$u = \varepsilon e^{-t},\ \varepsilon > 0,\ t \geqslant 0$$

考察系统状态的响应。令 $y = \dfrac{1}{x}$,则系统方程变为

$$-\frac{1}{y^2}\frac{dy}{dt} = -\frac{1}{y} + \frac{1}{y^2}u$$

将 u 代入,可得

$$\frac{dy}{dt} = y - \varepsilon e^{-t}$$

由式(2.52)、(2.53) 可得

$$y(t) = e^t y_0 + \frac{1}{2}\varepsilon(e^{-t} - e^t)$$

由 $x(t) = \dfrac{1}{y(t)}$ 可得系统的响应为

$$x(t) = \frac{2x_0}{(2 - \varepsilon x_0)e^t + \varepsilon x_0 e^{-t}}$$

如果系统状态的初始值满足 $x_0 > 2\varepsilon^{-1}$,则有

$$\lim_{t \to t_p} x(t) = \infty,\ t_p = \frac{1}{2}\ln\frac{\varepsilon x_0}{\varepsilon x_0 - 2}$$

即系统的状态 $x(t)$ 在有限时刻 t_p 将趋于无穷,系统存在有限逃逸时间。

考虑非线性系统(2.50),系统非受迫运动为(2.51)。下面给出输入 - 状态稳定性的定义。

非线性系统(2.50) 称为是输入 - 状态稳定的,如果存在一个 KL 类函数 $\beta(\cdot,\cdot)$ 和一个 K 类函数 $\gamma(\cdot)$,使得对于任意的初始条件 $x(t_0)$ 和有界输入 $\boldsymbol{u}(t)$,系统(2.50) 的解对于 $\forall t \geqslant t_0$ 存在,且满足

$$\|\boldsymbol{x}(t)\| \leqslant \beta(\|\boldsymbol{x}(t_0)\|, t - t_0) + \gamma(\sup_{t_0 \leqslant \tau \leqslant t}\|\boldsymbol{u}(\tau)\|) \tag{2.54}$$

上述定义保证了对于有界的输入 $\boldsymbol{u}(t)$ 及系统(2.50) 的状态 $\boldsymbol{x}(t)$ 的有界性。如果考虑非受迫系统(2.51),即如果令 $\boldsymbol{u} \equiv 0$,则不等式(2.54) 变为

$$\|\boldsymbol{x}(t)\| \leqslant \beta(\|\boldsymbol{x}(t_0)\|, t - t_0)$$

由定理 2.11 可得,非受迫系统(2.51) 的平衡点 **0** 是全局一致渐近稳定的。另外可以证明,当

$$\lim_{t \to \infty}\boldsymbol{u}(t) = 0$$

时,有

$$\lim_{t \to \infty}\boldsymbol{x}(t) = 0$$

成立。

对于线性系统(2.52),根据系统的响应方程(2.53) 可得

$$\| \boldsymbol{x}(t) \| \leqslant k\mathrm{e}^{-\lambda(t-t_0)} \| \boldsymbol{x}(t_0) \| + \frac{k \| \boldsymbol{B} \|}{\lambda} \sup_{t_0 \leqslant \tau \leqslant t} \| \boldsymbol{u}(\tau) \|$$

因此,系统是输入状态稳定的,此时可选择 KL 类函数和 K 类函数为

$$\beta(r,s) = kr\mathrm{e}^{-\lambda s}, \gamma(r) = \frac{k \| \boldsymbol{B} \|}{\lambda} r$$

下面给出输入 - 状态稳定性的判定定理。

定理 2.22 对于非线性系统(2.50),如果存在连续可导的标量函数 $V:[0,\infty) \times \mathbb{R}^n \to \mathbb{R}$,满足

$$\alpha_1(\| \boldsymbol{x} \|) \leqslant V(t,\boldsymbol{x}) \leqslant \alpha_2(\| \boldsymbol{x} \|)$$

$$\frac{\partial V}{\partial t} + \frac{\partial V}{\partial \boldsymbol{x}} \boldsymbol{f}(t,\boldsymbol{x},\boldsymbol{u}) \leqslant - W_3(\boldsymbol{x})$$

$$\forall \| \boldsymbol{x} \| \geqslant \rho(\| \boldsymbol{u} \|) > 0, \forall (t,\boldsymbol{x},\boldsymbol{u}) \in [0,\infty) \times \mathbb{R}^n \times \mathbb{R}^m$$

其中,$\alpha_1(\cdot)$, $\alpha_2(\cdot)$ 均为 K_∞ 类函数;$\rho(\cdot)$ 是 K 类函数;$W_3(\cdot)$ 是连续的正定函数,则系统(2.50) 是输入状态稳定的,且 $\gamma = \alpha_1^{-1} \circ \alpha_2 \circ \rho$。

满足定理 2.22 条件的函数 $V(t,\boldsymbol{x})$ 称为 ISS Lyapunov 函数。定理中的 KL 类函数 $\beta(\cdot,\cdot)$,对于第一个自变量来说是 K_∞ 类函数,$\gamma(\cdot)$ 只要求是 K 类函数。显然,如果令输入为零,则定理 2.22 变为判断非受迫系统系统平衡点的渐近稳定性的判定条件,同前面所给出的渐近稳定性判定定理 2.12 是一致的。

例 2.44 考虑非线性系统

$$\dot{x} = -x^3 + u \tag{2.55}$$

当 $u = 0$ 时,原点是全局渐近稳定的。取 $V(x) = \frac{x^2}{2}$,则

$$\begin{aligned} \dot{V} = & -x^4 + xu = \\ & -(1-\theta)x^4 - \theta x^4 + xu \leqslant \\ & -(1-\theta)x^4, \ \forall |x| \geqslant \left(\frac{|u|}{\theta}\right)^{\frac{1}{3}} \end{aligned}$$

其中,$0 < \theta < 1$。系统是输入状态稳定的,且 $\gamma(r) = \rho(r) = \left(\frac{r}{\theta}\right)^{\frac{1}{3}}$。

例 2.45 考虑线性系统

$$\dot{y} = -Ky + v \tag{2.56}$$

根据前面关于线性系统的讨论可知,系统是输入状态稳定的。考虑将系统(2.55)、(2.56) 连接在一起构成一个闭环系统,即令

$$u = y, \ v = x$$

可得

$$\dot{x} = -x^3 + y$$

$$\dot{y} = x - Ky$$

容易判断系统是不稳定的。

例 2.45 说明,将两个均为输入状态稳定的系统反馈连接起来,无法保证构成的闭环系统的稳定性。但是,对于级联(Cascaded) 系统,可以保证相应的稳定性。

定理 2.23　考虑级联系统

$$\dot{\boldsymbol{x}}_1=\boldsymbol{f}_1(t,\boldsymbol{x}_1,\boldsymbol{x}_2) \tag{2.57}$$

$$\dot{\boldsymbol{x}}_2=\boldsymbol{f}_2(t,\boldsymbol{x}_2) \tag{2.58}$$

其中

$$\boldsymbol{f}_1:[0,\infty)\times\mathbb{R}^{n_1}\times\mathbb{R}^{n_2}\to\mathbb{R}^{n_1}$$

$$\boldsymbol{f}_2:[0,\infty)\times\mathbb{R}^{n_2}\to\mathbb{R}^{n_2}$$

关于 t 分段连续,关于 $\boldsymbol{x}$ 满足 Lipschitz 条件。将 $\boldsymbol{x}_2$ 看作是子系统(2.57)的输入时,子系统(2.57)是输入状态稳定的;原点是子系统(2.58)的全局一致渐近稳定的平衡点,那么级联系统(2.57)、(2.58)的原点是全局一致渐近稳定的。

例 2.46　参考例 2.44 和例 2.45,考虑非线性系统

$$\dot{x}=-x^3+y$$

$$\dot{y}=x+u$$

当选择控制律

$$u=-Ky,\ K>0$$

可得闭环系统

$$\dot{x}=-x^3+y$$

$$\dot{y}=x-Ky$$

前面已经得出结论,此时系统的平衡点原点是不稳定的。如果选择控制律

$$u=-x-Ky,\ K>0$$

可得闭环系统

$$\dot{x}=-x^3+y$$

$$\dot{y}=-Ky$$

由定理 2.23 可知,此时系统是全局渐近稳定的。

第 3 章　输入输出稳定性

在第 2 章关于稳定性的讨论中，Lyapunov 函数是关于系统全部状态的正定函数，因此需要利用系统的状态方程描述来进行分析。由于非线性系统十分复杂，若能掌握多种分析方法，从不同的角度分析系统的特性，能使我们更加深入地了解非线性系统，有利于对非线性系统进行分析和设计。例如，实际系统中存在着不确定性因素，因此希望对系统特性的分析是鲁棒的，而采用输入输出的描述形式可以方便地对系统的鲁棒性进行分析。

为了研究系统的输入和输出之间的相互关系，可以将泛函分析的方法应用于一般动态系统（包括线性及非线性系统）的分析之中。在这一领域中，Sandberg 和 Zames 做出了开创性的工作，参见文献[16]～[19]。

3.1　基本概念

在研究稳定性时考虑两种稳定性，即第 2 章中考虑的状态相对于平衡点的 Lyapunov 稳定性和考虑系统的输入与输出信号之间关系的 L 稳定性。当将系统全部的状态视为系统的输出时，第 2 章中介绍的输入－状态稳定性也可以看作是一种输入输出稳定性。但是，这两种稳定性对描述系统的模型要求是不同的，一种要求状态空间模型（系统的内部结构），另一种要求输入与输出之间的关系（可以无系统的内部信息）。无论对于线性系统还是对于非线性系统，一般来说，两种稳定性并不等价，前者称为 Lyapunov 稳定，后者称为 BIBO 稳定。

3.1.1　线性系统的输入输出稳定性

考虑线性系统的状态空间描述

$$\dot{\boldsymbol{x}} = \boldsymbol{A}\boldsymbol{x} + \boldsymbol{B}\boldsymbol{u},\ \boldsymbol{x} \in \mathbb{R}^n,\ \boldsymbol{u} \in \mathbb{R}^p,\ \boldsymbol{x}(0) = \boldsymbol{x}_0 \tag{3.1}$$

$$\boldsymbol{y} = \boldsymbol{C}\boldsymbol{x},\ \boldsymbol{y} \in \mathbb{R}^q \tag{3.2}$$

对式(3.1)、(3.2)求取 Laplace 变换，可得系统状态与输入、输出与状态之间的关系如下

$$\boldsymbol{X}(s) = (s\boldsymbol{I} - \boldsymbol{A})^{-1}\boldsymbol{x}_0 + (s\boldsymbol{I} - \boldsymbol{A})^{-1}\boldsymbol{B}\boldsymbol{U}(s) \tag{3.3}$$

$$\boldsymbol{Y}(s) = \boldsymbol{C}\boldsymbol{X}(s) \tag{3.4}$$

其中，$\boldsymbol{X}(s)$，$\boldsymbol{U}(s)$，$\boldsymbol{Y}(s)$ 分别为 $\boldsymbol{x}(t)$，$\boldsymbol{u}(t)$，$\boldsymbol{y}(t)$ 的 Laplace 变换。将系统看作是输入信号 $\boldsymbol{u}(t)$ 和输出信号 $\boldsymbol{y}(t)$ 之间的映射，即当线性映射关系 $\boldsymbol{y} = \boldsymbol{H}\boldsymbol{u}$ 时，系统可由传递函数矩阵或卷积算子描述。考虑零初始条件，即令 $\boldsymbol{x}_0 = 0$，由式(3.3)、(3.4)可得算子 $\boldsymbol{H}$ 所描述的系统在频域的表示为

$$\boldsymbol{Y}(s) = \boldsymbol{G}(s)\boldsymbol{U}(s) \tag{3.5}$$

其中，$\boldsymbol{G}(s)$ 为算子 $\boldsymbol{H}$，系统的传递函数为

$$\boldsymbol{G}(s)=\boldsymbol{C}(s\boldsymbol{I}-\boldsymbol{A})-1\boldsymbol{B}=\begin{pmatrix} G_{11}(s) & G_{12}(s) & \cdots & G_{1p}(s) \\ G_{21}(s) & G_{22}(s) & \cdots & G_{2p}(s) \\ \vdots & \vdots & & \vdots \\ G_{q1}(s) & G_{q2}(s) & \cdots & G_{qp}(s) \end{pmatrix}$$

式(3.5)的等价时域表示为

$$\boldsymbol{y}(t)=\int_0^t \boldsymbol{g}(t-\tau)\mathrm{d}\tau \tag{3.6}$$

其中

$$\boldsymbol{g}(t)=\mathscr{L}^{-1}(\boldsymbol{G}(s))=\boldsymbol{C}\mathrm{e}^{\boldsymbol{A}t}\boldsymbol{B}=\begin{pmatrix} g_{11}(t) & g_{12}(t) & \cdots & g_{1p}(t) \\ g_{21}(t) & g_{22}(t) & \cdots & g_{2p}(t) \\ \vdots & \vdots & & \vdots \\ g_{q1}(t) & g_{q2}(t) & \cdots & g_{qp}(t) \end{pmatrix}$$

式中，$\mathscr{L}^{-1}$ 表示 Laplace 反变换。

式(3.1)、(3.2)为系统的状态空间描述；式(3.5)、(3.6)分别为复频域和时域中系统的输入输出描述。对于同一个系统，一般来说，如状态方程描述时系统存在不可控或不可观模态的情况下，两种描述形式是不等价的。

在零初始条件下，对于任意一个有界的输入 $\boldsymbol{u}(t)$，如果系统相应的输出 $\boldsymbol{y}(t)$ 也是有界的，即如果由条件

$$\|\boldsymbol{u}(t)\|\leqslant k_1,\ \forall t\in[0,\infty)$$

可得

$$\|\boldsymbol{y}(t)\|\leqslant k_2,\ \forall t\in[0,\infty)$$

则称系统为有界输入有界输出稳定的(BIBO)。对于式(3.5)给出的描述形式，稳定性的条件为 $G_{ij}(s)(i=1,\cdots,q,\ j=1,\cdots,p)$ 的所有极点都具有负实部；对于式(3.6)给出的描述形式，稳定性的条件为

$$\int_0^{\infty}|g_{ij}(t)|\mathrm{d}t\leqslant k<\infty,\ i=1,\cdots,q,\ j=1,\cdots,p$$

式(3.5)和(3.6)是等价的描述形式，上面给出的两个稳定性条件也是等价的。

3.1.2　函数空间与扩展函数空间

在控制工程中会遇到各种信号，这些信号通常表示为时域或频域的函数。系统在这些信号激励下的响应，同样也可以表示成各种函数。因此，一个系统可以看作从一个函数空间到另一个函数空间的映射，即算子。此时，系统可描述为

$$\boldsymbol{y}=\boldsymbol{H}\boldsymbol{u}$$

其中，系统的输入 $u:[0,\infty)\to\mathbb{R}^m$ 属于某个函数空间 U，$\boldsymbol{H}$ 是从输入空间 U 到输出空间的一个映射或者一个算子。对于任意的 $\boldsymbol{u}\in U$，系统 $\boldsymbol{H}$ 都有一个响应信号 $\boldsymbol{y}$ 与之对应，系统 $\boldsymbol{H}$ 对应于 $\boldsymbol{u}\in U$ 的输出响应信号的全体构成输出空间 Y。

在函数空间上引入范数的概念来表述信号在某种意义上的强度，系统作为算子时的范数就反映了系统在传递信号的过程中的一种“增益”。

设 $\Im$ 是由某一类函数(或函数向量) 组成的集合,若 $\Im$ 满足性质

$$kf \in \Im,\ \forall \mathrm{k} \in \mathbb{R},\ \forall f \in \Im$$

$$f_1 + f_2 \in \Im,\ \forall f_1 \in \Im,\ \forall f_2 \in \Im$$

则称 $\Im$ 为$\mathbb{R}$ 上的线性函数空间,简称为函数空间。

下面介绍常见的赋范函数空间。

(1)L_∞^m 空间。对于分段连续的函数 $\boldsymbol{u}:[0,+\infty)\to\mathbb{R}^m$,由所有满足

$$\sup_{t\geqslant 0}\|\boldsymbol{u}(t)\| < \infty$$

的函数所构成的线性函数空间称为 L_∞^m 空间。

(2)L_∞ 范数。对于 $\boldsymbol{u}(t)\in L_\infty^m$,定义范数 $\|\cdot\|_{L_\infty}$ 如下

$$\|\boldsymbol{u}(t)\|_{L_\infty} = \sup_{t\geqslant 0}\|\boldsymbol{u}(t)\|$$

容易验证,$\|\cdot\|_{L_\infty}$ 满足范数的定义①。

(3)L_p^m 空间。给定 $p=1,2,\cdots$,由所有满足

$$\int_0^\infty \|\boldsymbol{u}(t)\|^p \mathrm{d}t < \infty$$

的函数所构成的线性函数向量空间称为 L_p^m 空间。

(4)L_p 范数。对于 $\boldsymbol{u}(t)\in L_p^m$,定义范数 $\|\cdot\|_{L_p}$ 为

$$\|\boldsymbol{u}(t)\|_{L_p} = \left(\int_0^\infty \|\boldsymbol{u}(t)\|^p \mathrm{d}t\right)^{\frac{1}{p}}$$

上述定义中所用到的范数 $\|\cdot\|$ 是将 $\boldsymbol{u}(t)$ 视为$\mathbb{R}^m$空间中的向量,对其取$\mathbb{R}^m$空间的向量范数,这里用下标 L 表示函数空间的范数。假设 $\boldsymbol{x}=[x_1 \quad x_2 \quad \cdots \quad x_m]^{\mathrm{T}}\in\mathbb{R}^m$,其$\mathbb{R}^m$空间的向量范数可取为

$$\|\boldsymbol{x}\|_p = \left(\sum_{i=1}^m |x_i|^p\right)^{\frac{1}{p}},\ p=1,2,\cdots$$

$$\|\boldsymbol{x}\|_\infty = \max_{1\leqslant i\leqslant m}|x_i|$$

中的任意一种范数,$\|\cdot\|_{L_\infty}$ 中的 p 和 $\|\cdot\|_p$ 中的 p 可以不一致,如 $\|\boldsymbol{u}(t)\|_{L_\infty}$ 可以按照如下任意一种方式进行定义

$$\sup_{t\geqslant 0}\|\boldsymbol{u}(t)\|_1,\ \sup_{t\geqslant 0}\|\boldsymbol{u}(t)\|_2,\ \sup_{t\geqslant 0}\|\boldsymbol{u}(t)\|_\infty$$

一般将向量范数 $\|\cdot\|_p$ 取为 2 - 范数。

上述所定义的函数向量空间 $L_p^m(p=1,2,\cdots,\infty)$ 均为线性赋范空间,而且都是完备的,因而都是 Banach 空间。L_p^m 可简记为 L_p,L^m 或 L。

对于一个 m 维输入、q 维输出的系统 $\boldsymbol{y}=\boldsymbol{H}\boldsymbol{u}$,当 $\boldsymbol{u}\in L^m$ 时,如果相应的输出满足 $\boldsymbol{y}\in L^q$,则系统是输入输出稳定的。但是,如果在讨论系统的输入输出稳定时,将输入信号空

---

① 记实向量空间为 X,定义于 X 上的实值函数 $\|\cdot\|$ 称为范数。如果对于 $\forall \boldsymbol{x}\in X$,则 $\forall \boldsymbol{y}\in X$,满足如下性质:
1) $\|\boldsymbol{x}\|\geqslant 0$,且 $\|\boldsymbol{x}\|=0$,当且仅当 $x=0$(正定性);
2) $\|\alpha\boldsymbol{x}\| = |\alpha|\cdot\|\boldsymbol{x}\|$,$\alpha\in\mathbb{R}$(齐次性);
3) $\|\boldsymbol{x}+\boldsymbol{y}\|\leqslant\|\boldsymbol{x}\|+\|\boldsymbol{y}\|$(三角不等式)。

间和输出信号空间均定义为前面介绍的赋范空间，即

$$\boldsymbol{H}: L^m \to L^q$$

则无法讨论不稳定的情形，即 $\boldsymbol{u} \in L^m$，但相应的输出为 $\boldsymbol{y} \notin L^q$。因此，需要引入扩展函数空间的概念。

函数

$$\boldsymbol{u}: [0, +\infty) \to \mathbb{R}^m$$

的截断函数(Truncated Function) $\boldsymbol{u}_\tau(t)$ 定义为

$$\forall \tau > 0,\ \boldsymbol{u}_\tau(t) = \begin{cases} \boldsymbol{u}(t),\ 0 \leqslant t \leqslant \tau \\ 0,\ t \geqslant \tau \end{cases}$$

空间 L^m 的扩展空间定义为

$$L_e^m = \{\boldsymbol{u}(t) \mid \boldsymbol{u}_\tau(t) \in L^m, \forall \tau \in [0, \infty)\}$$

容易看出，这样所定义的扩展函数空间是线性空间，但是由于无法定义相应的范数，因此不是赋范空间。赋范函数空间和扩展函数空间显然满足 $L^m \subset L_e^m$。

例 3.1　考虑斜坡函数

$$u(t) = t,\ t \geqslant 0$$

由于 $u(t)$ 无界，容易看出，$u(t) \notin L_\infty$。考虑其截断函数

$$u_\tau(t) = \begin{cases} t,\ 0 \leqslant t \leqslant \tau \\ 0,\ t > \tau \end{cases}$$

由于 $u_\tau(t) \in L_\infty$，因此 $u(t) \in L_{\infty e}$。

例 3.2　考虑单位阶跃函数

$$u(t) = 1(t) = \begin{cases} 0,\ t \\ 1,\ t \geqslant 0 \end{cases}$$

显然，$u(t) \notin L_2$。考虑其截断函数

$$u_\tau(t) = \begin{cases} 1,\ 0 \leqslant t \leqslant \tau \\ 0,\ t > \tau \end{cases}$$

由于 $u_\tau(t) \in L_2$，因此 $u(t) \in L_{2e}$。

当输入信号和相应的输出信号分别属于特定的赋范函数空间时，系统具有输入输出稳定性。而将输入信号空间和输出信号空间分别定义为扩展函数空间，是为了在关于稳定性的讨论中包含不稳定的系统。相应地，系统为扩展函数空间之间的算子。为描述实际系统，需要算子满足因果性的约束。

映射 $\boldsymbol{H}: L_e^m \to L_e^q$ 是因果的(Causal)，如果在任意时刻 t，$(\boldsymbol{H}\boldsymbol{u})(t)$ 只与该时刻及其以前时刻的输入值有关，即满足

$$(\boldsymbol{H}\boldsymbol{u})_\tau = (\boldsymbol{H}\boldsymbol{u}_\tau)_\tau,\ \forall \tau > 0$$

对于实际的物理系统而言，都是满足因果性要求的。例如，对于式(3.6)描述的连续时间线性系统，其脉冲相应函数满足

$$\boldsymbol{g}(t) = 0,\ \forall t < 0$$

就说明了系统的因果性。因果系统是指当且仅当输入信号激励系统时，才会出现与输入信号对应的输出(响应)的系统。也就是说，因果系统针对输入信号的响应不会出现在输

入信号开始激励系统的时刻之前。系统的这种特性称为因果特性,符合因果性的系统称为因果系统(非超前系统)。直观的判断方法就是输出不超前于输入。实际的物理可实现系统均为因果系统。非因果系统的概念与特性也有实际的意义,如信号的压缩、扩展,语音信号处理等。若信号的自变量不是时间,如以位移、距离、亮度等为变量的物理系统中存在因果的系统。

关于因果性的判定,有如下定理。

定理 3.1 映射 $\boldsymbol{H}:L_e^m \to L_e^q$ 是因果的,当且仅当对于 $\forall \boldsymbol{u} \in L_e^m$, $\forall \boldsymbol{v} \in L_e^m$ 及 $\forall \tau > 0$,如果 $\boldsymbol{u}_\tau = \boldsymbol{v}_\tau$,则必然有 $(\boldsymbol{Hu})_\tau = (\boldsymbol{Hv})_\tau$ 成立。

证明 必要性由因果性的定义可得

$$(\boldsymbol{Hu})_\tau = (\boldsymbol{Hu}_\tau)_\tau = (\boldsymbol{Hv}_\tau)_\tau = (\boldsymbol{Hv})_\tau$$

对于充分性,令 $\boldsymbol{v} = \boldsymbol{u}_\tau$,则显然有 $\boldsymbol{u}_\tau = \boldsymbol{v}_\tau$,因此有

$$(\boldsymbol{Hu})_\tau = (\boldsymbol{Hv})_\tau = (\boldsymbol{Hu}_\tau)_\tau$$

满足因果性的定义。

在以后的讨论中,均假设所讨论的系统满足因果性。

3.2 L 稳定性的定义

考虑用输入输出算子描述的系统,L 稳定性用来描述系统的输入输出稳定性,即“有界”的输入产生“有界”的输出,输入输出信号的界是用相应信号的 L 范数描述的。

L 稳定性:映射 $\boldsymbol{H}:L_e^m \to L_e^q$ 是 L 稳定的,如果存在定义在$[0,\infty)$上的 K 类函数 $\alpha(\cdot)$ 和非负常数 β,使得对于所有的 $\boldsymbol{u} \in L_e^m$ 和 $\tau \in [0,\infty)$,满足

$$\|(\boldsymbol{Hu})_\tau\|_L \leqslant \alpha(\|\boldsymbol{u}_\tau\|_L) + \beta \tag{3.7}$$

有限增益 L 稳定性(Finite Gain L Stability):存在非负常数 γ 和 β,使映射 $\boldsymbol{H}:L_e^m \to L_e^q$ 对于所有的 $\boldsymbol{u} \in L_e^m$ 和 $\tau \in [0,\infty)$,满足

$$\|(\boldsymbol{Hu})_\tau\|_L \leqslant \gamma\|\boldsymbol{u}_\tau\|_L + \beta \tag{3.8}$$

由上述定义容易看出,有限增益 L 稳定的系统一定是 L 稳定的,但由系统的 L 稳定性得不出有限增益 L 稳定性的结论。

式(3.7)、(3.8)中的常数 β 称为偏置项。引入偏置项的目的是为了讨论系统零输入条件下输出不为零的情形,即

$$\boldsymbol{u} = 0,\ \boldsymbol{Hu} \neq 0$$

对于第 2 章中由状态方程描述的系统,如果状态空间的原点为系统的平衡点,则将系统描述为输入输出算子时,偏置项 β 可以用来考虑非零输出时条件的影响,如式(3.3)中 $(s\boldsymbol{I} - \boldsymbol{A})^{-1}\boldsymbol{x}_0$,当系统稳定时,其作用可由偏置项进行表示。另外,对于在零偏置项的条件下不可能实现有限增益稳定的情况下,有时通过引入非零偏置项,可以实现有限增益稳定,如例 3.4 所示。

当不等式(3.8)成立时,我们关心的是存在 β,使不等式成立的最小的 γ 值,将称其为系统的 L 增益,定义为

$$\gamma(\boldsymbol{H}) \triangleq \inf\{\gamma \mid \exists\beta,\ \|(\boldsymbol{Hu})_\tau\|_L \leqslant \gamma\|\boldsymbol{u}_\tau\|_L + \beta\} \tag{3.9}$$

显然，如果存在 γ，使得式(3.8) 成立，则必有

$$\gamma \geqslant \gamma(\boldsymbol{H})$$

成立，即 γ 为系统 L 增益的一个上界。在很多情况下，很难精确地求得 L 增益，只能确定其某个上界。

由 L 稳定性的定义可得，当 $\boldsymbol{u} \in L^m$ 时，必有 $\boldsymbol{Hu} \in L^q$。对于 L 稳定的系统，有

$$\| \boldsymbol{Hu} \|_L \leqslant \alpha(\| \boldsymbol{u} \|_L) + \beta,\ \forall \boldsymbol{u} \in L^m$$

成立；对于有限增益 L 稳定的系统，有

$$\| \boldsymbol{Hu} \|_L \leqslant \gamma \| \boldsymbol{u} \|_L + \beta,\ \forall \boldsymbol{u} \in L^m$$

成立。

第 2 章介绍的稳定性为动态系统的稳定性，这里介绍的 L 稳定性是输入输出稳定性，既可以讨论动态系统，也可以讨论静态的输入输出关系的稳定性。

例 3.3　考虑静态输入输出映射

$$h:\mathbb{R} \to \mathbb{R}$$
$$h(u) = ku^3,\ k > 0$$

由于

$$\sup_{t\geqslant 0} | h(\boldsymbol{u}(t)) | \leqslant k (\sup_{t\geqslant 0} | \boldsymbol{u}(t) |)^3$$

因此 h 是 L_∞ 稳定的，$\alpha(r) = kr^3$，偏置项为零，但 h 不是有限增益 L_∞ 稳定的。

例 3.4　考虑静态输入输出映射

$$h:\mathbb{R} \to \mathbb{R}$$
$$h(u) = u^{\frac{1}{3}}$$

类似于例3.3，容易验证系统是 L_∞ 稳定的，$\alpha(r) = r^{\frac{1}{3}}$，偏置项为零，此时系统不是有限增益 L_∞ 稳定的。对于任意的 $a > 0$，当 $|u| \leqslant (1/a)^{3/2}$ 时，显然有 $|y| \leqslant (1/a)^{1/2}$ 成立；当 $|u| > (1/a)^{3/2}$ 时，显然有 $|y| \leqslant a|u|$ 成立，因此有

$$|y| \leqslant a|u| + \left(\frac{1}{a}\right)^{\frac{1}{2}}$$

令 $\gamma = a,\ \beta = (1/a)^{1/2}$，则可得

$$\| y_\tau \|_{L_\infty} \leqslant \gamma \| u_\tau \|_{L_\infty} + \beta$$

系统是有限增益 L_∞ 稳定的。

例 3.5　考虑静态输入输出映射

$$h:\mathbb{R} \to \mathbb{R}$$

其中

$$h(u) = a + b\tanh cu = a + b\frac{e^{cu} - e^{-cu}}{e^{cu} + e^{-cu}}, a > 0,\ b > 0,\ c > 0$$

由于函数 tanh(·) 的导函数是对称的，在 0 点处取得最大值，且

$$h'(u) = \frac{4bc}{(e^{cu} + e^{-cu})^2} \leqslant bc,\ \forall u \in \mathbb{R}$$

因此有

$$|h(u)| \leqslant a + bc|u|, \ \forall u \in \mathbb{R}$$

因此 h 是有限增益 L_∞ 稳定的,其中 $\beta = a, \ \gamma = bc$。

如果 $a = 0$,对于 $p \geqslant 1, \ \tau > 0$,有

$$\int_0^\tau |h(u(t))|^p \mathrm{d}t \leqslant (bc)^p \int_0^\tau |u(t)|^p \mathrm{d}t$$

上式等价于

$$\int_0^\infty |h(u_\tau(t))|^p \mathrm{d}t \leqslant (bc)^p \int_0^\infty |u_\tau(t)|^p \mathrm{d}t$$

因此可得

$$\|(hu)_\tau\|_{L_p} \leqslant bc \|u_\tau\|_{L_p}$$

即映射 h 是有限增益 L_p 稳定的,其中 $\beta = 0, \gamma = bc$。

例 3.6 考虑动态系统

$$H: u \rightarrow y$$

$$y(t) = \int_0^t h(t - \sigma) u(\sigma) \mathrm{d}\sigma$$

其中,$h \in L_1$,即

$$\|h\|_{L_1} = \int_0^\infty |h(\sigma)| \mathrm{d}\sigma < \infty$$

成立。对于任意 $\tau \in [0, \infty)$,$u \in L_{\infty e}$,当 $0 \leqslant t \leqslant \tau$ 可得

$$\begin{aligned} |y(t)| &\leqslant \int_0^t |h(t-\sigma)| \cdot |u(\sigma)| \mathrm{d}\sigma \leqslant \\ &\int_0^t |h(t-\sigma)| \mathrm{d}\sigma \sup_{0 \leqslant \sigma \leqslant t} |u(\sigma)| = \\ &\int_0^t |h(s)| \mathrm{d}s \sup_{0 \leqslant \sigma \leqslant \tau} |u(\sigma)| \end{aligned}$$

因而有

$$\sup_{0 \leqslant t \leqslant \tau} |y(t)| \leqslant \int_0^t |h(s)| \mathrm{d}s \sup_{0 \leqslant \sigma \leqslant \tau} |u(\sigma)| \tag{3.10}$$

成立。由于

$$\int_0^t |h(s)| \mathrm{d}s \leqslant \int_0^\infty |h(s)| \mathrm{d}s = \|h\|_{L_1}$$

成立,再考虑到式(3.10),可得

$$\|y_\tau\|_{L_\infty} \leqslant \|h\|_{L_1} \|u_\tau\|_{L_\infty}, \ \forall \tau \in [0, \infty) \tag{3.11}$$

因而系统 H 是有限增益 L_∞ 稳定的,其 L_∞ 增益小于等于 $\|h\|_{L_1}$。实际上,系统 H 的 L_∞ 增益等于 $\|h\|_{L_1}$。为确定这一点,取 $u(\sigma) = \mathrm{sgn}(h(t - \sigma))$,则

$$y(t) = \int_0^t h(t-\sigma) u(\sigma) \mathrm{d}\sigma = \int_0^t |h(t-\sigma)| \mathrm{d}\sigma = \int_0^t |h(s)| \mathrm{d}s$$

因此 $y(t)$ 为非负的、上有界的增函数,令 $t \rightarrow \infty$,可得

$$\|y(t)\|_{L_\infty} = \lim_{t \rightarrow \infty} y(t)$$

考虑到 $\|u\|_{L_\infty} = 1$,可得结论。

考虑映射 $\boldsymbol{H}:L_e^m \to L_e^q$，由式(3.7)和(3.8)给出的稳定性定义显然是针对输入空间 L_e^m 中所有的信号给出的，无法讨论输入输出关系定义于输入空间的一个子集上的情形。例如，映射关系

$$y = \tan u$$

在全信号空间无法讨论稳定性，但如果对于 $\forall t > 0$，将输出信号限制于 $|u(t)| < \pi/2$，则可以进行讨论。为此，引入小信号 L 稳定性的概念。

映射 $\boldsymbol{H}:L_e^m \to L_e^q$ 是小信号 L 稳定的或小信号有限增益 L 稳定的，如果对于 $\tau \geqslant 0$，存在常数 $r > 0$，使得对于所有满足

$$\sup_{0 \leqslant t \leqslant \tau} \| \boldsymbol{u}(t) \| \leqslant r \tag{3.12}$$

的 $\boldsymbol{u} \in L_e^m$，有

$$\| (\boldsymbol{Hu})_\tau \|_L \leqslant \alpha(\| \boldsymbol{u}_\tau \|_L) + \beta \tag{3.13}$$

或

$$\| (\boldsymbol{Hu})_\tau \|_L \leqslant \gamma \| \boldsymbol{u}_\tau \|_L + \beta \tag{3.14}$$

成立。

上述定义中对输入信号的限制条件，式(3.12)要求 $\boldsymbol{u}_\tau \in L_\infty^m$，如果 $\boldsymbol{u} \in L_\infty^m$，则由式(3.12)可得 $\| \boldsymbol{u} \|_{L_\infty} \leqslant r$。但是，对于 $p \in [1,\infty)$，$\boldsymbol{u}(t)$ 的 L_p 范数可能不受限制，如考虑

$$\boldsymbol{u}(t) = r\mathrm{e}^{-\frac{r}{a}t},\ a > 0$$

显然对于任意的 $p \in [1,\infty]$，$\boldsymbol{u}(t) \in L_p$，但只有 $p = \infty$ 范数有限：$\| \boldsymbol{u} \|_{L_\infty} \leqslant r$，对于其他的 p，其 L_p 范数为

$$\| \boldsymbol{u}(t) \|_{L_p} = r\left(\frac{a}{rp}\right)^{\frac{1}{p}},\ 1 \leqslant p < \infty$$

适当选取 a 的值，可以达到任意大。

3.3　L 稳定性和状态稳定性

Lyapunov 稳定性讨论的是系统状态向对于平衡点的稳定性，即由初值决定的系统的解对于平衡点的收敛性质。Lyapunov 稳定性的定义和判断都是在状态空间中进行描述的。而 L 稳定性讨论的是输入输出之间映射关系的稳定性，将系统视为两个信号空间之间的映射关系，如果输入信号属于某个信号空间，依据输出是否属于同类信号空间来考察稳定性。

Lyapunov 稳定性包括局部稳定性和全局稳定性。如果非受迫系统的平衡点只具有局部稳定性，考虑系统输入输出间 L 稳定性时，显然有意义的是小信号 L 稳定性，即保证输入信号比较小，使得系统的状态对于该输入信号的响应不超出平衡点局部稳定性成立的区域。

考虑带有 m 个输入、q 个输出的 n 阶非线性系统的状态空间描述

$$\dot{\boldsymbol{x}} = \boldsymbol{f}(t,\boldsymbol{x},\boldsymbol{u}),\ \boldsymbol{x}(\boldsymbol{0}) = \boldsymbol{x}_0 \tag{3.15}$$

$$\boldsymbol{y} = \boldsymbol{h}(t,\boldsymbol{x},\boldsymbol{u}) \tag{3.16}$$

其中

$$x \in D \subset \mathbb{R}^n,\ \mathbf{0} \in D$$

$$u \in D_u \subset \mathbb{R}^m,\ \mathbf{0} \in D_u$$

$$f:[0,\infty) \times D \times D_u \to \mathbb{R}^n$$

$$h:[0,\infty) \times D \times D_u \to \mathbb{R}^q$$

$f(t,x,u)$ 关于 t 分段连续,关于 (x,u) 满足局部 Lipschitz 条件;$h(t,x,u)$ 关于 t 分段连续,关于 (x,u) 连续。

与线性系统(3.1)、(3.2)类似,系统(3.15)对于给定的外部输入信号 $u(t)$,系统状态的初值 x_0 唯一确定了系统的一个解 $x(t)$;根据输出的表达式(3.16),输入 $u(t)$ 和状态 $x(t)$ 确定了系统的输出 $y(t)$,因而,针对给定的系统状态初值和输入,系统的方程(3.15)、(3.16)唯一确定了系统的输出,即方程(3.15)、(3.16)确定了一个输入输出映射。但是与线性系统不同,对于非线性系统来说,一般很难找到这种映射关系的解析表达式。

与状态空间方程相对应的输入输出映射 H 是与系统的初值 x_0 有关的,因此可将 H 记为 H_{x_0}。一般说来,系统的初值不同,所确定的输入输出映射也是不同的,即当 $x_0 \neq x'_0$ 时,$H_{x_0} \neq H_{x'_0}$。例如,对于线性系统的状态空间方程(3.1)、(3.2),由式(3.3)、(3.4)可确定系统的输入输出关系为

$$Y(s) = C(sI - A)^{-1}x_0 + C(sI - A)^{-1}BU(s) \tag{3.17}$$

显然,不同的 x_0 确定了不同的输入输出映射关系,只有当上式中取 $x_0 = \mathbf{0}$,才能得到我们常用的传递函数关系式(3.5)。

假设 $\mathbf{0}$ 是系统(3.15)的非受迫系统

$$\dot{x} = f(t,x,\mathbf{0}) \tag{3.18}$$

的平衡点,则该平衡点的指数稳定性或渐近稳定性在一定条件下意味着系统(3.15)、(3.16)的 L 稳定性。

定理 3.2 取 $r > 0$ 和 $r_u > 0$,使得

$$\{x \in \mathbb{R}^n \mid \|x\| \leqslant r\} \subset D$$

$$\{u \in \mathbb{R}^m \mid \|u\| \leqslant r_u\} \subset D_u$$

假设

(1) $\mathbf{0}$ 是系统(3.18)的指数稳定平衡点,且存在 Lyapunov 函数 $V(t,x)$,满足

$$c_1\|x\|^2 \leqslant V(t,x) \leqslant c_2\|x\|^2 \tag{3.19}$$

$$\frac{\partial V}{\partial t} + \frac{\partial V}{\partial x}f(t,x,0) \leqslant -c_3\|x\|^2 \tag{3.20}$$

$$\left\|\frac{\partial V}{\partial x}\right\| \leqslant c_4\|x\| \tag{3.21}$$

其中,$\forall (t,x) \in [0,\infty) \times D$, $c_i > 0$, $i = 1,2,3,4$。

(2) 不等式

$$\|f(t,x,u) - f(t,x,\mathbf{0})\| \leqslant L\|u\| \tag{3.22}$$

$$\|h(t,x,u)\| \leqslant \eta_1\|x\| + \eta_2\|u\| \tag{3.23}$$

对于所有的$(t,\boldsymbol{x},\boldsymbol{u}) \in [0,\infty) \times D \times D_u$成立，其中$L > 0,\eta_1 > 0,\eta_2 > 0$，则对于任意满足$\|\boldsymbol{x}_0\| \leqslant r\sqrt{\frac{c_1}{c_2}}$的系统初值$\boldsymbol{x}_0$，系统(3.15)、(3.16)是小信号有限增益$L_p$稳定的，其中$p = 1,2,\cdots,\infty$。对于$\boldsymbol{u} \in L_{pe}$，如果满足

$$\sup_{0\leqslant t\leqslant \tau} \|\boldsymbol{u}(t)\| \leqslant \min\left\{r_u, \frac{c_1 c_3 r}{c_2 c_4 L}\right\}$$

则系统的输出满足

$$\|\boldsymbol{y}_\tau\|_{L_p} \leqslant \gamma \|\boldsymbol{u}_\tau\|_{L_p} + \beta,\ \tau \in [0,\infty) \tag{3.24}$$

其中

$$\gamma = \eta_2 + \frac{\eta_1 c_2 c_4 L}{c_1 c_3}$$

$$\beta = \eta_1 \|x_0\| \sqrt{\frac{c_2}{c_1}}\rho,\ \rho = \begin{cases} 1,\ p = \infty \\ \left(\dfrac{2c_2}{c_3 p}\right)^{\frac{1}{p}},\ p = 1,2,\cdots \end{cases}$$

如果原点全局指数稳定，且所有假设均全局成立($D = \mathbb{R}^n, D_u = \mathbb{R}^m$)，则对于$\forall x_0 \in \mathbb{R}^n$，系统(3.15)、(3.16)对于任意的$p = 1,2,\cdots,\infty$都是有限增益$L_p$稳定的。

第 2 章 2.5 节给出的 Lyapunov 稳定性判定定理的逆定理保证了定理 3.2 中非受迫系统(3.18)的 Lyapunov 函数$V(t,\boldsymbol{x})$的存在，且满足不等式条件(3.19)、(3.20)、(3.21)。如果要求$\boldsymbol{f}$连续可导，$\frac{\partial \boldsymbol{f}}{\partial \boldsymbol{u}}$有界，则可以保证不等式(3.22)成立。因此，上述定理可改述如下。

推论 3.1　假设 **0** 是系统(3.18)的指数稳定平衡点，$\boldsymbol{f}$连续可导，$\frac{\partial \boldsymbol{f}}{\partial \boldsymbol{x}}, \frac{\partial \boldsymbol{f}}{\partial \boldsymbol{u}}$有界，$\boldsymbol{h}$满足不等式(3.23)，则定理 3.2 成立。

例 3.7　考虑非线性系统

$$\dot{x} = -x - x^3 + u,\ x(0) = x_0$$

$$y = \tanh x + u = \frac{e^x - e^{-x}}{e^x + e^{-x}} + u$$

考虑系统的非受迫系统

$$\dot{x} = -x - x^3$$

的稳定性，定义$V(x) = x^2/2$，则

$$\dot{V}(x) = -x^2 - x^4$$

因而非受迫系统是全局指数稳定的，满足定理的条件，其中

$$c_1 = c_2 = \frac{1}{2},\ c_3 = c_4 = 1$$

下面检验其他条件。由系统的方程可得

$$f(t,x,u) = -x - x^3 + u$$

$$h(t,x,u) = \tanh x + u$$

满足条件(3.22)、(3.23),其中

$$L=\eta_1=\eta_2=1$$

因而对于 $\forall x_0\in\mathbb{R}$ 和 $\forall p\in[1,\infty]$,系统都是有限增益 L_p 稳定的。

例 3.8 考虑非线性系统

$$\dot{x}_1=x_2$$
$$\dot{x}_2=-x_1-x_2-a\tanh x_1+u$$
$$y=x_1$$

其中 $0\leqslant a<1$。选取

$$V(\boldsymbol{x})=\boldsymbol{x}^{\mathrm{T}}\boldsymbol{P}\boldsymbol{x}=p_{11}x_1^2+2p_{12}x_1x_2+p_{22}x_2^2$$

则对于非受迫系统,有

$$\dot{V}(\boldsymbol{x})=-2p_{12}(x_1^2+ax_1\tanh x_1)+2(p_{11}-p_{12}-p_{22})x_1x_2-2ap_{22}x_2\tanh x_1-2(p_{22}-p_{12})x_2^2$$

选择

$$p_{11}=p_{12}+p_{22},\ p_{22}=1,\ p_{12}=\frac{1}{2}$$

则 $\boldsymbol{P}$ 为对称正定矩阵,且

$$\begin{aligned}\dot{V}(\boldsymbol{x})&=-x_1^2-x_2^2-ax_1\tanh x_1-2ax_2\tanh x_1\leqslant\\&-\|\boldsymbol{x}\|^2+2a|x_1|\cdot|x_2|\leqslant\\&-(1-a)\|\boldsymbol{x}\|^2\end{aligned}$$

因此 $V(x)$ 满足定理 3.2 的条件,其中

$$c_1=\boldsymbol{\lambda}_{\min}(P)$$
$$c_2=\boldsymbol{\lambda}_{\max}(P)$$
$$c_3=1-a$$
$$c_4=2\|P\|_2=2\boldsymbol{\lambda}_{\max}(\boldsymbol{P})$$

而

$$\boldsymbol{f}(t,\boldsymbol{x},u)=\begin{pmatrix}x_2\\-x_1-x_2-a\tanh x_1+u\end{pmatrix}$$
$$h(t,\boldsymbol{x},u)=x_1$$

也满足定理 3.2 中的条件,其中

$$L=\eta_1=1,\ \eta_2=0$$

因此对于任意 $\boldsymbol{x}_0\in\mathbb{R}^2$ 和 $p\in[1,\infty]$,该非线性系统都是有限增益 L_p 稳定的。

定理 3.2 和推论 3.1 给出了指数稳定性和输入输出稳定性之间的关系。相应地,对于一致渐近稳定性,有类似的定理和推论成立。

定理 3.3 取 $r>0$ 和 $r_u>0$,使得

$$\{\boldsymbol{x}\in\mathbb{R}^n|\ \|\boldsymbol{x}\|\leqslant r\}\subset D$$
$$\{u\in\mathbb{R}^m|\ \|\boldsymbol{u}\|\leqslant r_u\}\subset D_u$$

假设:

(1) **0** 是系统(3.18)的一致渐近稳定的平衡点,且存在 Lyapunov 函数 $V(t,\boldsymbol{x})$,满足

$$\alpha_1(\|\boldsymbol{x}\|) \leqslant V(t,\boldsymbol{x}) \leqslant \alpha_2(\|\boldsymbol{x}\|) \tag{3.25}$$

$$\frac{\partial V}{\partial t} + \frac{\partial V}{\partial \boldsymbol{x}} \boldsymbol{f}(t,\boldsymbol{x},\boldsymbol{0}) \leqslant -\alpha_3(\|\boldsymbol{x}\|) \tag{3.26}$$

$$\left\| \frac{\partial \boldsymbol{V}}{\partial \boldsymbol{x}} \right\| \leqslant \alpha_4(\|\boldsymbol{x}\|) \tag{3.27}$$

其中 $\forall (t,\boldsymbol{x}) \in [0,\infty) \times D, \alpha_i(\cdot)(i=1,2,3,4)$ 为 K 类函数。

(2) 如下不等式成立

$$\|\boldsymbol{f}(t,\boldsymbol{x},\boldsymbol{u}) - \boldsymbol{f}(t,\boldsymbol{x},\boldsymbol{0})\| \leqslant \alpha_5(\|\boldsymbol{u}\|) \tag{3.28}$$

$$\|\boldsymbol{h}(t,\boldsymbol{x},\boldsymbol{u})\| \leqslant \alpha_6(\|\boldsymbol{x}\|) + \alpha_7(\|\boldsymbol{u}\|) + \eta \tag{3.29}$$

其中,$(t,\boldsymbol{x},\boldsymbol{u}) \in [0,\infty) \times D \times D_{\boldsymbol{u}}, \alpha_i(\cdot), i=5,6,7$,均为 K 类函数,$\eta \geqslant 0$,则对于任意满足 $\|\boldsymbol{x}_0\| \leqslant \alpha_2^{-1}(\alpha_1(r))$ 的初值 $\boldsymbol{x}_0$,系统(3.15)、(3.16)是小信号 L_∞ 稳定的。

Lyapunov 逆定理保证了满足式(3.25)、(3.26)和(3.27)的 Lyapunov 函数的存在性,相应地,有如下推论。

推论 3.2　假设在$(\boldsymbol{x}=\boldsymbol{0},\boldsymbol{u}=\boldsymbol{0})$的某个邻域内,$\boldsymbol{f}$ 连续可导,$\frac{\partial \boldsymbol{f}}{\partial \boldsymbol{x}}$ 和 $\frac{\partial \boldsymbol{f}}{\partial \boldsymbol{u}}$ 有界,$\boldsymbol{h}(t,\boldsymbol{x},\boldsymbol{u})$ 满足不等式(3.29),若非受迫系统(3.28)的平衡点 $\boldsymbol{0}$ 是一致渐近稳定的,则系统(3.15)、(3.16)是小信号 L_∞ 稳定的。

定理 3.4　考虑系统(3.15)、(3.16),令 $D=\mathbb{R}^n, D_{\mathrm{u}}=\mathbb{R}^m$,并假设系统(3.15)是输入状态稳定的,关于 $\boldsymbol{h}(t,\boldsymbol{x},\boldsymbol{u})$ 的不等式

$$\|\boldsymbol{h}(t,\boldsymbol{x},\boldsymbol{u})\| \leqslant \alpha_1(\|\boldsymbol{x}\|) + \alpha_2(\|\boldsymbol{u}\|) + \eta$$

对于 $\forall (t,\boldsymbol{x},\boldsymbol{u}) \in [0,\infty) \times \mathbb{R}^n \times \mathbb{R}^m$ 成立,$\alpha_1(\cdot)$, $\alpha_2(\cdot)$ 均为 K 类函数,$\eta \geqslant 0$,则对于 $\forall \boldsymbol{x}_0 \in \mathbb{R}^n$,非线性系统(3.15)、(3.16)是 L_∞ 稳定的。

3.4　L_2 增益

根据式(3.8),对于一个输入输出映射 $\boldsymbol{H}$,如果不等式

$$\|(\boldsymbol{Hu})_\tau\|_{L_2} \leqslant \gamma \|\boldsymbol{u}_\tau\|_{L_2} + \beta,\ \boldsymbol{u} \in L_{2e}^m,\ \boldsymbol{y} \in L_{2e}^q \tag{3.30}$$

成立,则 $\boldsymbol{H}$ 为有限增益 L_2 稳定的。根据式(3.9),所有满足不等式(3.30)的 γ 的下确界

$$\gamma_2(\boldsymbol{H}) = \inf\{\gamma \mid \exists \beta,\ \|(\boldsymbol{Hu})_\tau\|_{L_2} \leqslant \gamma \|u_\tau\|_{L_2} + \beta\}$$

称为映射 $\boldsymbol{H}$ 的 L_2 增益。如果 $\boldsymbol{u} \in L_2$,则信号 $\boldsymbol{u}$ 可以看作一个能量有限信号。例如,在一维情况,如果将 u 视为一个电网络的输入电压或电流,则 u^2 与输入功率成正比,对其积分,则为能量,而在 L_2 空间中,该积分有限,即

$$\int_0^\infty u^2(t)\,\mathrm{d}t < \infty$$

说明 u 为能量有限的信号。

考虑一个一般的控制对象,如图 3.1 所示。其中,$\boldsymbol{d}(t)$ 为外部输入(如需要抑制的干扰、需要跟踪的外部参考信号等);$\boldsymbol{u}(t)$ 为系统的控制输入;$\boldsymbol{y}(t)$ 为系统的量测输出;$\boldsymbol{z}(t)$ 为系统的待控输出(即用来描述控制目标的变量,如跟踪误差、控制代价等)。一般的控

制问题可以描述为:将控制指标要求由外部输入 $\boldsymbol{d}(t)$ 和待控输出 $\boldsymbol{z}(t)$ 描述出来,设计控制器 $\boldsymbol{K}$,以使闭环系统(图 3.2)具有要求的指标。

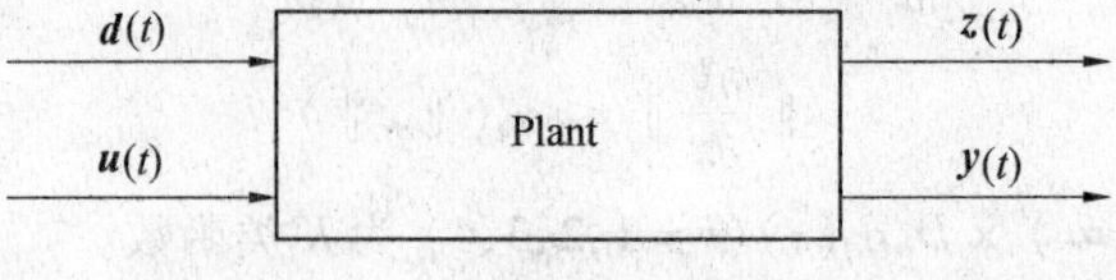

图 3.1 被控对象的描述

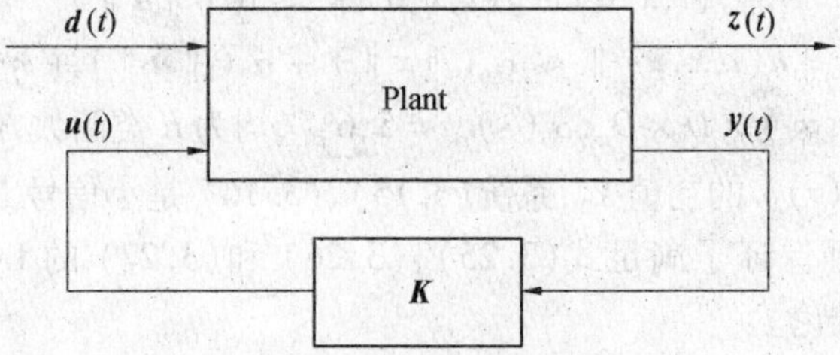

图 3.2 闭环系统

闭环系统的控制指标可选取为使得闭环回路中由 $\boldsymbol{d}(t)$ 到 $\boldsymbol{z}(t)$ 的 L_2 增益最小,同时保持系统的内稳定。对于线性系统来说,输入输出关系由传递函数矩阵描述,系统的 L_2 增益即为传递函数矩阵的 H_∞ 范数,如定理 3.5 所示。

对于线性系统,考虑零初始条件,其 L_2 增益不包含偏置项。

定理 3.5 考虑线性时不变系统

$$\dot{\boldsymbol{x}} = \boldsymbol{A}\boldsymbol{x} + \boldsymbol{B}\boldsymbol{u},\ \boldsymbol{x}(0) = \boldsymbol{0}$$
$$\boldsymbol{y} = \boldsymbol{C}\boldsymbol{x} + \boldsymbol{D}\boldsymbol{u}$$

其中,$\boldsymbol{A}$ 为 Hurwitz 阵,系统的传递函数为

$$\boldsymbol{G}(s) = \boldsymbol{C}(s\boldsymbol{I} - \boldsymbol{A})^{-1}\boldsymbol{B} + \boldsymbol{D}$$

则系统的 L_2 增益为

$$\| \boldsymbol{G}(s) \|_{H_\infty} = \sup_{\omega \in \mathbb{R}} \| \boldsymbol{G}(\mathrm{j}\omega) \|_2$$

对于固定的 ω,上式中的 $\| \cdot \|_2$ 取为

$$\| \boldsymbol{G}(\mathrm{j}\omega) \|_2 = \boldsymbol{\sigma}_{\max}(\boldsymbol{G}(\mathrm{j}\omega)) = \sqrt{\boldsymbol{\lambda}_{\max}(\boldsymbol{G}^{\mathrm{T}}(-\mathrm{j}\omega)\boldsymbol{G}(\mathrm{j}\omega))}$$

证明 定理的证明可分为两部分,首先证明 L_2 增益小于等于 $\| \boldsymbol{G}(\mathrm{j}\omega) \|_{H_\infty}$,然后证明 L_2 增益不小于 $\| \boldsymbol{G}(\mathrm{j}\omega) \|_{H_\infty}$。这里只给出第一部分的证明。由于系统状态的初值为零,$\boldsymbol{x}(0) = \boldsymbol{0}$,对于一个因果信号 $\boldsymbol{y} \in L_2$,满足

$$\boldsymbol{Y}(\mathrm{j}\omega) = \int_0^\infty \boldsymbol{y}(t)\mathrm{e}^{-\mathrm{j}\omega t}\mathrm{d}t \tag{3.31}$$

$$\boldsymbol{Y}(\mathrm{j}\omega) = \boldsymbol{G}(\mathrm{j}\omega)\boldsymbol{U}(\mathrm{j}\omega) \tag{3.32}$$

根据 Parseval 定理有

$$\int_0^\infty \boldsymbol{y}^{\mathrm{T}}(t)\boldsymbol{y}(t)\mathrm{d}t = \frac{1}{2\pi}\int_{-\infty}^\infty \boldsymbol{Y}^{\mathrm{T}}(-\mathrm{j}\omega)\boldsymbol{Y}(\mathrm{j}\omega)\mathrm{d}\omega$$

可得

$$\begin{aligned}\|\boldsymbol{y}(t)\|_{L_2}^2 &= \int_0^\infty \boldsymbol{y}^{\mathrm{T}}(t)\boldsymbol{y}(t)\mathrm{d}t = \\ &\frac{1}{2\pi}\int_{-\infty}^{\infty}\boldsymbol{Y}^{\mathrm{T}}(-\mathrm{j}\omega)\boldsymbol{Y}(\mathrm{j}\omega)\mathrm{d}\omega = \\ &\frac{1}{2\pi}\int_{-\infty}^{\infty}\boldsymbol{U}^{\mathrm{T}}(-\mathrm{j}\omega)\boldsymbol{G}^{\mathrm{T}}(-\mathrm{j}\omega)\boldsymbol{G}(\mathrm{j}\omega)\boldsymbol{U}(\mathrm{j}\omega)\mathrm{d}\omega \leqslant \\ &(\sup_{\omega\in\mathbb{R}}\|\boldsymbol{G}(j\omega)\|_2)^2\frac{1}{2\pi}\int_{-\infty}^{\infty}\boldsymbol{U}^{\mathrm{T}}(-\mathrm{j}\omega)\boldsymbol{U}(\mathrm{j}\omega)\mathrm{d}\omega = \\ &\|\boldsymbol{G}(s)\|_{H_\infty}^2\int_0^\infty \boldsymbol{u}^{\mathrm{T}}(t)\boldsymbol{u}(t)\mathrm{d}t = \\ &\|\boldsymbol{G}(s)\|_{H_\infty}^2\|\boldsymbol{u}(t)\|_{L_2}^2\end{aligned}$$

经过开平方运算,则得结论。

定理 3.5 表明,对于线性系统来说,可以找到输入输出映射的 L_2 增益,但对于非线性系统,一般来说,只能找到 L_2 增益的上界。

定理 3.6　考虑自治非线性系统

$$\dot{\boldsymbol{x}} = \boldsymbol{f}(\boldsymbol{x}) + \boldsymbol{G}(\boldsymbol{x})\boldsymbol{u},\ \boldsymbol{x}(0) = \boldsymbol{x}_0 \tag{3.33}$$

$$\boldsymbol{y} = \boldsymbol{h}(\boldsymbol{x}) \tag{3.34}$$

其中,$\boldsymbol{f}(\boldsymbol{x})$ 满足局部 Lipschitz 条件;$\boldsymbol{G}(\boldsymbol{x})$,$\boldsymbol{h}(\boldsymbol{x})$ 在 $\mathbb{R}^n$ 上连续,$\boldsymbol{G}(\boldsymbol{x}) \in \mathbb{R}^{n\times m}$,$\boldsymbol{h}:\mathbb{R}^n \to \mathbb{R}^q$;$\boldsymbol{f}$,$\boldsymbol{h}$ 满足 $\boldsymbol{f}(0)=0$,$\boldsymbol{h}(0)=0$。如果存在常数 $\gamma > 0$ 和连续可导的半正定函数 $V(\boldsymbol{x})$,使得不等式

$$H(V,\boldsymbol{f},\boldsymbol{G},\boldsymbol{h},\gamma) \triangleq \frac{\partial V}{\partial \boldsymbol{x}}\boldsymbol{f}(\boldsymbol{x}) + \frac{1}{2\gamma^2}\frac{\partial V}{\partial \boldsymbol{x}}\boldsymbol{G}(x)\boldsymbol{G}^{\mathrm{T}}(x)\left(\frac{\partial V}{\partial \boldsymbol{x}}\right)^{\mathrm{T}} + \frac{1}{2}\boldsymbol{h}^{\mathrm{T}}(\boldsymbol{x})\boldsymbol{h}(\boldsymbol{x}) \leqslant 0 \tag{3.35}$$

对所有 $\boldsymbol{x} \in \mathbb{R}^n$ 成立,则对于任意 $\boldsymbol{x}_0 \in \mathbb{R}^n$,系统(3.33)、(3.34)是有限增益 L_2 稳定的,且 L_2 增益小于等于 γ。

证明　首先经过配方可得

$$\begin{aligned}\frac{\partial V}{\partial \boldsymbol{x}}\boldsymbol{f}(\boldsymbol{x}) + \frac{\partial V}{\partial \boldsymbol{x}}\boldsymbol{G}(\boldsymbol{x})\boldsymbol{u} = &-\frac{1}{2}\gamma^2\left\|\boldsymbol{u} - \frac{1}{\gamma^2}\boldsymbol{G}^{\mathrm{T}}(x)\left(\frac{\partial V}{\partial \boldsymbol{x}}\right)^{\mathrm{T}}\right\|_2^2 + \\ &\frac{\partial V}{\partial \boldsymbol{x}}\boldsymbol{f}(\boldsymbol{x}) + \frac{1}{2\gamma^2}\frac{\partial V}{\partial \boldsymbol{x}}\boldsymbol{G}(\boldsymbol{x})\boldsymbol{G}^{\mathrm{T}}(x)\left(\frac{\partial V}{\partial \boldsymbol{x}}\right)^{\mathrm{T}} + \frac{1}{2}\gamma^2\|\boldsymbol{u}\|_2^2\end{aligned}$$

再将不等式(3.35)代入上式,可得

$$\begin{aligned}\frac{\partial V}{\partial \boldsymbol{x}}\boldsymbol{f}(\boldsymbol{x}) + \frac{\partial V}{\partial \boldsymbol{x}}\boldsymbol{G}(\boldsymbol{x})\boldsymbol{u} \leqslant &\frac{1}{2}\gamma^2\|\boldsymbol{u}\|_2^2 - \frac{1}{2}\|\boldsymbol{y}\|_2^2 - \frac{1}{2}\gamma^2\left\|\boldsymbol{u} - \frac{1}{\gamma^2}\boldsymbol{G}^{\mathrm{T}}(x)\left(\frac{\partial V}{\partial \boldsymbol{x}}\right)^{\mathrm{T}}\right\|_2^2 \leqslant \\ &\frac{1}{2}\gamma^2\|\boldsymbol{u}\|_2^2 - \frac{1}{2}\|\boldsymbol{y}\|_2^2\end{aligned}$$

上式等号左边即为函数 $V(\boldsymbol{x})$ 沿系统(3.33)的解对时间的导数,因而对上式从 0 到 τ 进行积分,可得

$$V(\boldsymbol{x}(\tau)) - V(\boldsymbol{x}(0)) \leqslant \frac{1}{2}\gamma^2\int_0^\tau\|\boldsymbol{u}(t)\|_2^2\mathrm{d}t - \frac{1}{2}\int_0^\tau\|\boldsymbol{y}(t)\|_2^2\mathrm{d}t$$

由于 $V(\boldsymbol{x})$ 是半正定的,因此 $V(\boldsymbol{x}(\tau)) \geqslant 0$,由上式可得

$$\|\boldsymbol{y}_\tau\|_{L_2}^2 \leqslant \gamma^2\|\boldsymbol{u}_\tau\|_{L_2}^2 + 2V(\boldsymbol{x}_0)$$

由于对于 $a \geqslant 0, b \geqslant 0$,有 $\sqrt{a^2+b^2} \leqslant a+b$ 成立,因而由上式可得

$$\| \boldsymbol{y}_\tau \|_{L_2} \leqslant \gamma \| \boldsymbol{u}_\tau \|_{L_2} + \sqrt{2V(\boldsymbol{x}_0)}$$

故结论成立。

在定理的证明过程中得到了关系式

$$\frac{\partial V}{\partial \boldsymbol{x}} \boldsymbol{f}(\boldsymbol{x}) + \frac{\partial V}{\partial \boldsymbol{x}} \boldsymbol{G}(\boldsymbol{x}) \boldsymbol{u} \leqslant \frac{1}{2}\gamma^2 \| \boldsymbol{u} \|_2^2 - \frac{1}{2} \| \boldsymbol{y} \|_2^2$$

由此可知,如果 $V(\boldsymbol{x})$ 是正定的,则非线性系统(3.33)的非受迫系统

$$\dot{\boldsymbol{x}} = \boldsymbol{f}(\boldsymbol{x})$$

是 Lyapunov 意义下稳定的;如果 $V(\boldsymbol{x})$ 全局正定,且径向无界,要得到全局渐近稳定性的结论,还需要附加一些可观性的假设,见第 4 章关于无源性的讨论。

上述关于 L_2 增益的结论是要求假设全局成立的,实际上对于局部情形也是成立的。

定理 3.7 假设定理 3.6 的条件在包含原点的区域 $D \subset \mathbb{R}^n$ 上成立,并且对于任意 $\boldsymbol{x}_0 \in D$ 和任意 $\boldsymbol{u} \in L_{2e}$,系统的解满足 $\boldsymbol{x}(t) \in D$,则不等式

$$\| \boldsymbol{y}_\tau \|_{L_2} \leqslant \gamma \| \boldsymbol{u}_\tau \|_{L_2} + \sqrt{2V(\boldsymbol{x}_0)}$$

成立。

上面给出的不等式(3.35)称为 Hamilton-Jacobi 不等式,其等式形式,即

$$H(V, \boldsymbol{f}, \boldsymbol{G}, \boldsymbol{h}, \gamma) = 0$$

为 Hamilton-Jacobi 等式。对于线性时不变系统

$$\dot{\boldsymbol{x}} = \boldsymbol{A}\boldsymbol{x} + \boldsymbol{B}\boldsymbol{u} \tag{3.36}$$

$$\boldsymbol{y} = \boldsymbol{C}\boldsymbol{x} \tag{3.37}$$

同定理 3.6 中所给的系统(3.33)、(3.34)相对比,显然有

$$\boldsymbol{f}(\boldsymbol{x}) = \boldsymbol{A}\boldsymbol{x},\ \boldsymbol{G}(\boldsymbol{x}) = \boldsymbol{B},\ \boldsymbol{h}(\boldsymbol{x}) = \boldsymbol{C}\boldsymbol{x}$$

取 $V(\boldsymbol{x}) = \frac{1}{2}\boldsymbol{x}^{\mathrm{T}}\boldsymbol{P}\boldsymbol{x}$,求其 Hamilton-Jacobi 等式,则可得线性系统的有界实引理(Bounded Real Lemma)。

定理 3.8 线性系统(3.36)、(3.37)所对应的输入输出映射关系的 L_2 增益小于等于 γ,即

$$\| \boldsymbol{C}(s\boldsymbol{I} - \boldsymbol{A})^{-1}\boldsymbol{B} \|_{H_\infty} \leqslant \gamma$$

的充分必要条件是关于 $\boldsymbol{P}$ 的矩阵 Riccati 方程

$$\boldsymbol{A}^{\mathrm{T}}\boldsymbol{P} + \boldsymbol{P}\boldsymbol{A} + \frac{1}{\gamma^2}\boldsymbol{P}\boldsymbol{B}\boldsymbol{B}^{\mathrm{T}}P + \boldsymbol{C}^{\mathrm{T}}\boldsymbol{C} = \boldsymbol{0} \tag{3.38}$$

有对称正定解。

有界实引理成立的条件是系统的 Hamilton 矩阵

$$\boldsymbol{H} = \begin{bmatrix} \boldsymbol{A} & \frac{1}{\gamma^2}\boldsymbol{B}\boldsymbol{B}^{\mathrm{T}} \\ -\boldsymbol{C}^{\mathrm{T}}\boldsymbol{C} & -\boldsymbol{A}^{\mathrm{T}} \end{bmatrix} \tag{3.39}$$

在虚轴上没有极点。

对于线性系统(3.36)、(3.37),根据有界实引理,通过求解矩阵 Riccati 方程,可以求

出 L_2 增益的上界，通过逐次逼近的方法，可以求得系统的 L_2 增益。而对于非线性系统(3.33)、(3.34)，利用定理 3.8 来求系统的 L_2 增益，需求解 Hamilton-Jacobi 不等式(3.35)，而该不等式是一个偏微分不等式，一般来说，求解是非常困难的。

例 3.9　考虑单输入单输出的非线性系统

$$\dot{x}_1 = x_2$$
$$\dot{x}_2 = -ax_1^3 - kx_2 + u$$
$$y = x_2$$

其中，a,k 为正的常数。由上述状态空间方程可得

$$\boldsymbol{f}(\boldsymbol{x}) = \begin{pmatrix} x_2 \\ -ax_1^3 - kx_2 \end{pmatrix},\ \boldsymbol{G}(\boldsymbol{x}) = \begin{pmatrix} 0 \\ 1 \end{pmatrix},\ h(\boldsymbol{x}) = x_2$$

其非受迫系统是渐近稳定的。取

$$\bar{V}(\boldsymbol{x}) = \frac{ax_1^4}{4} + \frac{x_2^2}{2}$$

并令 $u = 0$，则

$$\dot{\bar{V}}(x) = \frac{\partial \bar{V}(\boldsymbol{x})}{\partial \boldsymbol{x}}\boldsymbol{f}(\boldsymbol{x}) = -kx_2^2$$

由不变性原理，可得渐近稳定性。取

$$V(\boldsymbol{x}) = \alpha \bar{V}(\boldsymbol{x}) = \alpha\left(\frac{ax_1^4}{4} + \frac{x_2^2}{2}\right)$$

其中，$\alpha > 0$。计算可得

$$H(V,\boldsymbol{f},\boldsymbol{G},\boldsymbol{h},\gamma) = \left(-\alpha k + \frac{\alpha^2}{2\gamma^2} + \frac{1}{2}\right)x_2^2$$

如果

$$-\alpha k + \frac{\alpha^2}{2\gamma^2} + \frac{1}{2} \leqslant 0$$

则 Hamilton-Jacobi 不等式(3.33) 成立。上述条件等价于

$$\gamma^2 \geqslant \frac{\alpha^2}{2\alpha k - 1}$$

由于 α 为自由变量，因此可以通过适当选择 α 来减小 γ。记

$$\Gamma_m = \min_{\alpha > 0} \frac{\alpha^2}{2\alpha k - 1}$$

经简单计算可得当 $\alpha = 1/k$ 时，$\Gamma_m = 1/k^2$。因此，系统是有限增益 L_2 稳定的，并且 L_2 增益小于等于 $1/k$。

定理 3.9　对于非线性系统

$$\dot{\boldsymbol{x}} = \boldsymbol{f}(\boldsymbol{x}) + \boldsymbol{G}(\boldsymbol{x})\boldsymbol{u}$$
$$\boldsymbol{y} = \boldsymbol{h}(\boldsymbol{x}) + \boldsymbol{J}(\boldsymbol{x})\boldsymbol{u}$$

其中，$\boldsymbol{f},\boldsymbol{G},\boldsymbol{h},\boldsymbol{J}$ 均为 $\boldsymbol{x}$ 的光滑函数，假设存在正的常数 γ，使得

$$\gamma^2\boldsymbol{I} - \boldsymbol{J}^{\mathrm{T}}(\boldsymbol{x})\boldsymbol{J}(\boldsymbol{x}) > \boldsymbol{0}$$

且对于 $\forall \boldsymbol{x}$,如下不等式成立

$$H \triangleq \frac{\partial V}{\partial \boldsymbol{x}}\boldsymbol{f} + \frac{1}{2}\left(\boldsymbol{h}^{\mathrm{T}}\boldsymbol{J} + \frac{\partial V}{\partial \boldsymbol{x}}\boldsymbol{G}\right)(\gamma^2\boldsymbol{I} - \boldsymbol{J}^{\mathrm{T}}\boldsymbol{J})^{-1}\left(\boldsymbol{h}^{\mathrm{T}}\boldsymbol{J} + \frac{\partial V}{\partial \boldsymbol{x}}\boldsymbol{G}\right)^{\mathrm{T}} + \frac{1}{2}\boldsymbol{h}^{\mathrm{T}}\boldsymbol{h} \leqslant 0$$

则非线性系统是有限增益 L_2 稳定的,且其 L_2 增益小于等于 γ。

证明 令

$$\gamma^2\boldsymbol{I} - \boldsymbol{J}^{\mathrm{T}}(\boldsymbol{x})\boldsymbol{J}(\boldsymbol{x}) = \boldsymbol{W}^{\mathrm{T}}(\boldsymbol{x})\boldsymbol{W}(\boldsymbol{x})$$

$$\boldsymbol{L}(\boldsymbol{x}) = -\boldsymbol{W}^{\mathrm{T}}(\boldsymbol{x}) - 1\left(\boldsymbol{h}^{\mathrm{T}}\boldsymbol{J} + \frac{\partial V}{\partial \boldsymbol{x}}\boldsymbol{G}\right)^{\mathrm{T}}$$

并且计算$\frac{\partial V}{\partial \boldsymbol{x}}\boldsymbol{f} + \frac{\partial V}{\partial \boldsymbol{x}}\boldsymbol{G}\boldsymbol{u}$,可得

$$\frac{\partial V}{\partial \boldsymbol{x}}\boldsymbol{f} + \frac{\partial V}{\partial \boldsymbol{x}}\boldsymbol{G}\boldsymbol{u} = -\frac{1}{2}(\boldsymbol{L} + \boldsymbol{W}\boldsymbol{u})^{\mathrm{T}}(\boldsymbol{L} + \boldsymbol{W}\boldsymbol{u}) + \frac{1}{2}\gamma^2\boldsymbol{u}^{\mathrm{T}}\boldsymbol{u} - \frac{1}{2}\boldsymbol{y}^{\mathrm{T}}\boldsymbol{y} + H$$

由定理中的条件 $H \leqslant 0$ 可得

$$\frac{\partial V}{\partial \boldsymbol{x}}\boldsymbol{f} + \frac{\partial V}{\partial \boldsymbol{x}}\boldsymbol{G}\boldsymbol{u} \leqslant \frac{1}{2}\gamma^2\boldsymbol{u}^{\mathrm{T}}\boldsymbol{u} - \frac{1}{2}\boldsymbol{y}^{\mathrm{T}}\boldsymbol{y}$$

因此定理结论成立。

将上述定理应用于线性系统情形。考虑线性系统

$$\dot{\boldsymbol{x}} = \boldsymbol{A}\boldsymbol{x} + \boldsymbol{B}\boldsymbol{u}$$

$$\boldsymbol{y} = \boldsymbol{C}\boldsymbol{x} + \boldsymbol{D}\boldsymbol{u}$$

其传递函数矩阵为

$$\boldsymbol{G}(s) = \boldsymbol{C}(s\boldsymbol{I} - \boldsymbol{A})^{-1}\boldsymbol{B} + \boldsymbol{D}$$

令 $\boldsymbol{R} = \gamma^2\boldsymbol{I} - \boldsymbol{D}^{\mathrm{T}}\boldsymbol{D}$,则根据定理 3.9 可知,$\|\boldsymbol{G}(s)\|_\infty < \gamma$ 的条件为 $\boldsymbol{R} > \boldsymbol{0}$,且如下关于 $\boldsymbol{P}$ 的矩阵 Riccati 方程有解

$$(\boldsymbol{A} + \boldsymbol{B}\boldsymbol{R}^{-1}\boldsymbol{D}^{\mathrm{T}}\boldsymbol{C})^{\mathrm{T}}\boldsymbol{P} + \boldsymbol{P}(\boldsymbol{A} + \boldsymbol{B}\boldsymbol{R}^{-1}\boldsymbol{D}^{\mathrm{T}}\boldsymbol{C}) + \boldsymbol{P}\boldsymbol{B}\boldsymbol{R}^{-1}\boldsymbol{B}^{\mathrm{T}}\boldsymbol{P} + \boldsymbol{C}^{\mathrm{T}}(\boldsymbol{I} + \boldsymbol{D}\boldsymbol{R}^{-1}\boldsymbol{D}^{\mathrm{T}})\boldsymbol{C} = \boldsymbol{0}$$

上述 Riccati 方程有解的充要条件是 Hamilton 矩阵

$$\boldsymbol{H} = \begin{bmatrix} \boldsymbol{A} + \boldsymbol{B}\boldsymbol{R}^{-1}\boldsymbol{D}^{\mathrm{T}}\boldsymbol{C} & \boldsymbol{B}\boldsymbol{R}^{-1}\boldsymbol{B}^{\mathrm{T}} \\ -\boldsymbol{C}^{\mathrm{T}}(\boldsymbol{I} + \boldsymbol{D}\boldsymbol{R}^{-1}\boldsymbol{D}^{\mathrm{T}})\boldsymbol{C} & -(\boldsymbol{A} + \boldsymbol{B}\boldsymbol{R}^{-1}\boldsymbol{D}^{\mathrm{T}}\boldsymbol{C})^{\mathrm{T}} \end{bmatrix}$$

在虚轴上没有特征值。

3.5 小增益定理

可以证明,对于两个(有限增益)L 稳定的子系统,其串联和并联系统都是(有限增益)L 稳定的。这个结论可以推广到有限个子系统串联或并联的情况。但是对于反馈连接,闭环系统的稳定是有条件的。

考虑反馈连接的两个子系统,如图 3.3 所示。

在图 3.3 中,假设两个子系统

$$\boldsymbol{H}_1: L_e^m \to L_e^q$$

$$\boldsymbol{H}_2: L_e^q \to L_e^m$$

都是有限增益 L 稳定的,即

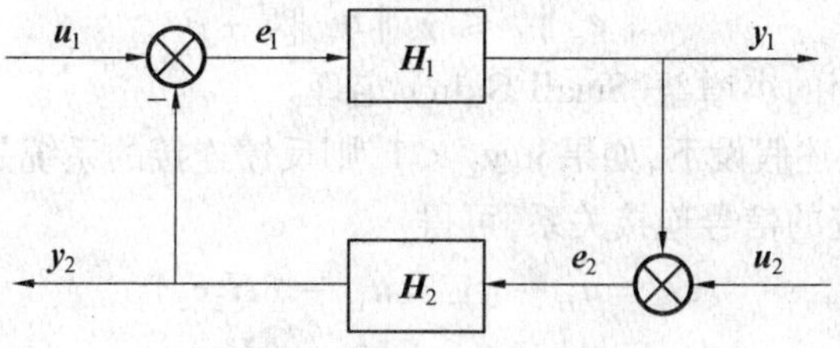

图 3.3　反馈连接的系统

$$\|\boldsymbol{y}_{1\tau}\|_L \leqslant \gamma_1 \|\boldsymbol{e}_{1\tau}\|_L + \beta_1,\ \forall \boldsymbol{e}_1 \in L_e^m,\ \forall \tau \in [0,\infty) \tag{3.40}$$

$$\|\boldsymbol{y}_{2\tau}\|_L \leqslant \gamma_2 \|\boldsymbol{e}_{2\tau}\|_L + \beta_2,\ \forall \boldsymbol{e}_2 \in L_e^q,\ \forall \tau \in [0,\infty) \tag{3.41}$$

同时假设系统是有明确定义的,即对于

$$\forall \boldsymbol{u}_1 \in L_e^m,\ \forall \boldsymbol{u}_2 \in L_e^q$$

存在唯一的

$$\boldsymbol{y}_1 \in L_e^q,\ \boldsymbol{e}_2 \in L_e^q,\ \boldsymbol{y}_2 \in L_e^m,\ \boldsymbol{e}_1 \in L_e^m$$

也就是说,对于任意的 $\boldsymbol{u}_1 \in L_e^m, \boldsymbol{u}_2 \in L_e^q$,方程

$$\boldsymbol{e}_1 = \boldsymbol{u}_1 - \boldsymbol{H}_2(\boldsymbol{e}_2)$$
$$\boldsymbol{e}_2 = \boldsymbol{u}_2 + \boldsymbol{H}_1(\boldsymbol{e}_1)$$

在 L_e^m 和 L_e^q 中存在唯一解 $\boldsymbol{e}_1$ 和 $\boldsymbol{e}_2$。定义

$$\boldsymbol{u} = \begin{bmatrix} u_1 \\ u_2 \end{bmatrix},\ \boldsymbol{y} = \begin{bmatrix} \boldsymbol{y}_1 \\ \boldsymbol{y}_2 \end{bmatrix},\ \boldsymbol{e} = \begin{bmatrix} e_1 \\ e_2 \end{bmatrix}$$

这些变量,是为了考虑从所有输入 $\boldsymbol{u}$ 到所有输出 $\boldsymbol{y}$ 或 $\boldsymbol{e}$ 的稳定性,而不能只考虑从某一个输入到某一个输出之间的稳定性。这一点可在下面的线性系统例题中看到。考察具有图 3.3 形式的双输入双输出线性系统,其中 $H_1 = \dfrac{s-1}{s+1}, H_2 = \dfrac{1}{s-1}$,则从输入到输出之间存在如下映射

$$\begin{bmatrix} Y_1(s) \\ Y_2(s) \end{bmatrix} = \begin{bmatrix} \dfrac{s-1}{s+2} & -\dfrac{1}{s+2} \\ \dfrac{1}{s+2} & \dfrac{s+1}{(s-1)(s+2)} \end{bmatrix} \begin{bmatrix} U_1(s) \\ U_2(s) \end{bmatrix}$$

和

$$\begin{bmatrix} E_1(s) \\ E_2(s) \end{bmatrix} = \begin{bmatrix} \dfrac{s-1}{s+2} & -\dfrac{s+1}{(s-1)(s+2)} \\ \dfrac{s-1}{s+2} & \dfrac{s+1}{s+2} \end{bmatrix} \begin{bmatrix} U_1(s) \\ U_2(s) \end{bmatrix}$$

由于存在不稳定的零极点相消现象,传递函数矩阵中有 3 个元素不包含不稳定极点,因此就其本身来说,是输入输出稳定的,即从某一个输入到输出之间是输入输出稳定的,但整个系统是不稳定的。因而,只有考察全部输入到输出之间的稳定性,在这里就是传递函数矩阵的全部 4 个元素,才能判断出整个反馈系统的稳定性。

可以证明:映射 $\boldsymbol{u} \to \boldsymbol{e}$ 是有限增益 L 稳定的,当且仅当映射 $\boldsymbol{u} \to \boldsymbol{y}$ 是有限增益 L 稳定的。这里考察映射 $\boldsymbol{u} \to \boldsymbol{e}$ 是满足有限增益 L 稳定性的条件,即给出

$$\|\boldsymbol{e}_\tau\|_L \leqslant \gamma\|\boldsymbol{u}_\tau\|_L + \beta \tag{3.42}$$

成立的条件,就是下面的小增益(Small Gain)定理。

定理3.10 在上述假设下,如果$\gamma_1\gamma_2 < 1$,则反馈连接的系统是有限增益L稳定的。

证明 根据系统的信号连接关系,可得

$$\boldsymbol{e}_{1\tau} = \boldsymbol{u}_{1\tau} - \boldsymbol{y}_{2\tau} = \boldsymbol{u}_{1\tau} - (\boldsymbol{H}_2\boldsymbol{e}_2)_\tau$$
$$\boldsymbol{e}_{2\tau} = \boldsymbol{u}_{2\tau} + \boldsymbol{y}_{1\tau} = \boldsymbol{u}_{2\tau} + (\boldsymbol{H}_1\boldsymbol{e}_1)_\tau$$

故由式(3.40)、(3.41)可得

$$\begin{aligned}\|\boldsymbol{e}_{1\tau}\|_L \leqslant\ & \|\boldsymbol{u}_{1\tau}\|_L + \|(\boldsymbol{H}_2\boldsymbol{e}_2)_\tau\|_L \leqslant \\ & \|\boldsymbol{u}_{1\tau}\|_L + \gamma_2\|\boldsymbol{e}_{2\tau}\|_L + \beta_2 \leqslant \\ & \|\boldsymbol{u}_{1\tau}\|_L + \gamma_2\|\boldsymbol{u}_{2\tau}\|_L + \gamma_1\gamma_2\|\boldsymbol{e}_{1\tau}\|_L + \gamma_2\beta_1 + \beta_2\end{aligned}$$

由于$\gamma_1\gamma_2 < 1$,可得

$$\|\boldsymbol{e}_{1\tau}\|_L \leqslant \frac{1}{1-\gamma_1\gamma_2}(\|\boldsymbol{u}_{1\tau}\|_L + \gamma_2\|\boldsymbol{u}_{2\tau}\|_L + \gamma_2\beta_1 + \beta_2) \tag{3.43}$$

同理,可得

$$\|\boldsymbol{e}_{2\tau}\|_L \leqslant \frac{1}{1-\gamma_1\gamma_2}(\|\boldsymbol{u}_{2\tau}\|_L + \gamma_1\|\boldsymbol{u}_{1\tau}\|_L + \gamma_1\beta_2 + \beta_1) \tag{3.44}$$

由式(3.43)、(3.44)以及

$$\|\boldsymbol{e}_\tau\|_L \leqslant \|\boldsymbol{e}_{1\tau}\|_L + \|\boldsymbol{e}_{2\tau}\|_L$$
$$\|\boldsymbol{u}_{1\tau}\|_L \leqslant \|\boldsymbol{u}_\tau\|_L$$
$$\|\boldsymbol{u}_{2\tau}\|_L \leqslant \|\boldsymbol{u}_\tau\|_L$$

可得式(3.42)成立。证毕。

小增益定理给出了反馈连接的系统的输入输出稳定性。由于小增益定理给出的稳定性条件为一个充分条件,因而所给的稳定性条件带有一定的保守性。对于一个标称系统带有反馈连接的不确定性扰动的情形,由小增益定理,如果回路的增益较小,则标称系统的稳定性可保证不确定系统的稳定性。因而,小增益定理可用于系统鲁棒性分析与鲁棒控制器设计。

第 4 章　无源性分析

关于非线性系统的稳定性有多种描述形式。这些描述形式之间并不是完全等价的，具有各自的特点。前面讨论的 Lyapunov 稳定性和输入输出稳定性，是与相应的系统描述形式相对应的。简单来说，Lyapunov 稳定性要求系统在状态空间中进行描述，讨论的是系统的状态关于平衡点的稳定性；而输入输出稳定性针对由输入输出映射描述的系统，讨论输入信号与输出信号之间的关系。而系统的无源性与系统的输入、输出、状态均有关，因而，无源性理论同 Lyapunov 稳定性理论和输入输出稳定性都有密切的联系，在一定的假设条件下，可以得出系统的 Lyapunov 稳定性和输入输出稳定性。

利用无源性理论可以对系统进行分析，而且这一理论也是强有力的设计工具，在非线性系统镇定、H_∞ 控制、最优控制等方面有着广泛的应用。这一分析与方法具有清晰的物理意义，无源性这一概念就是从网络理论中借鉴过来的。关于非线性系统的无源性、镇定等内容，可参见文献[20]。比无源性更一般的概念是耗散性(Dissipation)，有关耗散性的定义及相关的理论，可参见文献[21]。

4.1　基本概念

考虑非线性系统

$$\dot{\boldsymbol{x}} = \boldsymbol{f}(\boldsymbol{x},\boldsymbol{u}) \tag{4.1}$$

$$\boldsymbol{y} = \boldsymbol{h}(\boldsymbol{x},\boldsymbol{u}) \tag{4.2}$$

其中，$\boldsymbol{f}:\mathbb{R}^n\times\mathbb{R}^m\to\mathbb{R}^n$ 满足 Lipschitz 条件，$\boldsymbol{h}:\mathbb{R}^n\times\mathbb{R}^m\to\mathbb{R}^m$ 连续，且

$$\boldsymbol{f}(\boldsymbol{0},\boldsymbol{0})=\boldsymbol{0},\ \boldsymbol{h}(\boldsymbol{0},\boldsymbol{0})=\boldsymbol{0}$$

可以看出，所给系统中输入的维数等于输出的维数。针对这样的系统，给出如下定义。

对于非线性系统(4.1)、(4.2)，如果存在连续可导的半正定函数 $V(\boldsymbol{x})$，使得

$$\boldsymbol{u}^{\mathrm{T}}\boldsymbol{y} \geqslant \dot{V} = \frac{\partial V}{\partial \boldsymbol{x}}\boldsymbol{f}(\boldsymbol{x},\boldsymbol{u}),\ \forall(\boldsymbol{x},\boldsymbol{u}) \in \mathbb{R}^n\times\mathbb{R}^m \tag{4.3}$$

则称系统是无源的，其中 $V(\boldsymbol{x})$ 称为系统的存储函数；如果

$$\boldsymbol{u}^{\mathrm{T}}\boldsymbol{y} = \dot{V} \tag{4.4}$$

则称系统是无损的；如果

$$\boldsymbol{u}^{\mathrm{T}}\boldsymbol{y} \geqslant \dot{V} + \boldsymbol{u}^{\mathrm{T}}\boldsymbol{\varphi}(\boldsymbol{u}) \tag{4.5}$$

其中，$\boldsymbol{\varphi}(\cdot)$ 为$\mathbb{R}^m\to\mathbb{R}^m$映射，则称系统是输入前馈无源的；如果式(4.5)成立，且对于 $\forall \boldsymbol{u}\neq\boldsymbol{0}$ 有 $\boldsymbol{u}^{\mathrm{T}}\boldsymbol{\varphi}(\boldsymbol{u})>0$ 成立，则称系统是严格输入无源的；如果

$$\boldsymbol{u}^{\mathrm{T}}\boldsymbol{y} \geqslant \dot{V} + \boldsymbol{y}^{\mathrm{T}}\boldsymbol{\rho}(\boldsymbol{y}) \tag{4.6}$$

其中，$\boldsymbol{\rho}(\cdot)$ 为$\mathbb{R}^m\to\mathbb{R}^m$的映射，则称系统是输出反馈无源的；如果式(4.6)成立，且对于

$\forall \boldsymbol{y} \neq 0$ 有 $\boldsymbol{y}^{\mathrm{T}}\boldsymbol{\rho}(\boldsymbol{y}) > 0$ 成立,则称系统是严格输出无源的;如果

$$\boldsymbol{u}^{\mathrm{T}}\boldsymbol{y} \geqslant \dot{V} + \psi(\boldsymbol{x}) \tag{4.7}$$

其中,$\psi(\boldsymbol{x})$ 为正定函数,则称系统是严格无源的。

根据上述定义可以看出,输入前馈无源的系统不一定是无源的,但由式(4.5)可得

$$\boldsymbol{u}^{\mathrm{T}}(\boldsymbol{y} - \boldsymbol{\varphi}(\boldsymbol{u})) \geqslant \dot{V} \tag{4.8}$$

重新定义系统的输出为 $\boldsymbol{y}' = \boldsymbol{y} - \boldsymbol{\varphi}(\boldsymbol{u})$,使得输出中包含输入的前馈项,则式(4.8)具有式(4.3)的形式,系统相对于新的输出来说是无源的。当条件 $\boldsymbol{u}^{\mathrm{T}}\boldsymbol{\varphi}(\boldsymbol{u}) > 0$, $\forall \boldsymbol{u} \neq \boldsymbol{0}$ 成立时,由式(4.5)可得式(4.3),因此严格输入无源的系统是无源的。类似的,输出反馈无源的系统不一定是无源的,但是通过重新定义系统的输入为 $\boldsymbol{u}' = \boldsymbol{u} - \boldsymbol{\rho}(\boldsymbol{y})$,使得系统输入中包含系统输出的反馈项,则系统相对于新的输入来说是无源的。另外,容易看出,严格输出无源的系统是无源的,严格无源的系统也是无源的。

无源性定义中的不等式(4.3)称为无源性不等式,可以看作是对实际物理系统中无源网络的一种描述。例如,考虑电路网络,取 $V(\boldsymbol{x})$ 为网络中存储的能量,$\boldsymbol{u}(t)$ 取为网络的端口电压,$\boldsymbol{y}(t)$ 取为网络的端口电流,则 $\boldsymbol{u}^{\mathrm{T}}\boldsymbol{y}$ 为外部通过端口向网络输送的功率。将无源性不等式在区间$[t_1, t_2)$上积分,可得

$$\int_{t_1}^{t_2} \boldsymbol{u}^{\mathrm{T}}(t)\boldsymbol{y}(t)\,\mathrm{d}t \geqslant V(\boldsymbol{x}(t_2)) - V(\boldsymbol{x}(t_1))$$

上式等号左边为在$[t_1, t_2)$内网络通过端口吸收的能量,等号右边为在$[t_1, t_2)$内网络存储能量的增加值。对于一个无源网络,网络在一段时间内存储能量的增加值小于等于在这段时间内网络所吸收的能量,即整个网络是耗能的。从网络的端口来看,整个网络表现出了无源的特性。

例 4.1 考虑图 4.1 所示的弹簧 - 阻尼系统。小车的质量为 m,且在外力 u 的作用下沿水平方向运动。设小车的位置为 x,弹簧的弹性系数和阻尼器的黏性系数分别用 $k > 0$ 和 $f \geqslant 0$ 表示。

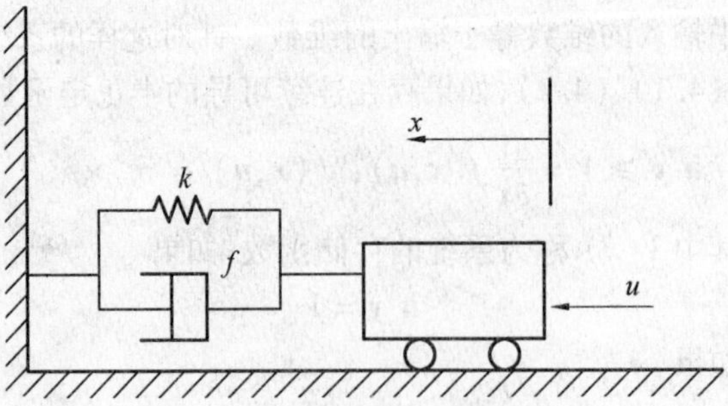

图 4.1 弹簧 - 阻尼系统

根据牛顿定律可以得到该系统的运动方程

$$m\ddot{x} = u - f\dot{x} - kx$$

将小车的速度 $\dot{x}$ 取为该系统的输出信号,即

$$y = \dot{x}$$

考察该系统所具有的能量总和

$$V(x,\dot{x}) = \frac{1}{2}kx^2 + \frac{1}{2}m\dot{x}^2$$

计算可得

$$\dot{V}(x,\dot{x}) = \dot{x}u - f\dot{x}^2 = uy - fy^2$$

因此系统是无源的。当 $f = 0$ 时,系统是无损的,当 $f > 0$ 时,系统是严格输出无源的。

4.2 无源性的判定

首先介绍线性系统的无源性。对于线性系统来说,无源性反映了传递函数矩阵的正实性。

$p \times p$ 维正实有理传递函数矩阵

$$\boldsymbol{G}(s) = [G_{ij}(s)],\ i,j = 1,2,\cdots,p$$

称为是正实的,如果满足:

(1) $G_{ij}(s)(i,j = 1,2,\cdots,p)$ 的极点均在复平面的闭左半平面($\mathrm{Re}[s] \leqslant 0$) 内;

(2) 如果 $j\omega$ 不是任一 $G_{ij}(j\omega)$ 的极点,则

$$\boldsymbol{G}(j\omega) + \boldsymbol{G}^{\mathrm{T}}(-j\omega)$$

是半正定的;

(3) 任一 $G_{ij}(j\omega)$ 如果有纯虚轴上的极点 $j\omega$,则 $j\omega$ 是单极点,且相应的留数矩阵

$$\lim_{s \to j\omega}(s - j\omega)\boldsymbol{G}(s)$$

是半正定的 Hermit 矩阵。

如果存在 $\varepsilon > 0$,使得 $\boldsymbol{G}(s - \varepsilon)$ 是正实的,则称 $\boldsymbol{G}(s)$ 是严格正实的。

根据上述定义可以看出,对于由传递函数描述的单输入单输出网络

$$Y(s) = G(s)U(s)$$

其中,$Y(s)$,$U(s)$ 分别为输出和输入。若系统是正实的,则系统的相移小于等于$\frac{\pi}{2}$,系统的相对阶(分母多项式次数与分子多项式次数之差) 至多为 1。

例 4.2　对比如下单输入单输出的线性系统

$$G_1(s) = \frac{\omega_n^2}{s^2 + 2\xi\omega_n + \omega_n^2}$$

$$G_2(s) = \frac{\omega_n^2 s}{s^2 + 2\xi\omega_n + \omega_n^2}$$

则 $G_1(s)$ 不是正实的,系统的相对阶为 2;$G_2(s)$ 是正实的,此时系统的相对阶为 1。

针对 $p \times p$ 维传递函数矩阵 $\boldsymbol{G}(s)$,假设其最小实现为

$$\dot{\boldsymbol{x}} = \boldsymbol{A}\boldsymbol{x} + \boldsymbol{B}\boldsymbol{u} \tag{4.9}$$

$$\boldsymbol{y} = \boldsymbol{C}\boldsymbol{x} + \boldsymbol{D}\boldsymbol{u} \tag{4.10}$$

其中,$\boldsymbol{x} \in \mathbb{R}^n$。下面给出的引理用来判断系统的正实性。

引理 4.1　正实引理　对于 $p \times p$ 维传递函数矩阵 $\boldsymbol{G}(s)$ 及其最小实现(4.9)、(4.10),当且仅当存在具有适当维数的矩阵 $\boldsymbol{P} = \boldsymbol{P}^{\mathrm{T}} > \boldsymbol{0}$,$\boldsymbol{L}$ 和 $\boldsymbol{W}$,使得

$$A^{T}P + PA = -L^{T}L \tag{4.11}$$

$$PB = C^{T} - L^{T}W \tag{4.12}$$

$$W^{T}W = D + D^{T} \tag{4.13}$$

成立时,传递函数矩阵 $G(s)$ 是正实的。

引理 4.2　KYP(Kalman-Yakubovich-Popov) 引理　对于 $p \times p$ 维传递函数矩阵 $G(s)$ 及其最小实现(4.9)、(4.10),当且仅当存在具有适当维数的矩阵 $P = P^{T} > 0, L, W$ 和常数 $\varepsilon > 0$,使得

$$A^{T}P + PA = -L^{T}L - \varepsilon P \tag{4.14}$$

$$PB = C^{T} - L^{T}W \tag{4.15}$$

$$W^{T}W = D + D^{T} \tag{4.16}$$

成立时,传递函数矩阵 $G(s)$ 是严格正实的。

正实引理可以看作是 KYP 引理的特殊情形,这两个引理可以统一由 KYP 引理来描述,$\varepsilon > 0$ 对应于 KYP 引理,$\varepsilon = 0$ 对应于正实引理。

定理 4.1　对于 $p \times p$ 维传递函数矩阵 $G(s)$ 及其最小实现(4.9)、(4.10),如果 $G(s)$ 是正实的,则(4.9)、(4.10)是无源的;如果 $G(s)$ 是严格正实的,则(4.9)、(4.10)是严格无源的。

证明　利用 KYP 引理证明严格无源性。证明无源性时利用正实引理,将 ε 置 0 即可。取 $V(x) = \frac{1}{2}x^{T}Px$,则

$$\begin{aligned} u^{T}y - \dot{V} = u^{T}y - \frac{\partial V}{\partial x}(Ax + Bu) = \\ u^{T}(Cx + Du) - x^{T}P(Ax + Bu) = \\ u^{T}Cx + \frac{1}{2}u^{T}(D + D^{T})u - \frac{1}{2}x^{T}(PA + A^{T}P)x - x^{T}PBu \end{aligned}$$

将引理 4.2 中式(4.14) ~ (4.16) 代入上式,可得

$$\begin{aligned} u^{T}y - \dot{V} = u^{T}(B^{T}P + W^{T}L)x + \frac{1}{2}u^{T}W^{T}Wu + \frac{1}{2}x^{T}L^{T}Lx + \frac{1}{2}\varepsilon x^{T}Px - x^{T}PBu = \\ \frac{1}{2}(Lx + Wu)^{T}(Lx + Wu) + \frac{1}{2}\varepsilon x^{T}Px \geqslant \\ \frac{1}{2}\varepsilon x^{T}Px \end{aligned}$$

令 $\varepsilon = 0$,则上式说明系统是无源的;令 $\varepsilon > 0$,则上式说明系统是严格无源的。

下面考虑非线性系统的无源性,这里主要考虑仿射(Affine)非线性系统

$$\dot{x} = f(x) + g(u) = f(x) + \sum_{i=1}^{m} g_i(x)u_i \tag{4.17}$$

$$y = h(x) \tag{4.18}$$

其中 $x \in \mathbb{R}^{n}, u \in \mathbb{R}^{m}, y \in \mathbb{R}^{m}, f(0) = 0, h(0) = 0, g(0) \neq 0$。这里将 $f(x), g(x)$ 也称为向量场,并引入如下记号:标量函数 $V(x)$ 沿 $f(x)$ 的 Lie 导数记为 $L_fV(x)$,当状态空间坐标确定后,该 Lie 导数具有如下表达式

$$L_fV(\boldsymbol{x})=\frac{\partial V(\boldsymbol{x})}{\partial \boldsymbol{x}}\boldsymbol{f}(\boldsymbol{x})$$

类似的,有

$$L_gV(\boldsymbol{x})=\frac{\partial V(\boldsymbol{x})}{\partial \boldsymbol{x}}\boldsymbol{g}(\boldsymbol{x})=$$
$$\left[\frac{\partial V(\boldsymbol{x})}{\partial \boldsymbol{x}}\boldsymbol{g}_1(\boldsymbol{x})\quad \frac{\partial V(\boldsymbol{x})}{\partial \boldsymbol{x}}\boldsymbol{g}_2(\boldsymbol{x})\quad \cdots \quad \frac{\partial V(\boldsymbol{x})}{\partial \boldsymbol{x}}\boldsymbol{g}_m(\boldsymbol{x})\right]=$$
$$\left[L_{g_1}V(\boldsymbol{x})\quad L_{g_2}V(\boldsymbol{x})\quad \cdots \quad L_{g_m}V(\boldsymbol{x})\right]$$

第 5 章将给出 Lie 导数的具体定义。

定理 4.2　非线性系统(4.17)、(4.18)是无源的,当且仅当存在半正定函数 $V(\boldsymbol{x})$,使得对于 $\forall \boldsymbol{x}\in \mathbb{R}^n$,有

$$L_fV(\boldsymbol{x})\leqslant 0 \tag{4.19}$$

$$L_gV(\boldsymbol{x})=\boldsymbol{h}^{\mathrm{T}}(\boldsymbol{x}) \tag{4.20}$$

成立;非线性系统(4.17)、(4.18)是严格无源的,当且仅当存在半正定函数 $V(\boldsymbol{x})$,使得对于 $\forall \boldsymbol{x}\in \mathbb{R}^n$,有

$$L_fV(\boldsymbol{x})\leqslant -S(\boldsymbol{x}) \tag{4.21}$$

$$L_gV(\boldsymbol{x})=\boldsymbol{h}^{\mathrm{T}}(\boldsymbol{x}) \tag{4.22}$$

成立,其中 $S(\boldsymbol{x})$ 为一正定函数。

证明　这里只证明无源性的情形,严格无源的证明是类似的。

定理的充分性显然成立。下面考虑必要性。对于给定的系统(4.17)、(4.18),由于输入是可以任意指定的,即 $\boldsymbol{u}$ 是任意的,因而可得式(4.19)、(4.20)。具体地,由无源性可得

$$\boldsymbol{u}^{\mathrm{T}}\boldsymbol{y}\geqslant \dot{V}=\frac{\partial V}{\partial \boldsymbol{x}}\boldsymbol{f}(x)+\frac{\partial V}{\partial \boldsymbol{x}}\boldsymbol{g}(\boldsymbol{x})\boldsymbol{u}=L_fV(\boldsymbol{x})+L_gV(\boldsymbol{x})\boldsymbol{u} \tag{4.23}$$

由于 $\boldsymbol{u}$ 是任意的,在式(4.23)中令 $\boldsymbol{u}=\boldsymbol{0}$,则可得定理中的第一个条件(4.19)。对于第二个条件(4.20),利用反证法证明,即假设其不成立:$L_gV(\boldsymbol{x})\neq \boldsymbol{h}^{\mathrm{T}}(\boldsymbol{x})$,由式(4.23)可得

$$\frac{\partial V}{\partial \boldsymbol{x}}\boldsymbol{f}(\boldsymbol{x})+\left(\frac{\partial V}{\partial \boldsymbol{x}}\boldsymbol{g}(\boldsymbol{x})-\boldsymbol{y}^{\mathrm{T}}\right)\boldsymbol{u}\leqslant 0 \tag{4.24}$$

取

$$\boldsymbol{u}=\alpha(x)\left(\left(\frac{\partial V}{\partial \boldsymbol{x}}\boldsymbol{g}(\boldsymbol{x})\right)^{\mathrm{T}}-\boldsymbol{y}\right) \tag{4.25}$$

其中,$\alpha(\boldsymbol{x})>0$ 待定,并记

$$\beta(\boldsymbol{x})=\left(\frac{\partial V}{\partial \boldsymbol{x}}\boldsymbol{g}(\boldsymbol{x})-\boldsymbol{y}^{\mathrm{T}}\right)\left(\left(\frac{\partial V}{\partial \boldsymbol{x}}\boldsymbol{g}(\boldsymbol{x})\right)^{\mathrm{T}}-\boldsymbol{y}\right)$$

显然,$\beta(\boldsymbol{x})>0$。将式(4.25)代入式(4.24),可得

$$\alpha(\boldsymbol{x})\beta(\boldsymbol{x})+\frac{\partial V}{\partial \boldsymbol{x}}\boldsymbol{f}(\boldsymbol{x})\leqslant 0 \tag{4.26}$$

由于 $\boldsymbol{u}$ 是任意的,因而当取式(4.25)中的 $\alpha(\boldsymbol{x})$ 满足如下条件

$$\alpha(\boldsymbol{x}) > \frac{\left|\frac{\partial V}{\partial \boldsymbol{x}}\boldsymbol{f}(\boldsymbol{x})\right|}{\beta(\boldsymbol{x})}$$

则式(4.26)显然不成立,故矛盾。

定理4.4也称为KYP引理。在式(4.10)中令$\boldsymbol{D}=\boldsymbol{0}$,则线性系统(4.9)、(4.10)与非线性系统(4.17)、(4.18)具有相似的形式,而在相应的无源性与严格无源性的判断上,式(4.11)、(4.12)与式(4.19)、(4.20)是相对应的,式(4.14)、(4.15)与式(4.21)、(4.22)是相对应的。

4.3 无源性与稳定性的关系

考虑非线性系统(4.1)、(4.2),根据定义,如果系统无源,则满足

$$\boldsymbol{u}^{\mathrm{T}}\boldsymbol{y} \geqslant \dot{V} = \frac{\partial V}{\partial \boldsymbol{x}}\boldsymbol{f}(\boldsymbol{x},\boldsymbol{u}),\ \forall(\boldsymbol{x},\boldsymbol{u}) \in \mathbb{R}^n \times \mathbb{R}^m$$

显然,系统无源性的定义建立了系统的存储函数、系统状态、系统的输入输出之间的关系。基于系统的无源性,附加上特定的条件后,可分别得到系统的输入输出稳定性和Lyapunov稳定性。

首先考虑无源性与L_2稳定性之间的关系:由系统的严格输出无源性,附加一定的假设条件,可以得到系统的有限增益L_2稳定性。

定理4.3 如果非线性系统(4.1)、(4.2)是输出严格无源的,且

$$\boldsymbol{u}^{\mathrm{T}}\boldsymbol{y} \geqslant \dot{V} + \delta\boldsymbol{y}^{\mathrm{T}}\boldsymbol{y}, \delta > 0 \tag{4.27}$$

则系统是有限增益L_2稳定的,且其L_2增益小于等于$\frac{1}{\delta}$。

证明 由定理所给条件,显然有

$$\dot{V} \leqslant \boldsymbol{u}^{\mathrm{T}}\boldsymbol{y} - \delta\boldsymbol{y}^{\mathrm{T}}\boldsymbol{y} = -\frac{1}{2\delta}\boldsymbol{u}^{\mathrm{T}}\boldsymbol{u} + \boldsymbol{u}^{\mathrm{T}}\boldsymbol{y} - \delta\boldsymbol{y}^{\mathrm{T}}\boldsymbol{y} + \frac{1}{2\delta}\boldsymbol{u}^{\mathrm{T}}\boldsymbol{u} =$$

$$-\frac{1}{2\delta}(\boldsymbol{u}-\delta\boldsymbol{y})^{\mathrm{T}}(\boldsymbol{u}-\delta\boldsymbol{y}) + \frac{1}{2\delta}\boldsymbol{u}^{\mathrm{T}}\boldsymbol{u} - \frac{\delta}{2}\boldsymbol{y}^{\mathrm{T}}\boldsymbol{y} \leqslant \frac{1}{2\delta}\boldsymbol{u}^{\mathrm{T}}\boldsymbol{u} - \frac{\delta}{2}\boldsymbol{y}^{\mathrm{T}}\boldsymbol{y}$$

由此可得

$$\boldsymbol{y}^{\mathrm{T}}\boldsymbol{y} \leqslant \frac{1}{\delta^2}\boldsymbol{u}^{\mathrm{T}}\boldsymbol{u} - \frac{2}{\delta}\dot{V}$$

在$[0,\tau)$上对上式进行积分,可得

$$\int_0^\tau \boldsymbol{y}^{\mathrm{T}}\boldsymbol{y}\mathrm{d}t \leqslant \frac{1}{\delta^2}\int_0^\tau \boldsymbol{u}^{\mathrm{T}}\boldsymbol{u}\mathrm{d}t - \frac{2}{\delta}(V(\boldsymbol{x}(\tau)) - V(\boldsymbol{x}(0))) \leqslant$$

$$\frac{1}{\delta^2}\int_0^\tau \boldsymbol{u}^{\mathrm{T}}\boldsymbol{u}\mathrm{d}t + \frac{2}{\delta}V(\boldsymbol{x}(0))$$

根据$\sqrt{a^2+b^2} \leqslant a+b,\ \forall a>0,\ \forall b>0$,可得

$$\|\boldsymbol{y}_\tau\|_{L_2} \leqslant \frac{1}{\delta}\|\boldsymbol{u}_\tau\|_{L_2} + \sqrt{\frac{2}{\delta}V(\boldsymbol{x}(0))}$$

定理结论得证。

为了得到有限增益 L_2 稳定性,定理 4.3 要求非线性系统的严格输出无源性具有式(4.27) 这样特定的形式。实际上,对于仿射非线性系统(4.17)、(4.18),通过引入一定的输入输出变换,就可由系统的无源性得到系统的有限增益 L_2 稳定性。引入如下输入输出变换

$$\boldsymbol{u}=\frac{1}{\sqrt{2}}(\boldsymbol{v}-\boldsymbol{z}),\ \boldsymbol{y}=\frac{1}{\sqrt{2}}(\boldsymbol{v}+\boldsymbol{z}) \tag{4.28}$$

上述变换也称为散射表示[22]。将散射表示代入仿射非线性系统(4.17)、(4.18),可得

$$\dot{\boldsymbol{x}}=\boldsymbol{f}(\boldsymbol{x})-\boldsymbol{g}(\boldsymbol{x})\boldsymbol{h}(\boldsymbol{x})+\sqrt{2}\boldsymbol{g}(\boldsymbol{x})\boldsymbol{v} \tag{4.29}$$

$$\boldsymbol{z}=\sqrt{2}\boldsymbol{h}(\boldsymbol{x})-\boldsymbol{v} \tag{4.30}$$

该系统以 $\boldsymbol{v}$ 为输入,以 $\boldsymbol{z}$ 为输出。

假设仿射非线性系统(4.17)、(4.18) 是无源的,即有

$$\dot{V}\leqslant\boldsymbol{u}^{\mathrm{T}}\boldsymbol{y}$$

对上式进行积分,可得

$$V(\boldsymbol{x}(\tau))-V(\boldsymbol{x}(0))\leqslant\int_0^{\tau}\boldsymbol{u}^{\mathrm{T}}(t)\boldsymbol{y}(t)\,\mathrm{d}t$$

将散射表示(4.28) 代入上式,可得

$$V(\boldsymbol{x}(\tau))-V(\boldsymbol{x}(0))\leqslant\frac{1}{2}\int_0^{\tau}(\boldsymbol{v}^{\mathrm{T}}\boldsymbol{v}-\boldsymbol{z}^{\mathrm{T}}\boldsymbol{z})\,\mathrm{d}t=\frac{1}{2}\int_0^{\tau}(\|\boldsymbol{v}\|_2^2-\|\boldsymbol{z}\|_2^2)\,\mathrm{d}t$$

由此可得如下结果。

定理 4.4　非线性系统(4.17)、(4.18) 是无源的,当且仅当非线性系统(4.28)、(4.29) 是有限增益 L_2 稳定的(L_2 增益小于等于1)。

接下来考虑无源性与 Lyapunov 稳定性的关系。

定理 4.5　如果非线性系统(4.1)、(4.2) 是无源的,且有一个正定的存储函数 $V(\boldsymbol{x})$,则其非受迫系统

$$\dot{\boldsymbol{x}}=\boldsymbol{f}(\boldsymbol{x},\boldsymbol{0}) \tag{4.31}$$

是稳定的。

证明　系统(4.1)、(4.2) 是无源的,则

$$\boldsymbol{u}^{\mathrm{T}}\boldsymbol{y}\geqslant\dot{V}=\frac{\partial V}{\partial\boldsymbol{x}}\boldsymbol{f}(\boldsymbol{x},\boldsymbol{u})$$

由于存储函数 $V(\boldsymbol{x})$ 正定,取 $V(\boldsymbol{x})$ 作为非受迫系统(4.30) 的候选 Lyapunov 函数,并且令上式中 $\boldsymbol{u}=\boldsymbol{0}$,则可得结论。

为了讨论系统的渐近稳定性,需要引入如下概念。

称非线性系统(4.1)、(4.2) 是零状态可观测的,如果令 $\boldsymbol{u}=\boldsymbol{0}$,由 $\boldsymbol{h}(\boldsymbol{x},\boldsymbol{0})\equiv\boldsymbol{0}$ 可以得出 $\boldsymbol{x}(t)\equiv\boldsymbol{0}$ 的结论;称非线性系统(4.1)、(4.2) 是零状态可检测的,如果令 $\boldsymbol{u}=\boldsymbol{0}$,由 $\boldsymbol{h}(\boldsymbol{x},\boldsymbol{0})\equiv\boldsymbol{0}$ 可以得出 $\boldsymbol{x}(t)\to\boldsymbol{0},\ t\to\infty$ 的结论。

对于线性系统来说,这里所定义的零状态可观测性同系统的完全可观性是一致的,而零状态可检测性同系统的可检测性也是一致的。

定理 4.6 如果非线性系统(4.1)、(4.2)是严格无源的，或是严格输出无源的，且零状态可观测，则 $\boldsymbol{x}=\mathbf{0}$ 是非受迫系统(4.31)的渐近稳定平衡点。如果存储函数 $V(\boldsymbol{x})$ 是径向无界的，则平衡点是全局渐近稳定的。

证明 证明的思路是利用系统的严格无源性，或严格输出无源且零状态可观测的性质，证明存储函数 $V(\boldsymbol{x})$ 是正定的，并将其取为系统的候选 Lyapunov 函数，然后证明 $\dot{V}(\boldsymbol{x})$ 是负定的。

由系统的严格无源性，可得

$$\boldsymbol{u}^{\mathrm{T}}\boldsymbol{y} \geqslant \dot{V} + \psi(\boldsymbol{x}) \tag{4.32}$$

其中，$\psi(\boldsymbol{x})$ 正定。取 $\boldsymbol{u}=\mathbf{0}$，式(4.32)保证了存储函数 $V(\boldsymbol{x})$ 沿着非受迫系统(4.31)的解对于时间的全导数是负定的，因而只要能够证明严格无源性可以保证存储函数 $V(\boldsymbol{x})$ 的正定性即可。记以 $\boldsymbol{x}$ 为初值的非受迫系统(4.31)的解为 $\boldsymbol{\phi}(t,\boldsymbol{x})$，则显然有

$$\boldsymbol{\phi}(0,\boldsymbol{x}) = \boldsymbol{x} \tag{4.33}$$

成立。令 $\boldsymbol{u}=\mathbf{0}$，由式(4.32)可得

$$\dot{V}(\boldsymbol{\varphi}(t,\boldsymbol{x})) \leqslant -\psi(\boldsymbol{\varphi}(t,\boldsymbol{x}))$$

对上式在 $[0,\tau)$ 上进行积分，并考虑到式(4.33)，可得

$$V(\boldsymbol{\varphi}(\tau,\boldsymbol{x})) - V(\boldsymbol{x}) \leqslant -\int_0^{\tau}\psi(\boldsymbol{\varphi}(t,\boldsymbol{x}))\,\mathrm{d}t \tag{4.34}$$

考虑到存储函数 $V(\boldsymbol{x})$ 的半正定性及 $\psi(\cdot)$ 的正定性，由式(4.34)可得

$$V(\boldsymbol{x}) \geqslant \int_0^{\tau}\psi(\boldsymbol{\varphi}(t,\boldsymbol{x}))\,\mathrm{d}t \geqslant 0$$

令 $V(\boldsymbol{x})=0$，则由上式显然有

$$\int_0^{\tau}\psi(\boldsymbol{\varphi}(t,\boldsymbol{x}))\,\mathrm{d}t = 0$$

由 $\psi(\cdot)$ 的正定性，可得

$$\psi(\boldsymbol{\phi}(t,\boldsymbol{x})) = 0,\ \forall t \in [0,\tau)$$

即对于 $\forall t \in [0,\tau)$，有 $\boldsymbol{\phi}(t,\boldsymbol{x})=0$。令 $t=0$，则由式(4.33)可得 $\boldsymbol{x}=\mathbf{0}$。上述推导过程说明，对于半正定函数 $V(\boldsymbol{x})$，如果 $V(\boldsymbol{x})=0$，则必有 $\boldsymbol{x}=\mathbf{0}$ 成立，因此 $V(\boldsymbol{x})$ 是正定的。

由系统的严格输出无源性可得

$$\boldsymbol{u}^{\mathrm{T}}\boldsymbol{y} \geqslant \dot{V} + \boldsymbol{y}^{\mathrm{T}}\boldsymbol{\rho}(\boldsymbol{y})$$

且对于 $\forall \boldsymbol{y} \neq \mathbf{0}$，有 $\boldsymbol{y}^{\mathrm{T}}\boldsymbol{\rho}(\boldsymbol{y}) > 0$ 成立，即 $\boldsymbol{y}^{\mathrm{T}}\boldsymbol{\rho}(\boldsymbol{y})$ 对于 $\boldsymbol{y}$ 来说是正定的。取 $\boldsymbol{u}=\mathbf{0}$，则

$$\dot{V} \leqslant -\boldsymbol{y}^{\mathrm{T}}\boldsymbol{\rho}(\boldsymbol{y})$$

由系统的零状态可观测性，可知 $\dot{V}$ 是负定的，因此只需证明 $V(\boldsymbol{x})$ 正定。仍记以 $\boldsymbol{x}$ 为初值的非受迫系统(4.31)的解为初值 $\boldsymbol{\phi}(t,\boldsymbol{x})$，对上式在 $[0,\tau)$ 上进行积分，可得

$$V(\boldsymbol{\phi}(\tau,\boldsymbol{x})) - V(\boldsymbol{x}) \leqslant -\int_0^{\tau}\boldsymbol{h}^{\mathrm{T}}(\boldsymbol{\phi}(t,\boldsymbol{x}))\boldsymbol{\rho}(\boldsymbol{h}(\boldsymbol{\phi}(t,\boldsymbol{x})))\,\mathrm{d}t$$

由 $V(\boldsymbol{x})$ 的半正定性可得

$$V(\boldsymbol{x}) \geqslant \int_0^{\tau}\boldsymbol{h}^{\mathrm{T}}(\boldsymbol{\phi}(t,\boldsymbol{x}))\boldsymbol{\rho}(\boldsymbol{h}(\boldsymbol{\phi}(t,\boldsymbol{x})))\,\mathrm{d}t \geqslant 0$$

由 $\boldsymbol{y}^{\mathrm{T}}\boldsymbol{\rho}(\boldsymbol{y})$ 相对于 y 的正定性可知，若 $V(\boldsymbol{x})=0$，则有 $\boldsymbol{y}=\mathbf{0}$，由系统的零状态可观测性假设，

可得 $\boldsymbol{x}=\boldsymbol{0}$，因而函数 $V(\cdot)$ 是正定的。

例 4.3　考虑飞行器姿态动力学方程

$$\dot{\omega}_1=\frac{J_2-J_3}{J_1}\omega_2\omega_3+\frac{1}{J_1}u_1$$

$$\dot{\omega}_2=\frac{J_3-J_1}{J_2}\omega_3\omega_1+\frac{1}{J_2}u_2$$

$$\dot{\omega}_3=\frac{J_1-J_2}{J_3}\omega_1\omega_2+\frac{1}{J_3}u_3$$

其中，$\omega_1,\omega_2,\omega_3$ 为飞行器相对于参考坐标系（如惯性系或地理坐标系）的角速度在飞行器体坐标系中的分量；J_1,J_2,J_3 为转动惯量；系统的输入 u_1,u_2,u_3 为力矩。记

$$\boldsymbol{\omega}=[\omega_1\quad\omega_2\quad\omega_3]^{\mathrm{T}},\ \boldsymbol{u}=[u_1\quad u_2\quad u_3]^{\mathrm{T}}$$

则有如下结论。

（1）取 $\boldsymbol{\omega}$ 为系统的输出，$\boldsymbol{u}$ 为系统的输入，则系统是无损的。取 $V=\frac{1}{2}\sum_{i=1}^{3}J_i\omega_i^2$，则

$$\begin{aligned}\dot{V}=&\sum_{i=1}^{3}J_i\omega_i\dot{\omega}_i=\\&(J_2-J_3+J_3-J_1+J_1-J_2)\omega_1\omega_2\omega_3+\omega_1u_1+\omega_2u_2+\omega_3u_3=\\&\boldsymbol{u}^{\mathrm{T}}\boldsymbol{\omega}\end{aligned}$$

因而系统是无损的。

（2）取状态反馈律 $\boldsymbol{u}=-\boldsymbol{K}\boldsymbol{\omega}+\boldsymbol{v}$，其中 $\boldsymbol{K}$ 是正定对称矩阵，则以 $\boldsymbol{v}$ 为系统的输入，以 $\boldsymbol{\omega}$ 为系统的输出，系统是有限增益 L_2 稳定的。计算 $\dot{V}$，可得

$$\dot{V}=-\boldsymbol{\omega}^{\mathrm{T}}\boldsymbol{K}\boldsymbol{\omega}+\boldsymbol{v}^{\mathrm{T}}\boldsymbol{\omega}\leqslant-\lambda_{\min}(\boldsymbol{K})\boldsymbol{\omega}^{\mathrm{T}}\boldsymbol{\omega}+\boldsymbol{v}^{\mathrm{T}}\boldsymbol{\omega}\tag{4.35}$$

即

$$\boldsymbol{v}^{\mathrm{T}}\boldsymbol{\omega}\geqslant\dot{V}+\lambda_{\min}(\boldsymbol{K})\boldsymbol{\omega}^{\mathrm{T}}\boldsymbol{\omega}$$

由定理 4.3 可知，系统是有限增益 L_2 稳定的，且系统的 L_2 增益小于等于 $1/\lambda_{\min}(\boldsymbol{K})$。

（3）令 $\boldsymbol{v}=\boldsymbol{0}$，则平衡点原点 $\boldsymbol{\omega}=\boldsymbol{0}$ 是全局渐近稳定的。$V(\boldsymbol{x})$ 是正定的，在式(4.35)中令 $\boldsymbol{v}=\boldsymbol{0}$，可得

$$\dot{V}\leqslant-\lambda_{\min}(\boldsymbol{K})\boldsymbol{\omega}^{\mathrm{T}}\boldsymbol{\omega}$$

是负定的，同时 $V(\boldsymbol{x})$ 是径向无界的，因而原点是全局渐近稳定的。

4.4　无源性设计及无源性定理

利用系统的无源性、无源性与稳定性之间的关系，可以进行系统的控制器设计。考虑具有 p 个输入、p 个输出的非线性系统

$$\dot{\boldsymbol{x}}=\boldsymbol{f}(\boldsymbol{x},\boldsymbol{u})\tag{4.36}$$

$$\boldsymbol{y}=\boldsymbol{h}(\boldsymbol{x})\tag{4.37}$$

其中，$\boldsymbol{f}$ 关于 $(\boldsymbol{x},\boldsymbol{u})$ 满足局部 Lipschitz 条件；$\boldsymbol{h}$ 关于 $\boldsymbol{x}$ 连续，$\boldsymbol{f}(\boldsymbol{0},\boldsymbol{0})=\boldsymbol{0}$，$\boldsymbol{h}(\boldsymbol{0})=\boldsymbol{0}$，$\boldsymbol{x}\in\mathbb{R}^n$。由定义可知，如果给定的非线性系统是无源的，则存在半正定的存储函数 $V(\boldsymbol{x})$，满足

$$u^{T}y \geqslant \dot{V} = \frac{\partial V(x)}{\partial x}f(x,u),\ \forall (x,u) \in \mathbb{R}^{n} \times \mathbb{R}^{p}$$

利用无源性,并附加一定的假设条件,可以进行系统镇定设计。

定理4.7 如果系统(4.36)、(4.37)是无源的,存储函数是径向无界正定的,且系统是零状态可观测的,则输出反馈控制律

$$u = -\phi(y)$$

可全局渐近镇定系统的平衡点(原点),其中 ϕ 满足局部 Lipschitz 条件,且

$$\phi(0) = 0,\ y^{T}\phi(y) > 0,\ \forall y \neq 0$$

证明 选择 $V(x)$ 作为闭环系统

$$\dot{x} = f(x, -\phi(y))$$

的候选 Lyapunov 函数,则

$$\dot{V} = \frac{\partial V}{\partial x}f(x, -\phi(y)) \leqslant -y^{T}\phi(y) \leqslant 0$$

因此 $\dot{V}$ 是半负定的,且 $\dot{V}=0$ 当且仅当 $y=0$。由零状态可观测性的假设,可得当 $y(t) \equiv 0$ 时有 $x(t) \equiv 0$,根据不变性原理可知,原点是闭环系统的全局渐近稳定的平衡点。

无源性定理考虑的是互联系统的无源性。这里只考虑反馈连接,即考虑如图4.2所示的系统。

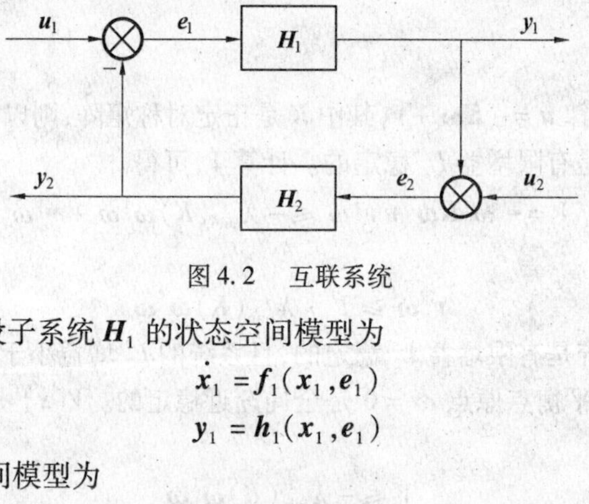

图4.2 互联系统

在图4.2中,假设子系统 H_1 的状态空间模型为

$$\dot{x}_1 = f_1(x_1, e_1)$$
$$y_1 = h_1(x_1, e_1)$$

子系统 H_2 的状态空间模型为

$$\dot{x}_2 = f_2(x_2, e_2)$$
$$y_2 = h_2(x_2, e_2)$$

其中,$f_i(0,0)=0$,$h_i(0,0)=0$。为满足互联性的要求,子系统 H_1 和 H_2 需要满足如下条件

$$\dim e_1 = \dim e_2 = \dim y_1 = \dim y_2$$

取反馈闭环系统的状态向量、输入向量、输出向量为

$$x = \begin{bmatrix} x_1 \\ x_2 \end{bmatrix},\ u = \begin{bmatrix} u_1 \\ u_2 \end{bmatrix},\ y = \begin{bmatrix} y_1 \\ y_2 \end{bmatrix} \tag{4.38}$$

则可得闭环系统的状态空间模型为

$$\dot{x} = f(x,u)$$
$$y = h(x,u)$$

如果对于任意 $\boldsymbol{x}_1,\boldsymbol{x}_2,\boldsymbol{u}_1,\boldsymbol{u}_2$，如下方程

$$\boldsymbol{e}_1=\boldsymbol{u}_1-\boldsymbol{h}_2(\boldsymbol{x}_2,\boldsymbol{e}_2)$$
$$\boldsymbol{e}_2=\boldsymbol{u}_2+\boldsymbol{h}_1(\boldsymbol{x}_1,\boldsymbol{e}_1)$$

有唯一解 $\boldsymbol{e}_1,\boldsymbol{e}_2$，则所建立的闭环系统方程是有明确定义的。

定理4.8　假设子系统 $\boldsymbol{H}_1,\boldsymbol{H}_2$ 都是无源的，则其反馈连接是无源的。

证明　$\boldsymbol{H}_1,\boldsymbol{H}_2$ 的反馈连接系统的无源性是以 $\boldsymbol{u}$ 为输入、以 $\boldsymbol{y}$ 为输出定义的。设 $\boldsymbol{H}_1$，$\boldsymbol{H}_2$ 的存储函数分别为 $V_1(\boldsymbol{x}),V_2(\boldsymbol{x})$，根据无源性定义，有

$$\boldsymbol{e}_i^{\mathrm{T}}\boldsymbol{y}_i\geqslant\dot{V}_i,\ i=1,2$$

对于反馈连接的系统，有

$$\begin{aligned}\boldsymbol{u}^{\mathrm{T}}\boldsymbol{y}=[\boldsymbol{u}_1^{\mathrm{T}}\quad\boldsymbol{u}_2^{\mathrm{T}}]\begin{bmatrix}\boldsymbol{y}_1\\\boldsymbol{y}_2\end{bmatrix}=\boldsymbol{u}_1^{\mathrm{T}}\boldsymbol{y}_1+\boldsymbol{u}_2^{\mathrm{T}}\boldsymbol{y}_2=\\(\boldsymbol{e}_1+\boldsymbol{y}_2)^{\mathrm{T}}\boldsymbol{y}_1+(\boldsymbol{e}_2-\boldsymbol{y}_1)^{\mathrm{T}}\boldsymbol{y}_2=\\\boldsymbol{e}_1^{\mathrm{T}}y_1+\boldsymbol{e}_2^{\mathrm{T}}y_2\geqslant\dot{V}_1+\dot{V}_2\end{aligned}$$

定义

$$V(\boldsymbol{x})=V_1(\boldsymbol{x})+V_2(\boldsymbol{x})$$

由于 $V_1(\boldsymbol{x}),V_2(\boldsymbol{x})$ 都是半正定的，因此 $V(\boldsymbol{x})$ 也是半正定的。取 $V(\boldsymbol{x})$ 为反馈连接系统的存储函数，则根据上式，有

$$\boldsymbol{u}^{\mathrm{T}}\boldsymbol{y}\geqslant\dot{V}$$

满足无源性不等式。

定理4.9　假设子系统 $\boldsymbol{H}_1,\boldsymbol{H}_2$ 都是严格输出无源的，且

$$\boldsymbol{e}_i^{\mathrm{T}}\boldsymbol{y}_i\geqslant\dot{V}_i+\delta_i\boldsymbol{y}_i^{\mathrm{T}}\boldsymbol{y}_i,\ \delta_i>0,\ i=1,2$$

则 $\boldsymbol{H}_1,\boldsymbol{H}_2$ 的反馈连接系统是有限增益 L_2 稳定的，而且 L_2 增益小于等于 $1/\delta$，其中

$$\delta=\min\{\delta_1,\delta_2\}$$

证明　按照式(4.38)定义反馈连接系统的输入 $\boldsymbol{u}$ 和输出 $\boldsymbol{y}$，定义 $V=V_1+V_2$，然后根据定理中所给的条件，显然有

$$\boldsymbol{u}^{\mathrm{T}}\boldsymbol{y}=\boldsymbol{u}_1^{\mathrm{T}}\boldsymbol{y}_1+\boldsymbol{u}_2^{\mathrm{T}}\boldsymbol{y}_2\geqslant\dot{V}_1+\delta_1\boldsymbol{y}_1^{\mathrm{T}}\boldsymbol{y}_1+\dot{V}_2+\delta_2\boldsymbol{y}_2^{\mathrm{T}}\boldsymbol{y}_2\geqslant\dot{V}+\delta\boldsymbol{y}^{\mathrm{T}}\boldsymbol{y}$$

由定理4.3可知，该定理结论成立。

定理4.10　令 $\boldsymbol{u}=0$，则子系统 $\boldsymbol{H}_1,\boldsymbol{H}_2$ 反馈连接系统的平衡点(原点)是渐近稳定的充分条件是：

(1) 子系统 $\boldsymbol{H}_1,\boldsymbol{H}_2$ 均是严格无源的；

(2) 子系统 $\boldsymbol{H}_1,\boldsymbol{H}_2$ 均是输出严格无源的，且均是零状态可观测的；

(3) 子系统 $\boldsymbol{H}_1,\boldsymbol{H}_2$ 中，一个子系统是严格无源的，另一个子系统是严格输出无源且零状态可观测的。

第 5 章　微分几何基础

微分几何是数学的一门分支,为了便于应用,本章将简单介绍与课程有关的基本概念和基本方法,相关的结论不进行证明。有关微分几何的详细介绍和相关结论的证明可参考文献[10]、[23]。

5.1　拓扑空间

一个集合 M,如果存在它的一个子集族 T,满足

(1) T 中任意多个元素的并仍属于 T;

(2) T 中有限多个元素的交仍属于 T;

(3) $M \in T$, $\varnothing \in T$。

则称 (M, T) 为一个拓扑空间;T 称为 M 上的一个拓扑;T 中的元素称为开集。开集的余集称为闭集;既是开集又是闭集的子集称为闭开集。

拓扑学是研究拓扑空间在拓扑变换下不变的性质,即拓扑性质。上述定义中的 3 个条件称为拓扑公理,实际上是关于开集的定义,拓扑空间即为赋予了开集结构的空间。拓扑变换是连续的,拓扑空间上没有距离的概念,为定义连续性,需要定义开集。同一集合 M 上可以定义不同的拓扑,构成不同的拓扑空间。因此,将拓扑空间记为 (M, T),在不引起混淆的情况下,也可简记为 M。

例 5.1　对于集合 $M = \{a,b,c\}$,则可以定义 M 上的拓扑

$$T_1 = \{M,\varnothing,\{a\}\}$$

$$T_2 = \{M,\varnothing,\{a\},\{a,b\}\}$$

则 (M, T_1),(M, T_2) 构成两个拓扑空间。

给定任一非空集合 X,定义

$$T = \{X,\varnothing\}$$

是 X 上的一个拓扑,称为平凡拓扑,它是最粗的拓扑;定义

$$T = \{U \mid U \subset X\}$$

即 T 包含 X 的所有子集,则 T 也是 X 上的一个拓扑,称为离散拓扑,它是最细的拓扑。

假设 T 是由 $\mathbb{R}^n$ 中若干个开球的并集所构成的子集族,则 T 构成 $\mathbb{R}^n$ 上的一个拓扑,称为欧氏拓扑。这是非常重要的一个拓扑,T 中的开集即为平常意义下的开集。

如果存在 T 的一个子集族 B,使得对于 $\forall U \subset T$,U 可以表示成 B 中元素的并,则 B 称为一个拓扑基。

实际上,给定一个集合 M,设 B 为 M 的一个子集族,B 能够成为 M 上某一个拓扑的拓扑基,当且仅当

(1) $\cup \{V \mid V \in B\} = M$;

(2) B 中有限多个元素的交可以表示为 B 中某些元素的并。

一个拓扑空间 (M,T),如果有一个可数的拓扑基,则称它为第二可数的。

例5.2　在 $\mathbb{R}^n$ 空间中,所有以有理坐标为球心、以正有理数为半径的开集构成 $\mathbb{R}^n$ 的一个可数拓扑基。

例5.3　将一个教室中所有人的集合记作 P,设 M 为男生集合,F 为女生集合,I 为教师的集合,则容易验证

$$T = \{P, \varnothing, M, F, I, M \cup F, F \cup I, M \cup I\}$$

为 P 上的一个拓扑,而

$$B = \{M, F, I\}$$

是 T 的一个拓扑基。

一个拓扑空间 (M,T),如果对于任何两个点 $\boldsymbol{x},\boldsymbol{y} \in M$,存在两个开集 $U_x \in T$ 及 $U_y \in T$,使得 $U_x \in T, U_y \in T$,并且 $U_x \cap U_y = \varnothing$,则该拓扑空间称为 Hausdorff 空间,也称为 T_2 空间。

对于一点 $\boldsymbol{p} \in M$,如果有一个集合 V,它包含一个包含 $\boldsymbol{p}$ 的开集 U,即

$$\boldsymbol{p} \in U \subset V$$

则称 V 为 $\boldsymbol{p}$ 的一个邻域。

包含一个集合 $V \subset M$ 的最小闭集,称为 V 的闭包,记作 $\overline{V}$。设 $\{U_\lambda \mid \lambda \in \Lambda\}$ 为空间 M 中的一族开集,其中 Λ 为指标集,如果

$$\bigcup_{\lambda \in \Lambda} U_\lambda = M$$

则称 $\{U_\lambda \mid \lambda \in \Lambda\}$ 为 M 的一个开覆盖。如果 M 的任何一个开覆盖都有一个有限的子覆盖,则称 M 是一个紧空间。相应的,可以定义紧集。

设 (M,T_M) 与 (N,T_N) 为两个拓扑空间,$F:M \to N$ 为一个映射,如果对于 N 中的每一个开集 $V \in T_N$,它的原象集均为开集,即

$$F^{-1}(V) \triangleq \{\boldsymbol{p} \in M \mid F(\boldsymbol{p}) \in V\} \in T_M$$

则称 F 为一个连续映射。

如果 $F:M \to N$ 是一对一的映上的连续映射,并且它的逆映射 F^{-1} 也是一个连续映射,则称 F 为从 M 到 N 的一个同胚映射(Homeomorphism)。在两个拓扑空间之间如果存在一个同胚映射,则称这两个空间是拓扑同胚的。

5.2　微分流形及可微映射

一个拓扑空间 M,如果它是第二可数的 Hausdorff 空间,并且对于它的每一点 $\boldsymbol{p} \in M$ 都有一个开邻域 U 和 U 到 $\mathbb{R}^n$ 上的一个开集的同胚映射 $\boldsymbol{\varphi}$,则称它为一个 n 维(拓扑)流形(Manifold)。U 中的任意一点 $\boldsymbol{p}$ 在 $\mathbb{R}^n$ 中的象 $\boldsymbol{\varphi}(\boldsymbol{p})$ 的坐标称为 $\boldsymbol{p}$ 的一个局部坐标,$(U,\boldsymbol{\varphi})$ 称为 M 的一个局部坐标邻域。流形的示意图如图 5.1 所示。

从流形的定义可以看出,流形可以理解为由许多同胚于欧氏空间的开集起来的几何

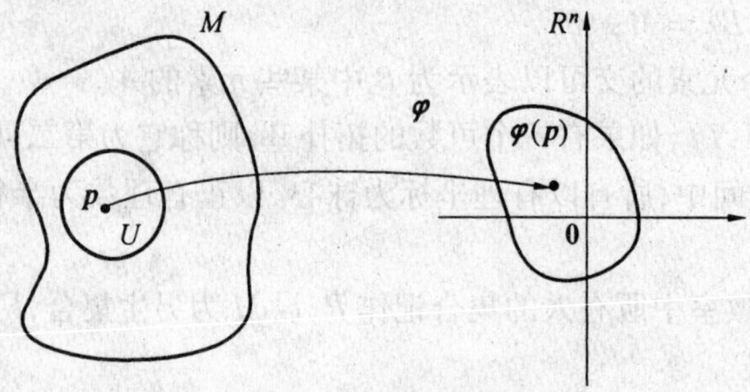

图 5.1 流形的示意图

体。这样定义的流形不一定支持微分运算,但在讨论动态系统时微分运算是必不可少的,因此需要在拓扑流形中引入一定的结构来支持微分运算。支持微分运算的流形称为微分流形。在给出微分流形的定义前,先讨论微分运算。

在$\mathbb{R}^n$空间中,一个函数在某点可微,只涉及该点附近的结构。设M是n维拓扑流形,M中每一点都存在一个邻域同胚于$\mathbb{R}^n$中某个开集,因此可以将定义于M上的函数

$$f:M\to\mathbb{R}\ ,\ p\in U\subset M$$

通过同胚

$$\boldsymbol{\varphi}:U\to\boldsymbol{\varphi}(U)$$

局部地表示成$\mathbb{R}^n$中的某个开子集$\boldsymbol{\varphi}(U)$上的函数,即

$$f\circ\boldsymbol{\varphi}^{-1}:\boldsymbol{\varphi}(U)\to\mathbb{R}$$

是$\mathbb{R}^n$中开集$\boldsymbol{\varphi}(U)$上的函数,因此讨论$f\circ\boldsymbol{\varphi}^{-1}$的微分是有意义的。

M上的一个点$\boldsymbol{p}$可以有很多局部坐标系,函数在该点可微必须针对每个局部坐标系都可微,否则会出现不相容的情况。为此,局部坐标变换必须是光滑的(无穷次可微的),并引入可比较的概念。

如果$(U,\boldsymbol{\varphi})$和$(V,\boldsymbol{\psi})$为M上的两个局部坐标邻域,并且$U\cap V\neq\varnothing$,则

$$\boldsymbol{\psi}\circ\boldsymbol{\varphi}^{-1}:\boldsymbol{\varphi}(U\cap V)\to\boldsymbol{\psi}(U\cap V)\tag{5.1}$$

定义了$\mathbb{R}^n$上两个开集间的一个同胚映射。如果映射$\boldsymbol{\psi}\circ\boldsymbol{\varphi}^{-1}$及其逆映射$\boldsymbol{\varphi}\circ\boldsymbol{\psi}^{-1}$都是无穷次可微的,则称$(U,\boldsymbol{\varphi})$和$(V,\boldsymbol{\psi})$为$C^\infty$可比较的。

可比较的意义如图 5.2 所示。

一个n维流形M,如果在其上存在一族坐标邻域$\{(U_\lambda,\boldsymbol{\varphi}_\lambda)\mid\lambda\in\Lambda\}$,使得

(1) $\bigcup\limits_{\lambda\in\Lambda}U_\lambda=M$;

(2) 这族坐标邻域中任何两个相交的坐标邻域都是C^∞可比较的(相容的);

(3) 与这族中每一个坐标邻域(如果相交)均C^∞可比较的坐标邻域本身也属于这个族,则称M为一个C^∞微分流形。

在上述定义中,条件(2)保证了定义在微分流形上的函数对于任何局部坐标系,其微分均有意义且不会导致矛盾的后果;条件(3)所给坐标邻域族是最大的。粗略地讲,流形可以理解为由许多同胚于欧氏空间的开集粘起来的几何体;如果粘得光滑,可以支持微分运算,就构成了微分流形。微分流形可以认为是局部具有欧氏空间性质的空间,欧氏空间

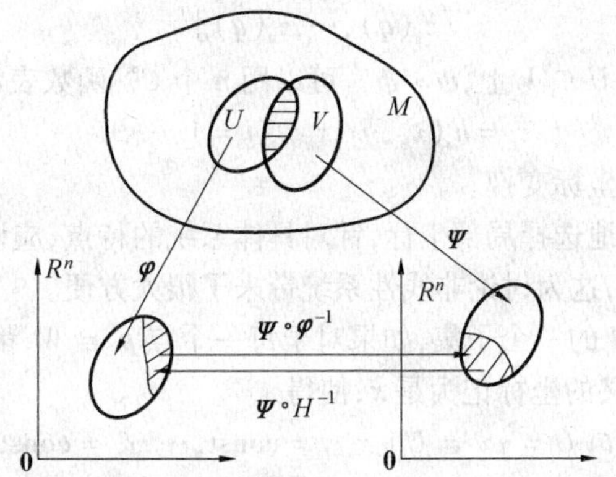

图 5.2　可比较的概念

就是流形最简单的实例。同样，$\mathbb{R}^n$ 中的任何一个非空开子集均为一个 n 维流形，$\mathbb{R}^n$ 中的任何一个非空开子集均为一个 n 维流形。

下面提到的流形，如不加特别说明，均指 C^∞ 微分流形。

例 5.4　考虑二维平面中的单位圆

$$S = \{(x,y)^{\mathrm{T}} \in \mathbb{R}^2 | x^2 + y^2 = 1\}$$

如图 5.3 所示，可以选择 4 个局部坐标邻域，分别将 $\mathbb{R}^2$ 中的部分圆弧映射到 $\mathbb{R}$ 上的一个开区间，4 个开区间合在一起覆盖了整个单位圆，因此 S 构成了一维微分流形。

例 5.5　考虑三维空间中的单位球面

$$S^2 = \{(x,y,z)^{\mathrm{T}} \in \mathbb{R}^3 | x^2 + y^2 + z^2 = 1\}$$

如图 5.4 所示，可以选择 6 个局部坐标邻域，分别将 $\mathbb{R}^3$ 中的部分球面映射到 $\mathbb{R}^2$ 中的圆盘，因此 S^2 构成二维流形。

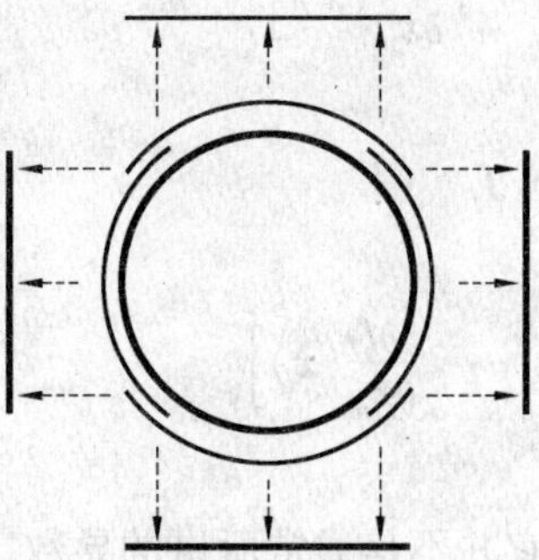

图 5.3　一维流形

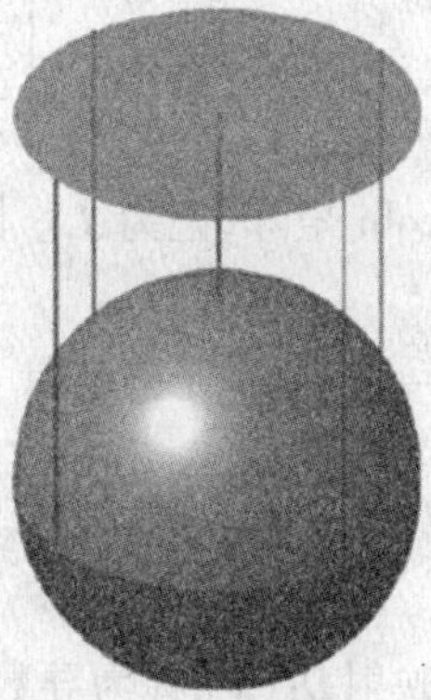

图 5.4　二维流形

微分流形可以认为是局部具有欧氏空间性质的空间，实际上，欧氏空间就是流形最简单的实例。

下面继续讨论局部坐标。设 $(U,\boldsymbol{\phi})$ 为 M 上的一个局部坐标邻域，对于每一个 $\boldsymbol{p} \in U$，$\boldsymbol{\phi}(\boldsymbol{p})$ 的坐标记作

$$[x_1(\boldsymbol{p}),\cdots,x_n(\boldsymbol{p})]^{\mathrm{T}}$$

如果 $(V,\boldsymbol{\psi})$ 是另一个局部坐标邻域，对于每一点 $\boldsymbol{q} \in V$，$\boldsymbol{\psi}(\boldsymbol{q})$ 的坐标记作

$$[z_1(\boldsymbol{q}),\cdots,z_n(\boldsymbol{q})]^{\mathrm{T}}$$

如果 $U\cap V\neq\varnothing$,则在 $U\cap V$ 上,$\boldsymbol{\psi}\circ\boldsymbol{\phi}^{-1}$ 可以用 n 个 C^{∞} 函数表示,即

$$z_i=h_i(x_1,\cdots,x_n),\ i=1,\cdots,n \tag{5.2}$$

实际上定义了一个局部坐标变换。

在流形上可以自由地选择局部坐标,针对具体系统的特点,应该选择方便于讨论系统性质的相应的局部坐标,这为讨论非线性系统带来了很大方便。

设 W 是微分流形 M 的一个子集,如果对于每一个点 $\boldsymbol{p}\in W$,都有一个局部坐标邻域 $(U,\boldsymbol{\varphi})$,$\boldsymbol{p}\in U$,$\boldsymbol{\varphi}$ 所定义的坐标记为是 $\boldsymbol{x}$,使得

$$W\cap U=\{x\in U\mid x_{k+1}=\text{const},\cdots,x_n=\text{const}\}$$

则称 W 为 M 的一个子流形。

下面讨论映射的可微性。首先考虑$\mathbb{R}^m$中的可微映射。设 W 是$\mathbb{R}^m$中的开集,$\boldsymbol{x}_0\in W$,$\boldsymbol{f}:W\to\mathbb{R}^n$为映射。如果存在一个仅与 $\boldsymbol{x}_0$ 有关的线性映射 L_{x_0},使得对 W 内任何一点,有

$$\boldsymbol{f}(\boldsymbol{x})-\boldsymbol{f}(\boldsymbol{x}_0)=\boldsymbol{L}_{x_0}(\boldsymbol{x}-\boldsymbol{x}_0)+\boldsymbol{r}(\boldsymbol{x},\boldsymbol{x}_0)$$

且 $\boldsymbol{r}(\boldsymbol{x},\boldsymbol{x}_0)$ 满足条件

$$\lim_{\|x-x_0\|\to 0}\frac{\|\boldsymbol{r}(\boldsymbol{x},\boldsymbol{x}_0)\|}{\|\boldsymbol{x}-\boldsymbol{x}_0\|}=0$$

则称映射 $\boldsymbol{f}$ 在 $\boldsymbol{x}_0$ 点可微,称线性映射 $\boldsymbol{L}_{x_0}$ 为映射 $\boldsymbol{f}$ 在 $\boldsymbol{x}_0$ 点的导数,记为 $D\boldsymbol{f}(\boldsymbol{x}_0)$。

如果 $\boldsymbol{f}$ 在 W 内每一点都可微,则称 $\boldsymbol{f}$ 在 W 内可微,又称 $\boldsymbol{f}$ 是 W 中的可微映射。实际上,根据定义可知

$$D\boldsymbol{f}(\boldsymbol{x}_0)=\begin{bmatrix}\dfrac{\partial f_1}{\partial \boldsymbol{x}_1}(\boldsymbol{x}) & \cdots & \dfrac{\partial f_1}{\partial \boldsymbol{x}_m}(\boldsymbol{x})\\ \vdots & & \vdots\\ \dfrac{\partial f_n}{\partial \boldsymbol{x}_1}(\boldsymbol{x}) & \cdots & \dfrac{\partial f_n}{\partial \boldsymbol{x}_m}(\boldsymbol{x})\end{bmatrix}_{x=x_0}$$

正是映射 $\boldsymbol{f}$ 的 Jacobi 矩阵,记为 $\boldsymbol{J}_f$。因此,有

$$D\boldsymbol{f}(\boldsymbol{x})=\boldsymbol{J}_f$$

特别的,当 $f:\mathbb{R}^m\to\mathbb{R}$ 是 m 元函数时

$$D\boldsymbol{f}(\boldsymbol{x})=\left[\frac{\partial f}{\partial \boldsymbol{x}_1}(\boldsymbol{x})\quad\cdots\quad\frac{\partial f}{\partial \boldsymbol{x}_m}(\boldsymbol{x})\right]$$

为函数 f 的梯度。

这里将线性映射 $Df(\boldsymbol{x})$ 称为导数,实际上它并不是通常所讲的导数,只有作用在一个适当的向量上,才有可能是通常的导数,Jacobi 矩阵是它的具体表示。例如,设 $\boldsymbol{e}^i=[0\ \ \cdots\ \ 0\ \ 1\ \ 0\ \ \cdots\ \ 0]^{\mathrm{T}}$ 为$\mathbb{R}^m$中的基向量,$f:\mathbb{R}^m\to\mathbb{R}$,则

$$Df(\boldsymbol{x})(\boldsymbol{e}^i)=\frac{\partial f}{\partial \boldsymbol{x}_i}(\boldsymbol{x})$$

函数 f 关于 x_i 的偏导数。令 $\boldsymbol{y}\in\mathbb{R}^m$,$\boldsymbol{y}=[y_1\ \ \cdots\ \ y_m]^{\mathrm{T}}$,则

$$D\boldsymbol{f}(\boldsymbol{x})(\boldsymbol{y})=y_1\frac{\partial f}{\partial x_1}+\cdots+y_m\frac{\partial f}{\partial x_m}=\sum_{i=1}^{m}y_i\frac{\partial f}{\partial x_i}$$

为沿 $\boldsymbol{y}$ 方向的导数①。

设 M,N 分别为 m 维和 n 维的微分流形,定义

$$\boldsymbol{F}:M\to N$$

为映射,$(U,\boldsymbol{\varphi})$ 和 $(V,\boldsymbol{\psi})$ 分别为 M 和 N 上的局部坐标邻域,对于 $\boldsymbol{p}\in U,\boldsymbol{q}=\boldsymbol{F}(\boldsymbol{p})\in V$,局部坐标分别为

$$\boldsymbol{x}=\begin{bmatrix}x_1\\ \vdots\\ x_m\end{bmatrix},\ \boldsymbol{y}=\begin{bmatrix}y_1\\ \vdots\\ y_n\end{bmatrix}$$

在局部坐标下,映射 $\boldsymbol{F}$ 可以表示为

$$y_i=\widetilde{\boldsymbol{F}}_i(\boldsymbol{x}_1,\cdots,\boldsymbol{x}_m),\ i=1,2,\cdots,n$$

称为映射 $\boldsymbol{F}$ 的局部坐标表示,其中

$$\widetilde{\boldsymbol{F}}=\boldsymbol{\psi}\circ\boldsymbol{F}\circ\boldsymbol{\varphi}^{-1}\tag{5.3}$$

映射 $\boldsymbol{\psi}\circ\boldsymbol{F}\circ\boldsymbol{\varphi}^{-1}:\mathbb{R}^m\to\mathbb{R}^n$ 的性质反映了映射 $\boldsymbol{F}:M\to N$ 的性质,例如,$\boldsymbol{\psi}\circ\boldsymbol{F}\circ\boldsymbol{\varphi}^{-1}$ 为 C^∞ 映射,则称 $\boldsymbol{F}$ 为 C^∞ 映射;$\boldsymbol{\psi}\circ\boldsymbol{F}\circ\boldsymbol{\varphi}^{-1}$ 的 Jacobi 矩阵称为 $\boldsymbol{F}$ 的 Jacobi 矩阵,记为 $\boldsymbol{J}_{\boldsymbol{F}}$。这些描述如图 5.5 所示。

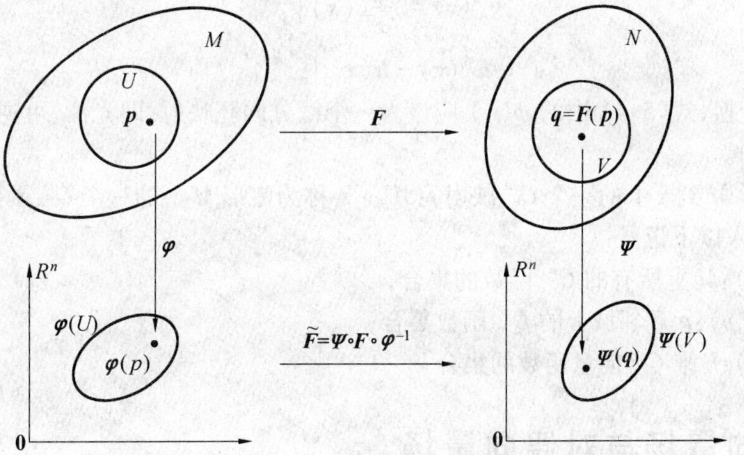

图 5.5　流形间的映射

若 M 和 N 之间存在一个 C^∞ 映射 $\boldsymbol{F}$,其逆映射存在且光滑(也是 C^∞ 的),则称 M 和 N 为微分同胚的,$\boldsymbol{F}$ 称为 M 和 N 之间的一个微分同胚映射。

如果 M 和 N 微分同胚,则 M 和 N 维数相等,$\boldsymbol{J}_{\boldsymbol{F}}$ 为方阵且非奇异。反之,若映射 $\boldsymbol{F}$ 是 C^∞ 的,且 M 和 N 具有相同的维数,其 $\boldsymbol{J}_{\boldsymbol{F}}$ 在 $\boldsymbol{p}$ 点非奇异,则 $\boldsymbol{F}$ 必然是 $\boldsymbol{p}$ 的某个邻域到 $\boldsymbol{F}(\boldsymbol{p})$ 某个邻域的局部微分同胚。微分流形上的两个局部坐标邻域之间的坐标变换

$$\boldsymbol{\psi}\circ\boldsymbol{\varphi}^{-1}:\boldsymbol{\varphi}(U\cap V)\to\boldsymbol{\psi}(U\cap V)$$

或

① 通常的方向导数是沿着单位向量,与此差一个比例常数。这里将方向导数视为映射。

$$z_i = h_i(x_1, \cdots, x_n),\ i = 1, \cdots, n$$

也可以看作是一个局部微分同胚，因此几何理论中常把坐标变换称为微分同胚。

例 5.6 考虑非线性系统

$$\dot{\boldsymbol{x}} = \boldsymbol{f}(\boldsymbol{x}) + \boldsymbol{g}(\boldsymbol{x})\boldsymbol{u}$$
$$\boldsymbol{y} = \boldsymbol{h}(\boldsymbol{x})$$

定义新的状态为

$$\boldsymbol{z} = \boldsymbol{\phi}(\boldsymbol{x}) \tag{5.4}$$

则

$$\dot{\boldsymbol{z}} = \frac{\partial \boldsymbol{\phi}}{\partial \boldsymbol{x}}\dot{\boldsymbol{x}} = \frac{\partial \boldsymbol{\phi}}{\partial \boldsymbol{x}}(\boldsymbol{f}(\boldsymbol{x}) + \boldsymbol{g}(\boldsymbol{x})\boldsymbol{u})$$

因此在新的坐标下系统可以表示为

$$\dot{\boldsymbol{z}} = \boldsymbol{f}^*(z) + \boldsymbol{g}^*(z)\boldsymbol{u}$$
$$\boldsymbol{y} = \boldsymbol{h}^*(z)$$

其中

$$\boldsymbol{f}^*(z) = \frac{\partial \boldsymbol{\phi}}{\partial \boldsymbol{x}}\boldsymbol{f}(\boldsymbol{x})\bigg|_{\boldsymbol{x}=\boldsymbol{\phi}^{-1}(z)}$$

$$\boldsymbol{g}^*(z) = \frac{\partial \boldsymbol{\phi}}{\partial \boldsymbol{x}}g(\boldsymbol{x})\bigg|_{\boldsymbol{x}=\boldsymbol{\phi}^{-1}(z)}$$

$$\boldsymbol{h}^*(z) = \boldsymbol{h}(\boldsymbol{x})\,|_{\boldsymbol{x}=\boldsymbol{\phi}^{-1}(z)}$$

作为坐标变换，式(5.4) 中的 $\boldsymbol{\phi}(\cdot)$ 应该为一个微分同胚映射，即光滑、可逆，且其逆映射也是光滑的。

从流形 M 到$\mathbb{R}$ 上的一个 C^∞ 映射 $f:M \to \mathbb{R}$ 称为流形 M 上的一个 C^∞ 函数。在后续的讨论中，引入以下记号：

$C^\infty(M)$: M 上所有的 C^∞ 函数的集合；

$C^\infty(M,p)$: $\boldsymbol{p}$ 点邻域上的 C^∞ 函数集合；

$C_k^\infty(M)$: k 维 C^∞ 向量函数的集合①。

5.3 向量场与对偶向量场

5.3.1 切向量、切空间与向量场

现代控制理论的研究是在状态空间上使用状态方程对动态系统进行描述。非线性系统的动态演变是在微分流形上进行的，演化结果是流形上的一条曲线。描述无穷小演化的微分方程是流形上的向量场，因此，研究流形上的动态系统，就要分析流形上的向量场。流形上向量场的局部坐标表示就是$\mathbb{R}^n$中的微分方程组。在状态空间中，向量场就是状态方程的几何解释；相应的，应用向量场来研究动态系统的方法就是几何方法。

---

① k 维 C^∞ 向量函数指的是从 $M \to \mathbb{R}^k$的 C^∞ 映射，可以用一个以 C^∞ 函数为元的 k 维列向量表示。

对于$f(x) \in C^{\infty}(\mathbb{R}, x_0)$,如图 5.6 所示,求其微分

$$k = \frac{\mathrm{d}f}{\mathrm{d}x}$$

其中微分运算可看作算子

$$D: C^{\infty}(\mathbb{R}, x_0) \to \mathbb{R}$$

作用于函数f上

$$Df = \frac{\mathrm{d}f}{\mathrm{d}t}$$

因此,$D = \frac{\mathrm{d}}{\mathrm{d}x}$构成一维向量空间,其基底为$\frac{\mathrm{d}}{\mathrm{d}x}$。

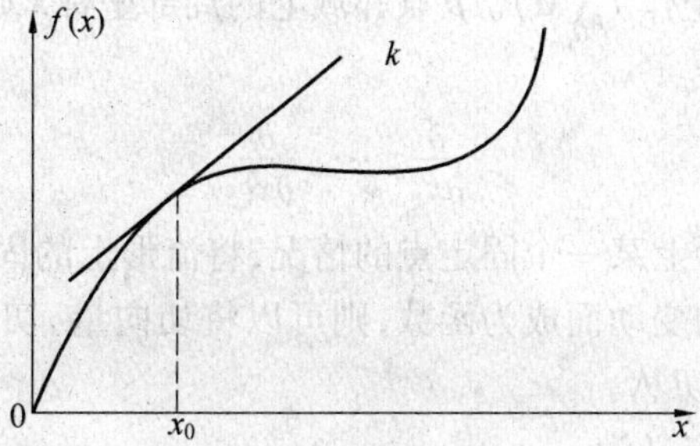

图 5.6　微分的示意图

对于$f(\boldsymbol{x}) \in C^{\infty}(\mathbb{R}^2, \boldsymbol{x}_0)$,沿向量$\boldsymbol{y} = \begin{bmatrix} y_1 \\ y_2 \end{bmatrix}$的方向导数为

$$Df(\boldsymbol{x}_0)(\boldsymbol{y}) = y_1 \frac{\partial f}{\partial x_1} + y_2 \frac{\partial f}{\partial x_2}$$

可以看作是算子

$$D: C^{\infty}(\mathbb{R}^2, \boldsymbol{x}_0) \to \mathbb{R}$$

作用于函数f上,因此

$$D = y_1 \frac{\partial}{\partial x_1} + y_2 \frac{\partial}{\partial x_2}$$

可看作是二维向量空间中的一个向量,二维向量空间的基底为$\frac{\partial}{\partial x_1}, \frac{\partial}{\partial x_2}$。

对于$f(\boldsymbol{x}) \in C^{\infty}(\mathbb{R}^n, x_0)$,沿向量$\boldsymbol{y} = \begin{bmatrix} y_1 \\ \vdots \\ y_n \end{bmatrix}$方向的导数为

$$Df(\boldsymbol{x}_0)(\boldsymbol{y}) = \sum_{i=1}^{n} y_i \frac{\partial f}{\partial x_i}$$

从直观上看

$$D = \sum_{i=1}^{n} y_i \frac{\partial}{\partial x_i}$$

给定一个$\boldsymbol{y}$,对应一个算子D,D满足导数的性质,即线性性和乘法法则,称之为一个切向

量。

对于$\mathbb{R}^n$来说,切向量构成一个 n 维线性空间,称之为切空间。切空间的基底为

$$\frac{\partial}{\partial x_1}, \cdots, \frac{\partial}{\partial x_n}$$

而 n 维微分流形 M 局部同胚于$\mathbb{R}^n$,相应的可以定义流形 M 上的切向量及切空间。

若 $\boldsymbol{X}: C^\infty(M,p) \to \mathbb{R}$ 满足下列性质:

(1)$\boldsymbol{X}(\gamma_1 h_1 + \gamma_2 h_2) = \gamma_1 \boldsymbol{X}(h_1) + \gamma_2 \boldsymbol{X}(h_2)$, $\gamma_1 \in \mathbb{R}$, $\gamma_2 \in \mathbb{R}$(线性性);

(2)$\boldsymbol{X}(h_1 h_2) = h_2 \boldsymbol{X}(h_1) + h_1 \boldsymbol{X}(h_2)$(Leibnitz 法则)。

则称 $\boldsymbol{X}$ 为 M 在 $\boldsymbol{p}$ 点的一个切向量。微分流形 M 在 $\boldsymbol{p} \in M$ 处的全体切向量所构成的集合称为$\boldsymbol{p}$点的切空间,记作 $T_{\boldsymbol{p}}(M)$。$\boldsymbol{p}$点邻域上的局部坐标$\boldsymbol{x}$确定后,$\boldsymbol{p}$点切空间的基底为

$$\frac{\partial}{\partial x_1}, \cdots, \frac{\partial}{\partial x_n}$$

以上讨论的都是流形上某一个固定点的情况,将流形上的固定点看作是任意点,与固定点有关的常数随着点的变动而成为函数,则可以将切向量、切空间扩展到整个流形上,得到向量场、微分流形的切丛。

微分流形 M 的切丛定义为

$$T(M) = \bigcup_{\boldsymbol{p} \in M} T_{\boldsymbol{p}}(M)$$

微分流形 M 上的向量场 $\boldsymbol{X}$ 是一个映射 $\boldsymbol{X}: M \to T(M)$,使得对于每一点 $\boldsymbol{p} \in M$,有 $X_{\boldsymbol{p}} \in T_{\boldsymbol{p}}(M)$,即$\boldsymbol{p}$点的切向量 $\boldsymbol{X}_{\boldsymbol{p}}$ 随着$\boldsymbol{p}$点的变化成为向量场。

如果给定了局部坐标$\boldsymbol{x}$,由上面的讨论可知

$$\frac{\partial}{\partial x_1}, \cdots, \frac{\partial}{\partial x_n}$$

在每一点$\boldsymbol{p}$可以视为 $T_{\boldsymbol{p}}(M)$ 的一个基底。因此,一个向量场在局部坐标下可以表示为

$$\boldsymbol{X} = \sum_{i=1}^{n} a_i(\boldsymbol{x}) \frac{\partial}{\partial x_i} \tag{5.5}$$

如果其中的系数 $a_i(\boldsymbol{x})$, $i = 1, \cdots, n$ 均为 C^∞ 函数,则称 $\boldsymbol{X}$ 为 C^∞ 向量场。M 上所有 C^∞ 向量场的集合记作 $V(M)$。

对于任一 C^∞ 函数 $h \in C^\infty(M)$,如果h在局部坐标下表示为$h(\boldsymbol{x})$,向量场$\boldsymbol{X}$在局部坐标下的表示如式(5.5)所示,向量场$\boldsymbol{X}$在某一个固定点$\boldsymbol{p}$的值为微分流形在$\boldsymbol{p}$点的一个切向量 $\boldsymbol{X}_{\boldsymbol{p}}$,$\boldsymbol{X}_{\boldsymbol{p}}$ 作用于 $h(\boldsymbol{x})$ 得到的方向导数为

$$\boldsymbol{X}_{\boldsymbol{p}}(h) = \left(\sum_{i=1}^{n} a_i(\boldsymbol{x}) \frac{\partial}{\partial x_i} h(\boldsymbol{x}) \right)_{\boldsymbol{p}} \tag{5.6}$$

因此向量场 $\boldsymbol{X}$ 可以看作是一个映射

$$\boldsymbol{X}: C^\infty(M) \to C^\infty(M)$$

该映射在点点意义下由式(5.6) 定义,即由

$$\boldsymbol{X}(h) = \sum_{i=1}^{n} a_i(\boldsymbol{x}) \frac{\partial}{\partial x_i} h(\boldsymbol{x}) \tag{5.7}$$

来定义。这样定义的映射同样满足线性性和乘法法则。

为方便起见,一个向量场(5.5)在局部坐标下也可以用 n 个 C^{∞} 函数构成的一个列向量来表示

$$\boldsymbol{X}=\begin{bmatrix} a_1(\boldsymbol{x}) \\ a_2(\boldsymbol{x}) \\ \vdots \\ a_n(\boldsymbol{x}) \end{bmatrix} \tag{5.8}$$

一般来说,一个向量场在不同点有不同的值,当固定到某一个点时,这个向量场在这一点的值就是某点的切向量。向量场在局部坐标下的表示与局部坐标的选取有关。

给定一个向量场 $\boldsymbol{X}\in V(M)$,根据微分方程解的存在定理,对于任一给定点 $\boldsymbol{x}_0\in M$,总存在从 $\mathbb{R}$ 上的包含 0 点的开区间 I 到 M 上的一个映射 $\boldsymbol{\phi}_t^X(\boldsymbol{x}_0)$,使得

$$\frac{\mathrm{d}}{\mathrm{d}t}\boldsymbol{\phi}_t^X(\boldsymbol{x}_0)=\boldsymbol{X}(\boldsymbol{\phi}_t^X(\boldsymbol{x}_0)),\boldsymbol{\phi}_0^X(\boldsymbol{x}_0)=\boldsymbol{x}_0 \tag{5.9}$$

该映射 $\boldsymbol{\phi}_t^X(\boldsymbol{x}_0)$ 称为向量场 $\boldsymbol{X}$ 的通过 $\boldsymbol{x}_0$ 点的积分曲线。如果 $\boldsymbol{X}$ 是 C^{∞} 向量场,其积分曲线 $\boldsymbol{\phi}_t^X(\boldsymbol{x}_0)$ 显然是一个可微映射。一个向量场 $\boldsymbol{X}$,如果对任一初值 $\boldsymbol{x}_0\in M$,积分曲线 $\boldsymbol{\phi}_t^X(\boldsymbol{x}_0)$ 对整个 $t\in\mathbb{R}$ 都有定义,则称 $\boldsymbol{X}$ 为一个完备向量场(Complete Vector Field)。如果一个微分流形是紧空间,那么它上面的任何一个向量场都是完备的。

非线性微分方程

$$\dot{x}_i=f_i(\boldsymbol{x}),\ i=1,\cdots,n \tag{5.10}$$

的右端 $\boldsymbol{f}(\boldsymbol{x})=[f_1(\boldsymbol{x})\quad f_2(\boldsymbol{x})\quad\cdots\quad f_n(\boldsymbol{x})]^{\mathrm{T}}$ 可以看作是一个向量场,求解非线性方程(5.10)就是求解向量场 $\boldsymbol{f}(\boldsymbol{x})$ 的积分曲线。我们可作如下理解:向量场 $\boldsymbol{f}(\boldsymbol{x})$ 是一种规则,给流形上每一点指定一个方向 $\boldsymbol{f}(\boldsymbol{x})$;向量场 $\boldsymbol{f}(\boldsymbol{x})$ 对应着一条积分曲线,使得曲线在其上每一点 $\boldsymbol{x}$ 的切线方向就是向量场的值 $\boldsymbol{f}(\boldsymbol{x})$,该积分曲线就是微分方程(5.10)的解。

5.3.2　对偶切向量、对偶切空间与对偶向量场

切空间 $T_p(M)$ 是一个 n 维线性空间,切空间上的线性泛函所形成的空间为 M 在 $\boldsymbol{p}$ 点的对偶切空间(或称为余切空间),记作 $T_{\boldsymbol{p}}^*(M)$。对偶切空间中有一组基底,在局部坐标 $\boldsymbol{x}$ 下记作

$$\mathrm{d}x_1,\ \cdots,\ \mathrm{d}x_n$$

满足

$$<\mathrm{d}x_i,\frac{\partial}{\partial x_j}>=\delta_{ij},\ \delta_{ij}=\begin{cases}1,i=j\\0,i\neq j\end{cases} \tag{5.11}$$

而对偶切丛 $T^*(M)$ 定义为

$$T^*(M)=\bigcup_{\boldsymbol{p}\in M}T_{\boldsymbol{p}}^*(M)$$

与向量场一样,对偶向量场 $\boldsymbol{\omega}$ 是 M 到对偶切丛 $T^*(M)$ 的一个映射 $\boldsymbol{\omega}:M\to T^*(M)$,使得 $\boldsymbol{\omega}_{\boldsymbol{p}}\in T_{\boldsymbol{p}}^*(M)$。对偶向量场在局部坐标下可以表示为

$$\boldsymbol{\omega}=\sum_{i=1}^{n}\omega_i(\boldsymbol{x})\mathrm{d}x_i \tag{5.12}$$

如果其中 $\omega_i(\boldsymbol{x})(i=1,\cdots,n)$ 均为 C^∞ 函数,则称 $\boldsymbol{\omega}$ 为 C^∞ 对偶向量场。

C^∞ 对偶向量场也称微分一型(One Form)。M 上所有微分一型的集合记为 $V^*(M)$。微分一型(5.11)在局部坐标下可以简单地用一个行向量表示

$$\boldsymbol{\omega}=[\omega_1(x)\quad\cdots\quad\omega_n(x)] \tag{5.13}$$

与向量场一样,对偶向量场在局部坐标下的表示与局部坐标的选取有关。

由式(5.11)可知,式(5.5)给出的向量场 $\boldsymbol{X}$ 与式(5.12)给出的对偶向量场 $\boldsymbol{\omega}$ 的作用满足

$$<\boldsymbol{\omega},\boldsymbol{X}>=\sum_{i=1}^{n}\omega_i(\boldsymbol{x})a_i(\boldsymbol{x})$$

如果 $h(\boldsymbol{x})\in C^\infty(M)$,依局部坐标取它在普通意义下的微分

$$\mathrm{d}h(\boldsymbol{x})=\frac{\partial h(\boldsymbol{x})}{\partial x_1}\mathrm{d}x_1+\cdots+\frac{\partial h(\boldsymbol{x})}{\partial x_n}\mathrm{d}x_n$$

并且把它当做微分一型,则对向量场 $\boldsymbol{X}$ 成立

$$\boldsymbol{X}(h(\boldsymbol{x}))=<\mathrm{d}h(\boldsymbol{x}),\boldsymbol{X}>=\sum_{i=1}^{n}a_i(\boldsymbol{x})\frac{\partial h}{\partial x_i}$$

这可看作是把微分一型的基底取作 $\mathrm{d}x_1,\cdots,\mathrm{d}x_n$ 的直观解释。由 C^∞ 函数 $h(\boldsymbol{x})$ 生成的微分一型 $\mathrm{d}h(\boldsymbol{x})$ 称为正则微分一型(Exact One-Form)。

例 5.7 在 $\mathbb{R}^3$ 中,考虑光滑函数

$$h(\boldsymbol{x})=\cos x_1+\sin x_2$$

$h(\boldsymbol{x})$ 的微分是

$$\mathrm{d}h(\boldsymbol{x})=\sum_{i=1}^{3}\frac{\partial h(\boldsymbol{x})}{\partial \boldsymbol{x}_i}\mathrm{d}x_i=-\sin x_1\mathrm{d}x_1+\cos x_2\mathrm{d}x_2$$

选择 $\{\mathrm{d}x_i \mid i=1,2,3\}$ 作为基底,则 $\mathrm{d}h(\boldsymbol{x})$ 可以表示成行向量

$$\mathrm{d}h(\boldsymbol{x})=[-\sin x_1\quad\cos x_2\quad 0]$$

逐点的,$\mathrm{d}h(\boldsymbol{x})$ 是 $T_x^*(\mathbb{R}^3)$ 中的对偶向量,从而可知 $\mathrm{d}h\in T_x^*(\mathbb{R}^3)$。

考虑系统

$$\dot{\boldsymbol{x}}=\boldsymbol{f}(\boldsymbol{x})+\boldsymbol{g}(\boldsymbol{x})u,\ \boldsymbol{x}\in M$$
$$\boldsymbol{y}=h(\boldsymbol{x})$$

其中,$\boldsymbol{f}(\boldsymbol{x}),\boldsymbol{g}(\boldsymbol{x})\in V(M)$,则

$$\mathrm{d}h=\frac{\partial h(\boldsymbol{x})}{\partial x_1}\mathrm{d}x_1+\cdots+\frac{\partial h(\boldsymbol{x})}{\partial x_n}\mathrm{d}x_n\in V^*(M)$$

考虑 h 对时间的变化,则有

$$\dot{h}=<\mathrm{d}h,\boldsymbol{f}>+u<\mathrm{d}h,\boldsymbol{g}>$$

虽然一个向量场或一个微分一型在给定的坐标下可以表示为由 n 个 C^∞ 函数构成的列向量或者行向量,但它们不同于 n 维 C^∞ 函数值向量,具有不同的含义,而且一个向量场和一个 n 维 C^∞ 函数在某个坐标下也许完全一样,但在另一个坐标下它们可能完全不同,不能把它们混淆起来。

5.4 Lie 导数与 Lie 括号

5.4.1 微分同胚的导出映射

C^∞ 函数、向量场、微分一型为几何理论中的基本概念。设 M 和 N 为微分同胚的 n 维微分流形，映射 $\boldsymbol{F}:M\to N$ 为其微分同胚映射。应用此映射，可以导出新的映射，将一个流形上的 C^∞ 函数、向量场、微分一型映射到另一个流形上。

对于 C^∞ 函数 $h\in C^\infty(N)$，$\boldsymbol{F}^*(h)$ 定义为

$$\boldsymbol{F}^*(h)\triangleq h\circ\boldsymbol{F}=h(\boldsymbol{F}(\boldsymbol{x}))\tag{5.14}$$

映射 $\boldsymbol{F}^*:C^\infty(N)\to C^\infty(M)$ 将函数 $h\in C^\infty(N)$ 拉回到流形 M 上，因此也称为拉回映射。

设 M 的局部坐标为 $z_1,\cdots,z_n$，N 的局部坐标 $x_1,\cdots,x_n$，映射 F 在局部坐标下的表达式为

$$\boldsymbol{F}:\boldsymbol{x}(z)=\begin{bmatrix}x_1(z_1,\cdots,z_n)\\ \vdots\\ x_n(z_1,\cdots,z_n)\end{bmatrix}$$

则式(5.14)可表示为

$$\boldsymbol{F}^*(h(\boldsymbol{x}))=h(x_1(z_1,\cdots,z_n),\cdots,x_n(z_1,\cdots,z_n))$$

显然 $\boldsymbol{F}^*(h(\boldsymbol{x}))$ 是 M 上的一个 C^∞ 函数，因此 F^* 是 $C^\infty(N)\to C^\infty(M)$ 的一个映射。

设向量场 $\boldsymbol{X}\in V(M)$，则定义 $\boldsymbol{F}_*(\boldsymbol{X})$ 为 N 上的一个 C^∞ 向量场，使得对于任意一个函数 $h\in C^\infty(N)$ 的作用满足

$$\boldsymbol{F}_*(\boldsymbol{X})(h)=\boldsymbol{X}(\boldsymbol{F}^*(h))\tag{5.15}$$

在局部坐标下，设

$$\boldsymbol{X}=[a_1(z)\quad\cdots\quad a_n(z)]^{\mathrm{T}}$$

$\boldsymbol{F}$ 的 Jacobi 矩阵为

$$\boldsymbol{J}_F=\begin{bmatrix}\dfrac{\partial\boldsymbol{x}_1}{\partial z_1}&\cdots&\dfrac{\partial\boldsymbol{x}_1}{\partial z_n}\\ \vdots&&\vdots\\ \dfrac{\partial\boldsymbol{x}_n}{\partial z_1}&\cdots&\dfrac{\partial\boldsymbol{x}_n}{\partial z_n}\end{bmatrix}\tag{5.16}$$

那么，$\boldsymbol{F}_*(\boldsymbol{X})$ 在局部坐标下可以用如下公式计算

$$\boldsymbol{F}_*(\boldsymbol{X})=\begin{bmatrix}\dfrac{\partial\boldsymbol{x}_1}{\partial z_1}&\cdots&\dfrac{\partial\boldsymbol{x}_1}{\partial z_n}\\ \vdots&&\vdots\\ \dfrac{\partial\boldsymbol{x}_n}{\partial z_1}&\cdots&\dfrac{\partial\boldsymbol{x}_n}{\partial z_n}\end{bmatrix}\begin{bmatrix}a_1(z)\\ \vdots\\ a_n(z)\end{bmatrix}\Bigg|_{z=z(x)}\tag{5.17}$$

其中

$$z(\boldsymbol{x})=\begin{bmatrix}z_1(x_1,\cdots,x_n)\\ \vdots\\ z_n(x_1,\cdots,x_n)\end{bmatrix}$$

为 $\boldsymbol{F}^{-1}$ 在局部坐标下的表示，因此，$\boldsymbol{F}_*$ 是 $V(M)\to V(N)$ 的一个映射。

设微分一型 $\boldsymbol{\omega}\in V^*(N)$，则定义 $\boldsymbol{F}^*(\boldsymbol{\omega})$ 为 M 上的一个微分一型，它对于任意一个向量场 $\boldsymbol{X}\in V(M)$ 的作用满足

$$<\boldsymbol{F}^*(\boldsymbol{\omega}),\boldsymbol{X}>=<\boldsymbol{\omega},\boldsymbol{F}_*(\boldsymbol{X})> \tag{5.18}$$

在局部坐标下，设

$$\boldsymbol{\omega}=[b_1(\boldsymbol{x})\quad\cdots\quad b_n(\boldsymbol{x})]$$

那么，$\boldsymbol{F}^*(\boldsymbol{\omega})$ 在局部坐标可以用如下公式计算

$$\boldsymbol{F}^*(\boldsymbol{\omega})=[b_1(\boldsymbol{x})\quad\cdots\quad b_n(\boldsymbol{x})]\begin{bmatrix}\dfrac{\partial \boldsymbol{x}_1}{\partial z_1} & \cdots & \dfrac{\partial \boldsymbol{x}_1}{\partial z_n}\\ \vdots & & \vdots\\ \dfrac{\partial \boldsymbol{x}_n}{\partial z_1} & \cdots & \dfrac{\partial \boldsymbol{x}_n}{\partial z_n}\end{bmatrix}\Bigg|_{\boldsymbol{x}=\boldsymbol{x}(z)}$$

因此，$\boldsymbol{F}^*$ 是 $V^*(N)\to V^*(M)$ 的一个映射。

设 $\boldsymbol{F}:M\to N$ 是一个微分同胚映射，$h\in C^\infty(M)$，$\boldsymbol{X}\in V(M)$，$\boldsymbol{\omega}\in V^*(M)$，则 $(\boldsymbol{F}^{-1})^*$，$\boldsymbol{F}_*$，$(\boldsymbol{F}^{-1})^*$ 分别把它们映射到流形 N 上。对于 C^∞ 函数（和微分一型），即使 M 和 N 不同胚，只要 $\boldsymbol{F}$ 是可微映射，导出映射 $\boldsymbol{F}^*$ 也可以成立，但只是单向的。而当 $\boldsymbol{F}$ 为微分同胚时，则能双向成立。对于向量场，则只有 $\boldsymbol{F}$ 同胚时，$\boldsymbol{F}_*$ 才有定义。如果对于 $\boldsymbol{X}\in V(M)$，$\boldsymbol{F}$ 只是一个可微映射，则 $\boldsymbol{F}_*(\boldsymbol{X})$ 一般不是 N 上的一个向量场。

5.4.2 Lie 导数

由式(5.9)容易看出，$\boldsymbol{\phi}_0^X(\cdot)$ 为一恒等映射，其 Jacobi 矩阵为单位阵。根据连续性，在 0 的某个邻域上，$\boldsymbol{\phi}_0^X(\cdot)$ 的 Jocabi 矩阵也是非奇异的。因此，在 0 的某个邻域内，固定 t 而变动 $\boldsymbol{x}$，在 $\boldsymbol{x}_0$ 的某个邻域上，$\boldsymbol{\phi}_0^X(\cdot)$ 定义了一个局部微分同胚。利用这一微分同胚，可以定义出相应的导出映射，进而定义出各种 Lie 导数。Lie 导数的直观意义是针对给定的向量场 $\boldsymbol{X}\in V(M)$，考察任意一个 C^∞ 函数 $h\in C^\infty(M)$、向量场 $\boldsymbol{Y}$ 或者微分一型 $\boldsymbol{\omega}$ 在给定向量场 $\boldsymbol{X}$ 方向上的变化率。

首先，考虑函数对向量场的 Lie 导数。

设 $h\in C^\infty(M)$，$\boldsymbol{X}\in V(M)$，$\boldsymbol{X}$ 在局部坐标下表示为

$$\boldsymbol{X}=\begin{bmatrix}a_1(\boldsymbol{x})\\ \vdots\\ a_n(\boldsymbol{x})\end{bmatrix}$$

h 对向量场 $\boldsymbol{X}$ 的 Lie 导数

$$L_X h:C^\infty(M)\to C^\infty(M)$$

定义为

$$L_X h = \lim_{t \to 0} \frac{1}{t}((\boldsymbol{\phi}_t^X)^* h - h) \tag{5.19}$$

记 $p(t) = h(\boldsymbol{\phi}_t^X(\boldsymbol{x}))$，则

$$(\boldsymbol{\phi}_t^X) h(\boldsymbol{x}) - h(\boldsymbol{x}) = h(\boldsymbol{\phi}_t^X(\boldsymbol{x})) - h(\boldsymbol{\phi}_0^X(\boldsymbol{x})) = p(t) - p(0)$$

因此由式(5.19)可得

$$L_X h(\boldsymbol{x}) = \left.\frac{\mathrm{d}p(t)}{\mathrm{d}t}\right|_{t=0}$$

根据求导规则计算上式，可得在局部坐标下的计算公式为

$$L_X h = \sum_{i=1}^{n} a_i(\boldsymbol{x}) \frac{\partial}{\partial \boldsymbol{x}_i} h(\boldsymbol{x}) \tag{5.20}$$

式(5.20)正是函数 h 沿向量场 $\boldsymbol{X}$ 的方向导数，即

$$L_X h = \boldsymbol{X}(h) = < \mathrm{d}h, \boldsymbol{X} >$$

其次，考虑对偶向量场对向量场的 Lie 导数。

设微分一型 $\boldsymbol{\omega} \in V^*(M)$，$\boldsymbol{X} \in V(M)$，$\boldsymbol{\omega}$ 在局部坐标下表示为

$$\boldsymbol{\omega}(\boldsymbol{x}) = [\omega_1(\boldsymbol{x}) \quad \cdots \quad \omega_n(\boldsymbol{x})]$$

则 $\boldsymbol{\omega}$ 对向量场 $\boldsymbol{X}$ 的 Lie 导数

$$L_X \boldsymbol{\omega}: V^*(M) \to V^*(M)$$

定义为

$$L_X \boldsymbol{\omega}(\boldsymbol{p}) = \lim_{t \to 0} \frac{1}{t}((\boldsymbol{\phi}_t^X)^* \boldsymbol{\omega}(\boldsymbol{\phi}_t^X(\boldsymbol{p})) - \boldsymbol{\omega}(\boldsymbol{p})) \tag{5.21}$$

在式(5.21)中，令 $\boldsymbol{q} = \boldsymbol{\phi}_t^X(\boldsymbol{p})$，则 $\boldsymbol{\phi}_t^X(\cdot)$ 将 $\boldsymbol{p}$ 点映射到 $\boldsymbol{q}$ 点，$\boldsymbol{\omega}(\boldsymbol{\phi}_t^X(\boldsymbol{p})) = \boldsymbol{\omega}(\boldsymbol{q})$ 为 $\boldsymbol{q}$ 点的对偶切向量，导出映射 $(\boldsymbol{\phi}_t^X)^*$，将其映射回 $\boldsymbol{p}$ 点，变为 $\boldsymbol{p}$ 点处的一个对偶切向量，因此可以与 $\boldsymbol{p}$ 点处的对偶切向量 $\boldsymbol{\omega}(\boldsymbol{p})$ 进行比较，即式(5.21)中的两个对偶切向量作差是有意义的。在局部坐标下，$L_X\boldsymbol{\omega}$ 可以表示为

$$L_X \boldsymbol{\omega} = \left(\frac{\partial \boldsymbol{\omega}^{\mathrm{T}}}{\partial \boldsymbol{x}} \cdot \boldsymbol{X}\right)^{\mathrm{T}} + \boldsymbol{\omega} \frac{\partial \boldsymbol{X}}{\partial \boldsymbol{x}} \tag{5.22}$$

其中，$\frac{\partial \boldsymbol{\omega}^{\mathrm{T}}}{\partial \boldsymbol{x}}$ 为 $\boldsymbol{\omega}^{\mathrm{T}}$ 的 Jacobi 矩阵。

接下来，考虑向量场对向量场的 Lie 导数。

设 $\boldsymbol{Y} \in V(M)$，$\boldsymbol{X} \in V(M)$，它们在局部坐标下分别表示为

$$\boldsymbol{Y} = \begin{bmatrix} b_1(\boldsymbol{x}) \\ \vdots \\ b_n(\boldsymbol{x}) \end{bmatrix}, \quad \boldsymbol{X} = \begin{bmatrix} a_1(\boldsymbol{x}) \\ \vdots \\ a_n(\boldsymbol{x}) \end{bmatrix}$$

则向量场 $\boldsymbol{Y}$ 对向量场 $\boldsymbol{X}$ 的 Lie 导数

$$ad_X \boldsymbol{Y}: V(M) \to V(M)$$

定义为

$$ad_X \boldsymbol{Y} = \lim_{t \to 0} \frac{1}{t}((\boldsymbol{\phi}_{-t}^X)_* \boldsymbol{Y}(\boldsymbol{\phi}_t^X(\boldsymbol{p})) - \boldsymbol{Y}(\boldsymbol{p})) \tag{5.23}$$

与前面关于式(5.21)的讨论相类似，式(5.23)中两个在 $\boldsymbol{p}$ 点处的切向量作差是有意义

的。在局部坐标下,$ad_X Y$ 的计算公式为

$$ad_X \boldsymbol{Y} = \left(\frac{\partial \boldsymbol{Y}}{\partial \boldsymbol{x}}\right) \cdot \boldsymbol{X} - \left(\frac{\partial \boldsymbol{X}}{\partial \boldsymbol{x}}\right) \cdot Y \tag{5.24}$$

其中,$\frac{\partial \boldsymbol{Y}}{\partial \boldsymbol{x}}$ 和$\frac{\partial \boldsymbol{X}}{\partial \boldsymbol{x}}$ 分别为向量场 $\boldsymbol{Y}$ 和 $\boldsymbol{X}$ 在局部坐标下的 Jacobi 矩阵,即

$$\frac{\partial \boldsymbol{X}}{\partial \boldsymbol{x}} = \begin{bmatrix} \frac{\partial a_1}{\partial x_1} & \cdots & \frac{\partial a_1}{\partial x_n} \\ \vdots & & \vdots \\ \frac{\partial a_n}{\partial x_1} & \cdots & \frac{\partial a_n}{\partial x_n} \end{bmatrix}, \frac{\partial \boldsymbol{Y}}{\partial \boldsymbol{x}} = \begin{bmatrix} \frac{\partial b_1}{\partial x_1} & \cdots & \frac{\partial b_1}{\partial x_n} \\ \vdots & & \vdots \\ \frac{\partial b_n}{\partial x_1} & \cdots & \frac{\partial b_n}{\partial x_n} \end{bmatrix}$$

向量场对向量场的 Lie 导数 $ad_X \boldsymbol{Y}$ 也可以记作$[\boldsymbol{X},\boldsymbol{Y}]$,称为 $\boldsymbol{X}$ 和 $\boldsymbol{Y}$ 的 Lie 括号。

以前面定义的 Lie 导数为基础,可以按照递推的方式定义高阶 Lie 导数。记

$$L_X^0 \boldsymbol{h} = h,\ ad_X^0 \boldsymbol{Y} = \boldsymbol{Y},\ L_X^0 \boldsymbol{\omega} = \omega$$

则对于 $k \geqslant 2$,有

$$L_X^k h = L_X L_X^{k-1} h \tag{5.25}$$

$$ad_X^k \boldsymbol{Y} = ad_X ad_X^{k-1} \boldsymbol{Y} = ad_X^{k-1} ad_X \boldsymbol{Y} \tag{5.26}$$

$$L_X^k \boldsymbol{\omega} = L_X L_X^{k-1} \boldsymbol{\omega} \tag{5.27}$$

向量场对向量场的高阶 Lie 导数也可以记为多重 Lie 括号,如

$$\underbrace{[\boldsymbol{X},[\boldsymbol{X},\cdots[\boldsymbol{X},\boldsymbol{Y}]]\cdots]}_{k重} = ad_X^k \boldsymbol{Y}$$

最后,给出 Lie 导数之间的常用相关公式。

在以下各式中,$\boldsymbol{X} \in V(M)$,$\boldsymbol{Y} \in V(M)$,$h_1 \in C^\infty(M)$,$h_2 \in C^\infty(M)$,$\boldsymbol{\omega} \in V^*(M)$,相应的 Lie 导数之间满足如下关系

$$L_X dh = dL_X h \tag{5.28}$$

$$[h_1 \cdot \boldsymbol{X}, h_2 \cdot \boldsymbol{Y}] = h_1 \cdot h_2 \cdot ad_X \boldsymbol{Y} + h_1 \cdot L_X h_2 \cdot \boldsymbol{Y} - h_2 \cdot L_Y h_1 \cdot \boldsymbol{X} \tag{5.29}$$

$$L_X < \boldsymbol{\omega}, \boldsymbol{Y} > = < L_X \boldsymbol{\omega}, \boldsymbol{Y} > + < \boldsymbol{\omega}, ad_X \boldsymbol{Y} > \tag{5.30}$$

$$L_{[X,Y]} h = L_X L_Y h - L_Y L_X h \tag{5.31}$$

这些公式可以利用 Lie 导数的局部坐标表示(5.20)、(5.22)、(5.24)进行推导。例如,对于公式(5.30),假设各向量场和对偶向量场都是在局部坐标下表示,则等号左边为

$$\begin{aligned} L_X < \boldsymbol{\omega}, \boldsymbol{Y} > &= \frac{\partial}{\partial \boldsymbol{x}}(\boldsymbol{\omega}\boldsymbol{Y})\boldsymbol{X} = \\ &\left(\frac{\partial \boldsymbol{\omega}}{\partial x_1}\boldsymbol{Y} \quad \cdots \quad \frac{\partial \boldsymbol{\omega}}{\partial x_n}\boldsymbol{Y}\right)\boldsymbol{X} + \boldsymbol{\omega}\frac{\partial \boldsymbol{Y}}{\partial \boldsymbol{x}}\boldsymbol{X} = \\ &\left(\boldsymbol{Y}^{\mathrm{T}}\frac{\partial \boldsymbol{\omega}^{\mathrm{T}}}{\partial x_1} \quad \cdots \quad \boldsymbol{Y}^{\mathrm{T}}\frac{\partial \boldsymbol{\omega}^{T}}{\partial x_n}\right)\boldsymbol{X} + \boldsymbol{\omega}\frac{\partial \boldsymbol{Y}}{\partial \boldsymbol{x}}\boldsymbol{X} = \\ &\boldsymbol{Y}^{\mathrm{T}}\left(\frac{\partial \boldsymbol{\omega}^{\mathrm{T}}}{\partial x_1} \quad \cdots \quad \frac{\partial \boldsymbol{\omega}^{\mathrm{T}}}{\partial x_n}\right)\boldsymbol{X} + \boldsymbol{\omega}\frac{\partial \boldsymbol{Y}}{\partial \boldsymbol{x}}\boldsymbol{X} = \\ &\boldsymbol{Y}^{\mathrm{T}}\frac{\partial \boldsymbol{\omega}^{\mathrm{T}}}{\partial \boldsymbol{x}}\boldsymbol{X} + \boldsymbol{\omega}\frac{\partial \boldsymbol{Y}}{\partial \boldsymbol{x}}\boldsymbol{X} = \end{aligned}$$

$$\left(\frac{\partial \boldsymbol{\omega}^{\mathrm{T}}}{\partial \boldsymbol{x}} \boldsymbol{X}\right)^{\mathrm{T}} \boldsymbol{Y} + \boldsymbol{\omega} \frac{\partial \boldsymbol{Y}}{\partial \boldsymbol{x}} \boldsymbol{X}$$

等号右边为

$$< L_X \boldsymbol{\omega}, \boldsymbol{Y} > + < \boldsymbol{\omega}, ad_X \boldsymbol{Y} > = \left(\frac{\partial \boldsymbol{\omega}^{\mathrm{T}}}{\partial \boldsymbol{x}} \boldsymbol{X}\right)^{\mathrm{T}} \boldsymbol{Y} + \boldsymbol{\omega} \frac{\partial \boldsymbol{X}}{\partial \boldsymbol{x}} \boldsymbol{Y} + \boldsymbol{\omega}\left(\frac{\partial \boldsymbol{Y}}{\partial \boldsymbol{x}} \boldsymbol{X} - \frac{\partial \boldsymbol{X}}{\partial \boldsymbol{x}} \boldsymbol{Y}\right) =$$

$$\left(\frac{\partial \boldsymbol{\omega}^{\mathrm{T}}}{\partial \boldsymbol{x}} \boldsymbol{X}\right)^{\mathrm{T}} \boldsymbol{Y} + \boldsymbol{\omega} \frac{\partial \boldsymbol{Y}}{\partial \boldsymbol{x}} \boldsymbol{X}$$

由此可得等式(5.30)。

5.4.3 Lie 括号

向量场对向量场的 Lie 导数 $ad_X \boldsymbol{Y}$ 也可以记作 $[\boldsymbol{X}, \boldsymbol{Y}]$，即 $\boldsymbol{X}$ 和 $\boldsymbol{Y}$ 的 Lie 括号。下面对它的几何意义进行讨论。

Brockett 在文献[24]中分析了一个例子。设有两个向量场 $\boldsymbol{X} \in V(M)$，$\boldsymbol{Y} \in V(M)$，考虑如下形式的映射

$$\boldsymbol{\phi}_{-t}^{Y} \boldsymbol{\phi}_{-t}^{X} \boldsymbol{\phi}_{t}^{Y} \boldsymbol{\phi}_{t}^{X}(\boldsymbol{x}_0) \tag{5.32}$$

它的几何意义是，由 $\boldsymbol{x}_0$ 出发，沿着向量场 $\boldsymbol{X}$ 的积分曲线走 t 时间，然后沿着向量场 $\boldsymbol{Y}$ 的积分曲线走 t 时间，再依次沿着 $\boldsymbol{X}$ 和 $\boldsymbol{Y}$ 的积分曲线方向倒退回 t 时间。由于 $\boldsymbol{X}$ 和 $\boldsymbol{Y}$ 都是时不变的向量场，因此，映射(5.32) 等同于映射

$$\boldsymbol{\phi}_{t}^{-Y} \boldsymbol{\phi}_{t}^{-X} \boldsymbol{\phi}_{t}^{Y} \boldsymbol{\phi}_{t}^{X}(\boldsymbol{x}_0) \tag{5.33}$$

即 $\boldsymbol{x}_0$ 出发，沿着向量场 $\boldsymbol{X}$ 的积分曲线走 t 时间，然后沿着向量场 $\boldsymbol{Y}$ 的积分曲线走 t 时间，再依次沿着 $-\boldsymbol{X}$ 和 $-\boldsymbol{Y}$ 的积分曲线方向走 t 时间。如果在某个坐标系下 $\boldsymbol{X}$ 和 $\boldsymbol{Y}$ 都是常值的向量场，则式(5.32)（或者等价的式(5.33)）在该坐标系下画出一个矩形轨迹而回到 $\boldsymbol{x}_0$ 点。如果把 $\boldsymbol{X}$ 和 $\boldsymbol{Y}$ 看作是一个积分器的两个输入通道，那么这两个通道之间不会产生交互作用。如果 $\boldsymbol{X}$ 和 $\boldsymbol{Y}$ 不是常值的向量场，则式(5.32)（或者等价的式(5.33)）所描述的轨线一般不会回到 $\boldsymbol{x}_0$ 点，即由于这两个向量场的交互作用，会产生一个新的方向。实际上，这个新方向就是 Lie 括号的方向，即

$$[\boldsymbol{X}, \boldsymbol{Y}] = \lim_{t \to 0} \frac{1}{t^2}\left(\boldsymbol{\phi}_{-t}^{Y} \boldsymbol{\phi}_{-t}^{X} \boldsymbol{\phi}_{t}^{Y} \boldsymbol{\phi}_{t}^{X}(\boldsymbol{x}_0) - \boldsymbol{x}_0\right) \tag{5.34}$$

对此，我们可以进行如下验证。令 $\boldsymbol{x}_1 = \boldsymbol{\phi}_{t}^{X}(\boldsymbol{x}_0)$，则可得

$$\boldsymbol{x}_1 = \boldsymbol{x}_0 + \boldsymbol{X}t + \frac{1}{2} \frac{\partial \boldsymbol{X}}{\partial \boldsymbol{x}} \boldsymbol{X} t^2 + \boldsymbol{o}(t^3)$$

其中，$\boldsymbol{o}(t^3)$ 满足 $\lim\limits_{t \to 0} \dfrac{\boldsymbol{o}(t^3)}{t^2} = 0$，而各向量场及其 Jacobi 矩阵均指其在 $\boldsymbol{x}_0$ 处取值。然后，令 $\boldsymbol{x}_2 = \boldsymbol{\phi}_{t}^{Y}(\boldsymbol{x}_1)$，则可得

$$\boldsymbol{x}_2 = \boldsymbol{x}_0 + \boldsymbol{X}t + \frac{1}{2} \frac{\partial \boldsymbol{X}}{\partial \boldsymbol{x}} \boldsymbol{X} t^2 + \boldsymbol{Y}t + \frac{\partial \boldsymbol{Y}}{\partial \boldsymbol{x}} \boldsymbol{X} t^2 + \frac{1}{2} \frac{\partial \boldsymbol{Y}}{\partial \boldsymbol{x}} \boldsymbol{Y} t^2 + \boldsymbol{o}(t^3)$$

再令 $\boldsymbol{x}_3 = \boldsymbol{\phi}_{-t}^{X}(\boldsymbol{x}_2)$，则可得

$$\boldsymbol{x}_3 = \boldsymbol{x}_0 + \boldsymbol{X}t + \frac{1}{2} \frac{\partial \boldsymbol{X}}{\partial \boldsymbol{x}} \boldsymbol{X} t^2 +$$

$$\boldsymbol{Y}t+\frac{\partial \boldsymbol{Y}}{\partial \boldsymbol{x}}\boldsymbol{X}t^2+\frac{1}{2}\frac{\partial \boldsymbol{Y}}{\partial \boldsymbol{x}}\boldsymbol{Y}t^2-$$

$$\boldsymbol{X}t-\frac{\partial \boldsymbol{X}}{\partial \boldsymbol{x}}\boldsymbol{X}t^2-\frac{\partial \boldsymbol{X}}{\partial \boldsymbol{x}}\boldsymbol{Y}t^2+\frac{1}{2}\frac{\partial \boldsymbol{X}}{\partial \boldsymbol{x}}\boldsymbol{X}t^2+\boldsymbol{o}(t^3)=$$

$$\boldsymbol{x}_0+\boldsymbol{Y}t+\frac{\partial \boldsymbol{Y}}{\partial \boldsymbol{x}}\boldsymbol{X}t^2-\frac{\partial \boldsymbol{X}}{\partial \boldsymbol{x}}\boldsymbol{Y}t^2+\frac{1}{2}\frac{\partial \boldsymbol{Y}}{\partial \boldsymbol{x}}\boldsymbol{Y}t^2+\boldsymbol{o}(t^3)$$

最后，令 $\boldsymbol{x}_4=\boldsymbol{\phi}_{-t}^{Y}(\boldsymbol{x}_3)$，则可得

$$\boldsymbol{x}_4=\boldsymbol{x}_0+\boldsymbol{Y}t+\frac{\partial \boldsymbol{Y}}{\partial \boldsymbol{x}}\boldsymbol{X}t^2-\frac{\partial \boldsymbol{X}}{\partial \boldsymbol{x}}\boldsymbol{Y}t^2+\frac{1}{2}\frac{\partial \boldsymbol{Y}}{\partial \boldsymbol{x}}\boldsymbol{Y}t^2-$$

$$\boldsymbol{Y}t-\frac{\partial \boldsymbol{Y}}{\partial \boldsymbol{x}}\boldsymbol{Y}t^2+\frac{1}{2}\frac{\partial \boldsymbol{Y}}{\partial \boldsymbol{x}}\boldsymbol{Y}t^2+\boldsymbol{o}(t^3)=$$

$$\boldsymbol{x}_0+\frac{\partial \boldsymbol{Y}}{\partial \boldsymbol{x}}\boldsymbol{X}t^2-\frac{\partial \boldsymbol{X}}{\partial \boldsymbol{x}}\boldsymbol{Y}t^2+\boldsymbol{o}(t^3)$$

因此可得

$$\lim_{t\to 0}\frac{1}{t^2}(\boldsymbol{\phi}_{-t}^{Y}\boldsymbol{\phi}_{-t}^{X}\boldsymbol{\phi}_{t}^{Y}\boldsymbol{\phi}_{t}^{X}(x_0)-x_0)=\lim_{t\to 0}\frac{1}{t^2}(\boldsymbol{x}_4-\boldsymbol{x}_0)=$$

$$\lim_{t\to 0}\frac{1}{t^2}\left(\frac{\partial \boldsymbol{Y}}{\partial \boldsymbol{x}}\boldsymbol{X}t^2-\frac{\partial \boldsymbol{X}}{\partial \boldsymbol{x}}\boldsymbol{Y}t^2+\boldsymbol{o}(t^3)\right)=$$

$$\frac{\partial \boldsymbol{Y}}{\partial \boldsymbol{x}}\boldsymbol{X}t^2-\frac{\partial \boldsymbol{X}}{\partial \boldsymbol{x}}\boldsymbol{Y}t^2+\lim_{t\to 0}\frac{1}{t^2}\boldsymbol{o}(t^3)=$$

$$[\boldsymbol{X},\boldsymbol{Y}]$$

因此验证了式(5.34)。

由于 $\boldsymbol{X},\boldsymbol{Y}$ 都是向量场，因此 Lie 括号可以视为

$$[\cdot,\cdot]:V(M)\times V(M)\to V(M)$$

的一个映射，或者说 $V(M)$ 上的一个运算，即

$$[\boldsymbol{X},\boldsymbol{Y}]=ad_{\boldsymbol{X}}\boldsymbol{Y}$$

可以证明

$$[\boldsymbol{X},\boldsymbol{Y}]=\boldsymbol{X}\boldsymbol{Y}-\boldsymbol{Y}\boldsymbol{X}$$

其意义是：对于 $\forall f\in C^{\infty}(M)$，有

$$[\boldsymbol{X},\boldsymbol{Y}]f=\boldsymbol{X}(\boldsymbol{Y}f)-\boldsymbol{Y}(\boldsymbol{X}f)$$

下面给出 Lie 括号运算的性质。

对于 $\forall r_1,r_2\in\mathbb{R}$，$\boldsymbol{X},\boldsymbol{Y},\boldsymbol{Z}\in V(M)$，有

$$[r_1\boldsymbol{X}+r_2\boldsymbol{Y},\boldsymbol{Z}]=r_1[\boldsymbol{X},\boldsymbol{Z}]+r_2[\boldsymbol{Y},\boldsymbol{Z}] \tag{5.35}$$

$$[\boldsymbol{Z},r_1\boldsymbol{X}+r_2\boldsymbol{Y}]=r_1[\boldsymbol{Z},\boldsymbol{X}]+r_2[\boldsymbol{Z},\boldsymbol{Y}] \tag{5.36}$$

$$[\boldsymbol{X},\boldsymbol{Y}]=-[\boldsymbol{Y},\boldsymbol{X}] \tag{5.37}$$

$$[\boldsymbol{X},[\boldsymbol{Y},\boldsymbol{Z}]]+[\boldsymbol{Y},[\boldsymbol{Z},\boldsymbol{X}]]+[\boldsymbol{Z},[\boldsymbol{X},\boldsymbol{Y}]]=0 \tag{5.38}$$

其中式(5.35)和(5.36)为Lie括号运算的线性性质；式(5.37)为反对称性；式(5.38)称为Jacobi等式。向量场集合 $V(M)$ 及定义在其上的满足上述各性质的Lie括号运算，就构成实数域$\mathbb{R}$上的一个非交换代数，称为Lie代数，即赋予了 Lie 括号运算的 $V(M)$ 是 Lie 代

数。

5.5　分布与对偶分布

5.5.1　分布

微分流形 M 上的分布(Distributuon) 是一个映射 $\boldsymbol{\Delta}: M \to T(M)$,满足

$$\boldsymbol{\Delta}_p \subset T_p(M)$$

即在每点 $\boldsymbol{p} \in M$,$\boldsymbol{\Delta}_p$ 均是 M 在 $\boldsymbol{p}$ 点切空间的子空间,子空间的维数称为 $\boldsymbol{\Delta}$ 的维数。一般来说,在 M 上各点这一维数不一定相同,但若分布 $\boldsymbol{\Delta}$ 在各点处的维数相同,即

$$\dim(\boldsymbol{\Delta}_p) = \text{const}, \ \boldsymbol{p} \in M$$

则称分布 $\boldsymbol{\Delta}$ 是非奇异分布。

若对于某个点 $\boldsymbol{p} \in M$,存在 $\boldsymbol{p}$ 点的一个邻域 U,使得 $\boldsymbol{\Delta}$ 在 U 上各点处的维数相同,则称 $\boldsymbol{\Delta}$ 在 $\boldsymbol{p}$ 点非奇异,或称 $\boldsymbol{p}$ 为 $\boldsymbol{\Delta}$ 的非奇异点。

根据定义,显然向量场可以认为是 M 上的一维分布。设 $\{\boldsymbol{X}_\lambda \mid \lambda \in \Lambda\}$ 是一族向量场,以 C^∞ 函数为系数作有限次线性组合,并记作

$$\boldsymbol{\Delta} = \text{Span}\{\boldsymbol{X}_\lambda \mid \lambda \in \Lambda\} = \left\{ \sum_{i<\infty} \alpha_i \boldsymbol{X}_{\lambda_i} \middle| \alpha_i \in C^\infty(M), \ \lambda_i \in \Lambda \right\} \tag{5.39}$$

称 $\boldsymbol{\Delta}$ 为由该向量场族张成的 C^∞ 分布①。在点点意义下,$\boldsymbol{\Delta}_p$ 是向量场 $\boldsymbol{X}_{\lambda(p)}$ 张成的子空间,包含在 $T_p(M)$ 中。给定一个向量场和一个分布 $\boldsymbol{\Delta}$,如果对每一点 $\boldsymbol{p} \in M$ 均成立

$$\boldsymbol{X}_p \in \boldsymbol{\Delta}_p$$

则称向量场 $\boldsymbol{X}$ 属于分布 $\boldsymbol{\Delta}$。

例 5.8　考虑由 3 个向量场构成的系统

$$\dot{\boldsymbol{x}} = \begin{bmatrix} x_1 \\ 1 + x_3 \\ 1 \end{bmatrix} + \begin{bmatrix} x_1 x_2 \\ (1 + x_3) x_2 \\ x_2 \end{bmatrix} u + \begin{bmatrix} x_1 \\ x_1 \\ 0 \end{bmatrix} w$$

考虑右端 3 个向量场张成的分布

$$\boldsymbol{\Delta}(\boldsymbol{x}) = \text{Span}\left\{ \begin{bmatrix} x_1 \\ 1 + x_3 \\ 1 \end{bmatrix}, \begin{bmatrix} x_1 x_2 \\ (1 + x_3) x_2 \\ x_2 \end{bmatrix}, \begin{bmatrix} x_1 \\ x_1 \\ 0 \end{bmatrix} \right\}$$

当 $x_1 = 0$ 时,有

$$\boldsymbol{\Delta}(\boldsymbol{x}) = \text{Span}\left\{ \begin{bmatrix} 0 \\ 1 + x_3 \\ 1 \end{bmatrix} \right\}$$

---

① 在这里,利用 span 表示在 $\mathbb{R}$ 上作线性组合,而式(5.39) 中的 Span 的含义是对向量场在 $C^\infty(M)$ 上作线性组合。

当 $x_1 \neq 0$ 时,有

$$\boldsymbol{\Delta}(\boldsymbol{x}) = \text{Span}\left\{\begin{bmatrix} x_1 \\ 1 + x_3 \\ 1 \end{bmatrix}, \begin{bmatrix} 1 \\ 1 \\ 0 \end{bmatrix}\right\}$$

可见对于 $\forall \boldsymbol{x} \in \mathbb{R}^3$,如果 $x_1 \neq 0$,则 $\dim \boldsymbol{\Delta}(\boldsymbol{x}) = 2$;如果 $x_1 = 0$,则 $\dim \boldsymbol{\Delta}(\boldsymbol{x}) = 1$。于是集合

$$A = \{\boldsymbol{x} \in \mathbb{R}^3, x_1 \neq 0\}$$

中任何一点均为 $\boldsymbol{\Delta}(\boldsymbol{x})$ 的正则点,而 $\mathbb{R}^3 \backslash A$ 中的点均为 $\boldsymbol{\Delta}(\boldsymbol{x})$ 的奇异点,即 $\boldsymbol{\Delta}$ 在 A 上是非奇异的,而在 $\mathbb{R}^3 \backslash A$ 上是奇异的。

对于一个子空间 $V \subset \mathbb{R}^n$,如果 $\dim V = k$,则一定存在 k 个线性无关的向量

$$\boldsymbol{a}_1, \cdots, \boldsymbol{a}_k \in \mathbb{R}^3$$

使得

$$V = \text{span}\{a_1, \cdots, a_k\}$$

类似的,一个非奇异分布类似的性质。对于一个非奇异分布 $\boldsymbol{\Delta}$,如果 $\dim \boldsymbol{\Delta} = k$,则在任一点 $\boldsymbol{p} \in M$,都存在 $\boldsymbol{p}$ 一个邻域 U 和 k 个线性无关的向量场

$$\boldsymbol{X}_1, \boldsymbol{X}_2, \cdots, \boldsymbol{X}_k \in \boldsymbol{\Delta}$$

使得

$$\boldsymbol{\Delta} = \text{Span}\{\boldsymbol{X}_1, \cdots, \boldsymbol{X}_k\}$$

其中,$\boldsymbol{X}_1, \cdots, \boldsymbol{X}_k$ 称为 $\boldsymbol{\Delta}$ 在 U 上的局部基底。

任何一个向量场 $\boldsymbol{X} \in \boldsymbol{\Delta}$ 在 U 上都可以用局部基底 $\boldsymbol{X}_1, \cdots, \boldsymbol{X}_k$ 在 $C^\infty(M)$ 上的线性组合来表示,即

$$\boldsymbol{X} = a_1(\boldsymbol{x})\boldsymbol{X}_1 + \cdots + a_k(\boldsymbol{x})\boldsymbol{X}_k, \ \boldsymbol{x} \in U \tag{5.40}$$

其中,$a_1(\boldsymbol{x}), \cdots, a_k(\boldsymbol{x}) \in C^\infty(M)$。若在局部基底中,每个向量场都是光滑的,则分布 $\boldsymbol{\Delta}$ 是光滑的。基底是局部的,$\boldsymbol{\Delta}$ 在全局意义下(整个流形 M 上)的基底一般未必存在,即对于 $\boldsymbol{X} \in \boldsymbol{\Delta}$ 和 $\forall \boldsymbol{x} \in M$,式(5.40)未必成立。

一个分布 $\boldsymbol{\Delta}$,若对 Lie 括号运算式封闭的,即对于任意两个向量场 $\boldsymbol{X}, \boldsymbol{Y} \in \boldsymbol{\Delta}$,均有

$$[\boldsymbol{X}, \boldsymbol{Y}] \in \boldsymbol{\Delta}$$

则称分布 $\boldsymbol{\Delta}$ 是对合的(Involutive)。

分布的对合性实际上就是分布中的向量场对 Lie 括号运算的封闭性。分布的对合性保证了属于 $\boldsymbol{\Delta}$ 的任意两个向量场 $\boldsymbol{X}, \boldsymbol{Y}$ 在做 Lie 括号后仍属于 $\boldsymbol{\Delta}$,不影响分布原来的向量场构成。一维分布总是对合的,因为在一维情况下,只能是向量场自身做内积,按照 Lie 括号的定义可得

$$[\boldsymbol{f}, \boldsymbol{f}] = \frac{\partial \boldsymbol{f}}{\partial \boldsymbol{x}}\boldsymbol{f} - \frac{\partial \boldsymbol{f}}{\partial \boldsymbol{x}}\boldsymbol{f} = \boldsymbol{0} \in \boldsymbol{\Delta} = \text{Span}\{\boldsymbol{f}\}$$

定理 5.1 定义在 $\boldsymbol{x}_0$ 邻域 U 上的 k 维非奇异光滑分布

$$\boldsymbol{\Delta} = \text{Span}\{\boldsymbol{f}_1, \cdots, \boldsymbol{f}_k\} \tag{5.41}$$

对合的充要条件是

$$[\boldsymbol{f}_i, \boldsymbol{f}_j] \in \boldsymbol{\Delta}, \ 1 \leqslant i, j \leqslant k$$

其中，$\boldsymbol{f}_1,\cdots,\boldsymbol{f}_k$ 是张成 $\boldsymbol{\Delta}$ 的光滑（基底）向量场。

根据定理 5.1，要验证一个分布的对合性，只需要证明张成分布的 k 个基底向量场相互做 Lie 括号满足对合条件即可。

例 5.9　在 $U=\{\boldsymbol{x}\in\mathbb{R}^3 \mid x_1^2+x_3^2\neq 0\}$ 上定义一个分布

$$\boldsymbol{\Delta}=\mathrm{Span}\{\boldsymbol{f}_1,\boldsymbol{f}_2\}$$

其中

$$\boldsymbol{f}_1(\boldsymbol{x})=\begin{bmatrix}2x_3\\-1\\0\end{bmatrix},\ \boldsymbol{f}_2(\boldsymbol{x})=\begin{bmatrix}-x_1\\-2x_2\\x_3\end{bmatrix}$$

容易验证，$\boldsymbol{\Delta}$ 的维数是 2，且

$$[\boldsymbol{f}_1,\boldsymbol{f}_2]=\begin{bmatrix}-1&0&0\\0&-2&0\\0&0&1\end{bmatrix}\begin{bmatrix}2x_3\\-1\\0\end{bmatrix}-\begin{bmatrix}0&0&2\\0&0&0\\0&0&0\end{bmatrix}\begin{bmatrix}-x_1\\-2x_2\\x_3\end{bmatrix}=\begin{bmatrix}-4x_3\\2\\0\end{bmatrix}=-2\boldsymbol{f}_1\in\boldsymbol{\Delta}$$

满足定理 5.1 给出的充要条件，因此 $\boldsymbol{\Delta}$ 是对合分布。

也可以采用矩阵方法判断分布的对合性。

定理 5.2　当且仅当

$$\mathrm{rank}[\boldsymbol{f}_1\ \ \cdots\ \ \boldsymbol{f}_k\ \ [\boldsymbol{f}_i,\boldsymbol{f}_j]]=k,\ 1\leqslant i,j\leqslant k \tag{5.42}$$

成立时，分布(5.41)是对合的。

例 5.10　考虑$\mathbb{R}^3$上二维分布 $\boldsymbol{\Delta}=\mathrm{span}\{\boldsymbol{f}_1,\boldsymbol{f}_2\}$，其中

$$\boldsymbol{f}_1(\boldsymbol{x})=\begin{bmatrix}2x_2\\1\\0\end{bmatrix},\ \boldsymbol{f}_2(\boldsymbol{x})=\begin{bmatrix}1\\0\\x_2\end{bmatrix}$$

可求得

$$[\boldsymbol{f}_1,\boldsymbol{f}_2]=\frac{\partial\boldsymbol{f}_2}{\partial\boldsymbol{x}}\boldsymbol{f}_1-\frac{\partial\boldsymbol{f}_1}{\partial\boldsymbol{x}}\boldsymbol{f}_2=\begin{bmatrix}0&0&0\\0&0&0\\0&1&0\end{bmatrix}\begin{bmatrix}2x_2\\1\\0\end{bmatrix}-\begin{bmatrix}0&2&0\\0&0&0\\0&0&0\end{bmatrix}\begin{bmatrix}1\\0\\x_2\end{bmatrix}=\begin{bmatrix}0\\0\\1\end{bmatrix}$$

为判断对合性，计算

$$\mathrm{rank}[\boldsymbol{f}_1\ \ \boldsymbol{f}_2\ \ [\boldsymbol{f}_1,\boldsymbol{f}_2]]=\mathrm{rank}\begin{bmatrix}2x_2&1&0\\1&0&0\\0&x_2&1\end{bmatrix}=3$$

其秩为 3，大于 $\dim(\boldsymbol{\Delta})=2$，因此 $\boldsymbol{\Delta}$ 不是对合分布。

5.5.2　对偶分布

与分布类似，对偶分布（Codistribution）是

$$\boldsymbol{\Omega}:M\rightarrow T^*(M)$$

的一个映射，对于每一点 $\boldsymbol{p}\in M$，满足 $\boldsymbol{\Omega}_{\boldsymbol{p}}\subset T_{\boldsymbol{p}}^*(M)$，即 $\boldsymbol{\Omega}_{\boldsymbol{p}}$ 是 $\boldsymbol{p}$ 点处对偶切空间的一个子空间。

对偶分布可以由对偶向量场集合$\{\boldsymbol{\omega}_\lambda \mid \lambda \in \Lambda\}$在$C^\infty(M)$上张成,所张成的对偶分布记作$\boldsymbol{\Omega} = \mathrm{Span}\{\boldsymbol{\omega}_\lambda \mid \lambda \in \Lambda\}$。

例 5.11 在$\mathbb{R}^3$中,利用光滑函数

$$h(\boldsymbol{x}) = \cos x_1 + \sin x_2,\ w(\boldsymbol{x}) = \sin x_2 + \cos x_3$$

可以构造一个对偶分布$\boldsymbol{\omega}$为

$$\boldsymbol{\omega} = \mathrm{Span}\{\mathrm{d}h,\ \mathrm{d}w\}$$

其中,$\mathrm{d}h$,$\mathrm{d}w$均为微分一型。

给定一个分布$\boldsymbol{\Delta}$,它的消去对偶分布$\boldsymbol{\Delta}^\perp$定义为

$$\boldsymbol{\Delta}^\perp = \mathrm{Span}\{\omega \mid \omega \in V^*(M),\ \langle \boldsymbol{\omega}, \boldsymbol{X}\rangle = 0, \forall \boldsymbol{X} \in \boldsymbol{\Delta}\}$$

同样,对于一个对偶分布$\boldsymbol{\Omega}$,它的消去分布定义为

$$\boldsymbol{\Omega}^\perp = \mathrm{Span}\{\boldsymbol{X} \mid \boldsymbol{X} \in V(M),\ \langle \boldsymbol{\omega}, \boldsymbol{X}\rangle = 0, \forall \boldsymbol{\omega} \in \boldsymbol{\Omega}\}$$

5.5.3 Frobenius 定理

微分流形上M的一个分布$\boldsymbol{\Delta}$,如果对于任何一点$\boldsymbol{p} \in M$,都存在一个局部坐标邻域$(U,\boldsymbol{\varphi})$,使得在U上有

$$\boldsymbol{\Delta} = \mathrm{Span}\left\{\frac{\partial}{\partial x_1}, \cdots, \frac{\partial}{\partial x_k}\right\}$$

成立,则称$\boldsymbol{\Delta}$是完全可积的,相应的局部坐标$\boldsymbol{x} = [x_1 \quad \cdots \quad x_n]^\mathrm{T}$称为平整(Flat)坐标。

定理 5.3 一个非奇异分布完全可积的充要条件是它是对合的。这一定理称为 Frobenius 定理,阐明了非线性微分方程解存在的基本条件。

利用消去分布、消去对偶分布的概念,一个分布$\boldsymbol{\Delta}$的可积性可以叙述如下:设分布$\boldsymbol{\Delta}$在$U \subset M$上是非奇异光滑分布,且

$$\dim \boldsymbol{\Delta}(\boldsymbol{x}) = k,\ \forall \boldsymbol{x} \in U$$

如果$\forall \boldsymbol{x}_0 \in U$存在$\boldsymbol{x}_0$的邻域$U_0$和$n-k$个光滑实值函数$\lambda_1, \cdots, \lambda_{n-k}$,使得对于$\forall \boldsymbol{x} \in U_0$,有

$$\boldsymbol{\Delta}^\perp = \mathrm{Span}\{\mathrm{d}\lambda_1(x), \cdots, \mathrm{d}\lambda_{n-k}(x)\} \tag{5.43}$$

成立,则称$\boldsymbol{\Delta}$在U上是局部完全可积的。

因为$\boldsymbol{\Delta}$在U上是非奇异的且$\dim \boldsymbol{\Delta} = k$,故一定存在$k$个线性无关的向量场$\boldsymbol{f}_1, \cdots, \boldsymbol{f}_k$,使得在$U$上有

$$\boldsymbol{\Delta} = \mathrm{Span}\{\boldsymbol{f}_1, \cdots, \boldsymbol{f}_k\}$$

成立。记由$\boldsymbol{f}_1, \cdots, \boldsymbol{f}_k$为列组成的函数矩阵为$\boldsymbol{F}(\boldsymbol{x})$,则$\boldsymbol{\Delta}^\perp(\boldsymbol{x})$的表达式(5.43)说明一阶偏微分方程

$$\frac{\partial \lambda}{\partial \boldsymbol{x}} \boldsymbol{F}(\boldsymbol{x}) = 0$$

存在$n-k$个解$\lambda_i (i = 1, \cdots, n-k)$,使得

$$\frac{\partial \lambda_i}{\partial \boldsymbol{x}} \boldsymbol{f}_j = 0,\ i = 1, \cdots, n-k;\ j = 1, \cdots, k$$

基于上述讨论,可以得到定理 5.3 的另一种描述。

定理 5.4　对于一个维数为 k 的非奇异光滑分布 $\boldsymbol{\Delta}$,$\boldsymbol{\Delta}$ 对合的充分必要条件是存在 $n-k$ 个光滑实值函数 $\lambda_1, \cdots, \lambda_{n-k}$,使得 $\boldsymbol{\Delta}^{\perp} = \mathrm{Spand}\{\mathrm{d}\lambda_1, \cdots, \mathrm{d}\lambda_{n-k}\}$。

定理 5.4 给出的 Frobenius 定理的描述形式在应用上更加方便,因此后面章节中在应用 Frobenius 定理时均采用定理 5.4 给出的描述形式。

第6章　非线性系统的几何描述与坐标变换

6.1　非线性系统的几何描述

前面讨论的非线性动态系统都是定义在$\mathbb{R}^n$上的，如一般的自治非线性系统可以用微分方程描述如下

$$\dot{\boldsymbol{x}} = \boldsymbol{f}(\boldsymbol{x},\boldsymbol{u}) \tag{6.1}$$

$$\boldsymbol{y} = \boldsymbol{h}(\boldsymbol{x}) \tag{6.2}$$

其中，状态$\boldsymbol{x} \in \mathbb{R}^n$；控制$\boldsymbol{u} \in \mathbb{R}^m$；输出$\boldsymbol{y} \in \mathbb{R}^p$。几何方法常常将非线性控制系统定义在微分流形上，即状态空间M是一个n维微分流形。此时，将$\boldsymbol{x}$视为M的局部坐标，式(6.1)可以看作是动态系统在局部坐标下的表达式，式(6.2)看作是输出方程在局部坐标下的表达式。对于每个给定的常值控制$\boldsymbol{u}$，$\boldsymbol{f}(\boldsymbol{x},\boldsymbol{u})$是$\mathbb{R}^n$上的一个$C^\infty$向量场，状态方程相应的状态运动轨迹为这一向量场的一条积分曲线。因此，非线性系统可以用向量场及其他微分几何的工具讨论。把一个非线性系统定义在流形上，主要理由是可以讨论更为一般的系统，如定义在球面、环面上的动态系统，更主要的是有利于使用微分几何的工具，如向量场、分布和 Lie 代数等。

除了式(6.1)和式(6.2)给出的一般非线性系统，几何方法讨论更多的是一种特殊情况，即仿射非线性系统。定义在n维微分流形M上的SISO仿射非线性系统，在任一局部坐标下可以表示为

$$\begin{cases}\dot{\boldsymbol{x}} = \boldsymbol{f}(\boldsymbol{x}) + \boldsymbol{g}(\boldsymbol{x})u \\ y = h(\boldsymbol{x})\end{cases} \tag{6.3}$$

其中，$\boldsymbol{x} \in M$；$\boldsymbol{f}(\boldsymbol{x})$，$\boldsymbol{g}(\boldsymbol{x})$为光滑向量场；$u \in W \subset \mathbb{R}$，$W$为允许控制集；$h(\boldsymbol{x}) \in C^\infty(M)$；$y \in Y \subset \mathbb{R}$。在这种描述形式中，状态方程对于状态$\boldsymbol{x}$是非线性的，而对于控制$u$是线性的，因此系统的动态特性可以完全由向量场$\boldsymbol{f}(\boldsymbol{x})$和$\boldsymbol{g}(\boldsymbol{x})$来描述，为使用微分几何方法提供了十分有利的条件。这里，我们讨论输出方程右端与输入u无关的系统。

仿射非线性系统在力学、物理学以及各类工程问题中大量存在，例如常见的线性系统的状态空间描述

$$\begin{cases}\dot{\boldsymbol{x}} = \boldsymbol{A}\boldsymbol{x} + \boldsymbol{B}\boldsymbol{u} \\ \boldsymbol{y} = \boldsymbol{C}\boldsymbol{x}\end{cases}$$

就是仿射形式，而且可以证明，如果一个一般的非线性系统(6.1)能够精确线性化，则一定存在一个控制的同胚变换，使之变为仿射非线性系统，因此研究仿射非线性系统具有很好的实际意义。有些非线性系统，在形式上不是仿射型的，但可以经过一定变换变成仿射型的系统。例如，凡属于如下形式的状态方程

$$\dot{\boldsymbol{x}} = \boldsymbol{f}(\boldsymbol{x}) + \boldsymbol{g}(\boldsymbol{x})\boldsymbol{w}(\boldsymbol{u} + \boldsymbol{\psi}(\boldsymbol{x}))$$

其中，$\boldsymbol{w}$ 为一可逆映射。令

$$\boldsymbol{v} = \boldsymbol{w}(\boldsymbol{u} + \boldsymbol{\psi}(\boldsymbol{x}))$$

则变换后的系统对于新的输入变量 $\boldsymbol{v}$ 具有仿射形式，由 $\boldsymbol{v}$ 通过

$$\boldsymbol{u} = \boldsymbol{w}^{-1}(\boldsymbol{v}) - \boldsymbol{\psi}(\boldsymbol{x})$$

可以得到原来的控制输入。

在线性系统的几何理论中，线性系统的性质是通过讨论与系统相关的各类子空间的性质来研究它。同样，非线性系统几何理论的出发点，也是要通过探讨与非线性系统有关的各类子流形来研究非线性系统的性质。但是由于非线性系统的复杂性，直接讨论子流形是有困难的，可以把子流形和它们相应的分布及对偶分布等找出来。通过这个环节，非线性系统所决定的各类分布或对偶分布就可以代替子流形而与线性系统的各类子空间对应起来了。把状态空间取做一个微分流形不是本质的，实际上真正重要的是考虑各种子流形和使用向量场、分布、Lie 代数等几何工具来讨论系统的性质。

6.2　单输入单输出系统的相对阶

与线性系统类似，通过在状态空间中适当的坐标变换，可以将非线性系统变换为某种标准型，并在此基础上可以研究系统的性质或进行控制设计。与线性系统的区别是，非线性系统的坐标变换一般都只是局部成立的。

相对阶的定义

考虑单输入单输出(SISO) 仿射型非线性系统

$$\begin{cases} \dot{\boldsymbol{x}} = \boldsymbol{f}(\boldsymbol{x}) + \boldsymbol{g}(\boldsymbol{x})u, \ \boldsymbol{x} \in M \\ y = h(\boldsymbol{x}) \end{cases} \tag{6.4}$$

其中，M 是一个 n 维微分流形；$u \in \mathbb{R}$，$y \in \mathbb{R}$；$\boldsymbol{f}(\boldsymbol{x})$，$\boldsymbol{g}(\boldsymbol{x})$ 为 n 维光滑向量场；$h(\boldsymbol{x})$ 为光滑函数。

系统(6.4) 在点 $\boldsymbol{x}_0$ 处具有相对阶(Relative Degree) r 是指存在一个正整数 r 及 $\boldsymbol{x}_0$ 的一个邻域 U，使得对于 $\forall \boldsymbol{x} \in U$，有

$$L_g L_f^k h(\boldsymbol{x}) = 0, \ 0 \leqslant k < r - 1 \tag{6.5}$$

$$L_g L_f^{r-1} h(\boldsymbol{x}) \neq 0 \tag{6.6}$$

在上述定义中，条件(6.6) 可以由式(6.7) 代替

$$L_g L_f^{r-1} h(\boldsymbol{x}_0) \neq 0 \tag{6.7}$$

这是因为前面已经假定 $\boldsymbol{f}(\boldsymbol{x})$，$\boldsymbol{g}(\boldsymbol{x})$，$h(\boldsymbol{x})$ 均为光滑的，因此如果式(6.7) 成立，则一定存在 $\boldsymbol{x}_0$ 的一个邻域，使得对于该邻域中的每一点 $\boldsymbol{x}$，式(6.6) 均成立。对于一个系统来说，可能存在某些点，在这些点处不能定义相对阶。例如，在序列

$$L_g h(\boldsymbol{x}), \ L_g L_f h(\boldsymbol{x}), \ \cdots, \ L_g L_f^i h(\boldsymbol{x}), \ \cdots$$

中，$L_g h(\boldsymbol{x})$ 在 $\boldsymbol{x}_0$ 的一个邻域内不恒等于 0，而在 $\boldsymbol{x} = \boldsymbol{x}_0$ 点处恰好为 0 时，则条件(6.6) 无法满足，系统在 $\boldsymbol{x}_0$ 点的相对阶无定义；如果在 $\boldsymbol{x}_0$ 的一个邻域内，对于所有的 $k \geqslant 0$ 都有

$$L_g L_f^k h(\boldsymbol{x}) = 0$$

即条件(6.7)不成立,则系统在 x_0 点的相对阶也无定义。

例 6.1 考虑 Van der Pol 振荡器系统

$$\dot{x}=f(x)+g(x)u=\begin{bmatrix}x_2\\2\omega\xi(1-\mu x_1^2)x_2-\omega^2x_1\end{bmatrix}+\begin{bmatrix}0\\1\end{bmatrix}u \tag{6.8}$$

假设输出函数选择为

$$y=h(x)=x_1$$

可计算得,当 $k=0$ 时,有

$$L_gh(x)=\frac{\partial h}{\partial x}g(x)=[1\quad 0]\begin{bmatrix}0\\1\end{bmatrix}=0$$

当 $k=1$ 时,有

$$L_fh(x)=\frac{\partial h}{\partial x}f(x)=[1\quad 0]\begin{bmatrix}x_2\\2\omega\zeta(1-\mu x_1^2)x_2-\omega^2x_1\end{bmatrix}=x_2$$

$$L_gL_fh(x)=\frac{\partial(L_fh)}{\partial x}g(x)=[0\quad 1]\begin{bmatrix}0\\1\end{bmatrix}=1$$

因此,系统在任意点 x_0 处有相对阶 $r=2$。

例 6.2 对于式(6.8),如果选择输出函数为

$$y=h(x)=\sin x_2$$

则可计算得,当 $k=0$ 时,有

$$L_gh(x)=\cos x_2$$

当 $x_2\neq\frac{(2m+1)\pi}{2}$ 时,系统有相对阶 $r=1$。在 $x_2=\frac{(2m+1)\pi}{2}$ 的点上,相对阶没有定义。

例 6.3 对于如下系统

$$\dot{x}=\begin{bmatrix}x_1+x_2\\x_2\end{bmatrix}+\begin{bmatrix}1\\0\end{bmatrix}u \tag{6.9}$$

$$y=x_2 \tag{6.10}$$

当 $k=0$ 时,有

$$L_gh(x)=\frac{\partial h}{\partial x}g(x)=[0\quad 1]\begin{bmatrix}1\\0\end{bmatrix}=0$$

当 $k=1$ 时,有

$$L_fh(x)=\frac{\partial h}{\partial x}f(x)=[0\quad 1]\begin{bmatrix}x_1+x_2\\x_2\end{bmatrix}=x_2$$

$$L_gL_fh(x)=\frac{\partial L_fh}{\partial x}g(x)=[0\quad 1]\begin{bmatrix}1\\0\end{bmatrix}=0$$

当 $k=2$ 时,有

$$L_gL_f^2h(x)=\frac{\partial L_f^2h}{\partial x}g(x)=[0\quad 1]\begin{bmatrix}1\\0\end{bmatrix}=0$$

这样做下去，在 $\boldsymbol{x}_0$ 的邻域内，对于所有的 $k \geqslant 0$ 有

$$L_g L_f^k h(\boldsymbol{x}) = 0$$

因此，在 $\boldsymbol{x}_0$ 点所给系统的相对阶无定义。观察方程(6.9)、(6.10)可以发现，造成这一结果的原因是，此系统的输出 y 是不能控的，y 不受输入控制 u 的任何影响，或者说，y 及其各阶导数都不能表示为 u 的函数。

从上面给出的例子可以看出非线性系统相对阶的意义。下面进行具体分析。考虑 SISO 仿射非线性控制系统(6.4)，设系统的相对阶为 r。假设系统在初始时刻 t_0 的状态为 $\boldsymbol{x}(t_0) = \boldsymbol{x}_0$，考察系统的输出 $y(t)$ 在 $t = t_0$ 处对时间的各阶导数值，即计算 $y^{(k)}(t_0)$，$k = 1, 2, \cdots$ 的值。首先可得

$$y(t_0) = h(\boldsymbol{x}(t_0)) = h(\boldsymbol{x}_0) \tag{6.11}$$

$$\begin{aligned}\dot{y}(t) = \frac{\partial h}{\partial \boldsymbol{x}}\dot{\boldsymbol{x}}(t) = \frac{\partial h}{\partial \boldsymbol{x}}\boldsymbol{f}(\boldsymbol{x}(t)) + \frac{\partial h}{\partial \boldsymbol{x}}\boldsymbol{g}(\boldsymbol{x}(t))u(t) = \\ L_f h(\boldsymbol{x}(t)) + L_g h(\boldsymbol{x}(t))u(t)\end{aligned} \tag{6.12}$$

如果 $L_g h(\boldsymbol{x}(t))$ 对于所有的 $\boldsymbol{x} \in U$ 都不等于 0，则系统的相对阶为 1；如果相对阶 r 大于 1，对于充分接近 t_0 的所有 t，可以保证 $\boldsymbol{x}(t)$ 在 $\boldsymbol{x}_0$ 的邻域内，此时有 $L_g h(\boldsymbol{x}(t)) \equiv 0$，则由式(6.12)可得

$$\dot{y}(t) = L_f h(\boldsymbol{x}(t)) \tag{6.13}$$

对其求导，可得

$$\begin{aligned}\ddot{y} = \frac{\partial L_f h(\boldsymbol{x}(t))}{\partial \boldsymbol{x}}\boldsymbol{f}(\boldsymbol{x}(t)) + \frac{\partial L_f h(t)}{\partial \boldsymbol{x}}\boldsymbol{g}(\boldsymbol{x}(t))u(t) = \\ L_f^2 h(\boldsymbol{x}(t)) + L_g L_f h(\boldsymbol{x}(t))u(t)\end{aligned}$$

如果 $L_g L_f h(\boldsymbol{x}(t))$ 对于所有的 $\boldsymbol{x} \in U$ 都不等于 0，则系统的相对阶为 2；如果相对阶 r 大于 2，则对于充分接近 t_0 的所有 t，有 $L_g L_f h(\boldsymbol{x}(t)) = 0$ 以及

$$\ddot{y}(t) = L_f^2 h(\boldsymbol{x}(t)) \tag{6.14}$$

类似的，可得

$$y^{(k)}(t) = L_f^k h(\boldsymbol{x}(t)),\ k < r$$

$$y^{(r)}(t_0) = L_f^r h(\boldsymbol{x}_0) + L_g L_f^{r-1} h(\boldsymbol{x}_0)u(t_0)$$

如果当 $L_g L_f^{r-1} h(\boldsymbol{x}(t))$ 对于 $\boldsymbol{x} \in U$ 都不等于 0 时，系统的相对阶为 r。由以上分析可以看出，非线性系统(6.4)的相对阶 r 等于在时间 $t = t_0$ 处，为了使得输入 $u(t_0)$ 显式地出现对输出 $y(t)$ 所求微分的次数。如果系统在 $\boldsymbol{x}_0$ 附近的任意点不能定义相对阶，且对于 $\boldsymbol{x}_0$ 某个邻域内所有 $\boldsymbol{x}$ 和任意 $k \geqslant 0$，都有 $L_g L_f^k h(\boldsymbol{x}) = 0$，则系统的输出不受输入影响。

下面讨论一下线性系统的相对阶。考虑 SISO 线性系统

$$\begin{cases}\dot{\boldsymbol{x}} = \boldsymbol{A}\boldsymbol{x} + \boldsymbol{B}u \\ y = \boldsymbol{C}\boldsymbol{x}\end{cases} \tag{6.15}$$

其中，$\boldsymbol{x} \in \mathbb{R}^n$，$u \in \mathbb{R}$，$y \in \mathbb{R}$。与仿射非线性系统(6.4)相对应，可得

$$\boldsymbol{f}(\boldsymbol{x}) = \boldsymbol{A}\boldsymbol{x},\ \boldsymbol{g}(\boldsymbol{x}) = \boldsymbol{B},\ h(\boldsymbol{x}) = \boldsymbol{C}\boldsymbol{x}$$

对于任意整数 $k \geqslant 0$，计算可得

$$L_f^k h(\boldsymbol{x}) = \boldsymbol{C}\boldsymbol{A}^k\boldsymbol{x}$$

$$L_gL_f^kh(\boldsymbol{x})=\boldsymbol{CA}^k\boldsymbol{B}$$

从而,系统(6.15)的相对阶 r 满足如下条件

$$\boldsymbol{CA}^k\boldsymbol{B}=0,\ k<r-1,\ \boldsymbol{CA}^{r-1}\boldsymbol{B}\neq 0 \tag{6.16}$$

记系统(6.15)的传递函数

$$H(s)=\boldsymbol{C}\,(s\boldsymbol{I}-\boldsymbol{A})^{-1}\boldsymbol{B} \tag{6.17}$$

的分母多项式和分子多项式阶数之差为 r,则式(6.17)可表示为

$$H(s)=\frac{b_0+b_1s+\cdots+b_{b-r-1}s^{n-r-1}+b_{n-r}s^{n-r}}{a_0+a_1s+\cdots+a_{n-1}s^{n-1}+s^n}$$

假设式(6.15)为能控标准型,则可得矩阵 $\boldsymbol{A},\boldsymbol{B},\boldsymbol{C}$ 的表达式如下

$$\boldsymbol{A}=\begin{bmatrix}0&1&0&\cdots&0\\0&0&1&\cdots&0\\\vdots&\vdots&\vdots&&\vdots\\0&0&0&\cdots&1\\-a_0&-a_1&-a_2&\cdots&-a_{n-1}\end{bmatrix},\ \boldsymbol{B}=\begin{bmatrix}0\\0\\0\\\vdots\\1\end{bmatrix}$$

$$\boldsymbol{C}=[b_0\quad b_1\quad b_2\quad\cdots\quad b_{n-r}\quad 0\quad\cdots\quad 0]$$

利用这些表达式进行计算,可得当 $k=r-2$ 时,有

$$L_f^{r-2}h(\boldsymbol{x})=\boldsymbol{CA}^{r-2}\boldsymbol{x}$$

$$L_gL_f^{r-2}h(\boldsymbol{x})=\boldsymbol{CA}^{r-2}\boldsymbol{B}=0$$

当 $k=r-1$ 时,有

$$L_f^{r-1}h(\boldsymbol{x})=\boldsymbol{CA}^{r-1}\boldsymbol{x}$$

$$L_gL_f^{r-1}h(\boldsymbol{x})=\boldsymbol{CA}^{r-1}\boldsymbol{B}\neq 0$$

即满足条件(6.16),因此线性系统(6.15)的相对阶恰好是其传递函数(6.17)的分母多项式与分子多项式的阶数之差。可以看出,非线性系统的相对阶是线性系统相对阶概念的推广。

6.3 坐标变换

利用相对阶的概念,可以构造非线性系统(6.4)的坐标变换。首先给出以下引理。

引理 6.1 设 $\phi(\boldsymbol{x})$ 是一个光滑的实值函数,$\boldsymbol{f},\boldsymbol{g}$ 为定义在 $U\subset\mathbb{R}^n$ 上的向量场,则对于任意的整数 $s\geqslant 0,\ k\geqslant 0,\ \ell\geqslant 0$ 和 $\forall x\in U$,有

$$<\mathrm{d}L_f^s\phi(\boldsymbol{x}),ad_f^{k+\ell}\boldsymbol{g}(\boldsymbol{x})>=\sum_{i=0}^{l}(-1)^iC_\ell^iL_f^{\ell-i}<\mathrm{d}L_f^{s+i}\phi(\boldsymbol{x}),\mathrm{ad}_f^k\boldsymbol{g}(\boldsymbol{x})> \tag{6.18}$$

其中,$C_\ell^i=\dfrac{\ell\,!}{i!\,(\ell-i)!}$。因此条件

$$L_g\phi(\boldsymbol{x})=L_gL_f\phi(\boldsymbol{x})=\cdots=L_gL_f^k\phi(\boldsymbol{x})=0 \tag{6.19}$$

$$L_g\phi(\boldsymbol{x})=L_{ad_fg}\phi(\boldsymbol{x})=\cdots=L_{ad_f^kg}\phi(\boldsymbol{x})=0 \tag{6.20}$$

是等价的。

证明 采用数学归纳法进行证明。当 $\ell=0$ 时,式(6.18)变为

$$< \mathrm{d}L_f^s\phi(\boldsymbol{x}), ad_f^k\boldsymbol{g}(\boldsymbol{x}) > = < \mathrm{d}L_f^s\phi(\boldsymbol{x}), ad_f^k\boldsymbol{g}(\boldsymbol{x}) >$$

显然成立。当 $\ell=1$ 时,对于式(6.18)的等号左边为

$$L_{[f,ad_f^k g]}L_f^s\phi = L_f L_{ad_f^k g}L_f^s\phi - L_{ad_f^k g}L_f L_f^s\phi =$$
$$L_f < \mathrm{d}L_f^s\phi, ad_f^k\boldsymbol{g} > - < \mathrm{d}L_f^{s+1}\phi, ad_f^k\boldsymbol{g} > =$$
$$\sum_{i=0}^{1}(-1)^i C_i^1 L_f^{1-i} < dL_f^{s+i}\phi, ad_f^k\boldsymbol{g} >$$

与式(6.18)的等号右边相等,即当 $\ell=1$ 时等式成立。下面假设等式(6.18)对于 ℓ 成立,则对于 $\ell+1$ 有

$$< \mathrm{d}L_f^s\phi(\boldsymbol{x}), ad_f^{k+\ell+1}\boldsymbol{g}(\boldsymbol{x}) > = L_{[f,ad_f^{k+\ell}g]}L_f^s\phi(\boldsymbol{x}) =$$
$$L_f L_{ad_f^{k+\ell}g}L_f^s\phi(\boldsymbol{x}) - L_{ad_f^{k+\ell}g}L_f L_f^s\phi(\boldsymbol{x}) =$$
$$L_f < \mathrm{d}L_f^s\phi(\boldsymbol{x}), ad_f^{k+\ell}\boldsymbol{g}(\boldsymbol{x}) > - < \mathrm{d}L_f^{s+1}\phi(\boldsymbol{x}), ad_f^{k+\ell}\boldsymbol{g}(\boldsymbol{x}) > =$$
$$\sum_{i=0}^{l}(-1)^i C_\ell^i L_f^{\ell-i+1} < \mathrm{d}L_f^{s+i}\phi(\boldsymbol{x}), ad_f^k\boldsymbol{g}(\boldsymbol{x}) > +$$
$$\sum_{i=0}^{l}(-1)^{i+1} C_\ell^i L_f^{\ell-i} < \mathrm{d}L_f^{s+1+i}\phi(\boldsymbol{x}), ad_f^k\boldsymbol{g}(\boldsymbol{x}) > =$$
$$\sum_{i=0}^{l}(-1)^i C_\ell^i L_f^{\ell+1-i} < \mathrm{d}L_f^{s+i}\phi(\boldsymbol{x}), ad_f^k\boldsymbol{g}(\boldsymbol{x}) > +$$
$$\sum_{i=1}^{\ell+1}(-1)^i C_\ell^i L_f^{\ell+1-i} < \mathrm{d}L_f^{s+i}\phi(\boldsymbol{x}), ad_f^k\boldsymbol{g}(\boldsymbol{x}) > =$$
$$\sum_{i=0}^{l+1}(-1)^i C_{\ell+1}^i L_f^{\ell+1-i} < \mathrm{d}L_f^{s+i}\phi(\boldsymbol{x}), ad_f^k\boldsymbol{g}(\boldsymbol{x}) >$$

即可得当 $\ell+1$ 时式(6.18)也成立。由此可见,等式(6.18)对于所有的 $\ell \geqslant 0$ 均成立。

当等式(6.19)成立时,由

$$L_{ad_f g}\phi = L_f L_g\phi - L_g L_f\phi$$

得 $L_{ad_f g}\phi = 0$。令式(6.18)中 $s=k=0$,则有

$$L_{ad_f^\ell g}\phi = < \mathrm{d}\phi, ad_f^\ell\boldsymbol{g} > = \sum_{i=0}^{\ell}(-1)^i C_\ell^i L_f^{\ell-i} L_g L_f^i\phi$$

可见,当 $L_g L_f^i\phi = 0, 0 \leqslant i \leqslant \ell$ 时,有 $L_{ad_f^\ell g}\phi = 0$,故等式(6.20)成立。反之,若等式(6.20)成立,则

$$L_g L_f\phi = L_f L_g\phi - L_{ad_f g}\phi = 0$$

若已知 $L_{ad_f^k g}\phi(\boldsymbol{x}) = 0$,令式(6.18)中 $k=s=0$,则

$$L_{ad_f^\ell g}\phi = < \mathrm{d}\phi, ad_f^\ell\boldsymbol{g} > = \sum_{i=0}^{l}(-1)^i C_\ell^i L_f^{\ell-i} L_g L_f^i\phi = (-1)^\ell L_g L_f^\ell\phi$$

故等式(6.20)成立意味着等式(6.19)成立。

引理 6.2　若系统(6.4)在 $\boldsymbol{x}_0$ 点具有相对阶 $r \geqslant 1$,则全微分对偶向量场

$$\mathrm{d}h(\boldsymbol{x}_0),\ \mathrm{d}L_f h(\boldsymbol{x}_0),\ \cdots,\ \mathrm{d}L_f^{r-1}h(\boldsymbol{x}_0)$$

是线性无关的。

证明　令(6.18)中 $k=0$,则

$$< \mathrm{d}L_f^s h(\boldsymbol{x}), ad_f^{\ell} g(\boldsymbol{x}) > = \sum_{i=0}^{i} (-1)^i C_{\ell}^i L_f^{\ell-i} < \mathrm{d}L_f^{s+i} h(\boldsymbol{x}), \boldsymbol{g}(\boldsymbol{x}) > = \sum_{i=0}^{i} (-1)^i C_{\ell}^i L_f^{\ell-i} L_g L_f^{s+i} h(x) \tag{6.21}$$

当 $s+\ell \leqslant r-2$ 时,式(6.21)中由于 $i \leqslant \ell$,因此由相对阶定义可知

$$L_f^{\ell-i} L_g L_f^{s+i} h(\boldsymbol{x}) = 0,\ i \leqslant \ell \leqslant r-s-2$$

于是根据式式(6.21)可知,对于 $\forall \boldsymbol{x} \in U$,有

$$< \mathrm{d}L_f^s h(\boldsymbol{x}), ad_f^{\ell} \boldsymbol{g}(\boldsymbol{x}) > = 0,\ i \leqslant \ell \leqslant r-s-2$$

$$< \mathrm{d}L_f^s h(\boldsymbol{x}_0), ad_f^{\ell} \boldsymbol{g}(\boldsymbol{x}_0) > = (-1)^{r-1-s} L_g L_f^{r-1} h(\boldsymbol{x}_0) \neq 0,\ s+\ell = r-1$$

上面的条件说明下列矩阵的秩为 r,因此行向量 $\mathrm{d}h(\boldsymbol{x}_0)$, $\mathrm{d}L_f h(\boldsymbol{x}_0)$, …, $\mathrm{d}L_f^{r-1} h(\boldsymbol{x}_0)$ 是线性无关的。

$$\begin{bmatrix} \mathrm{d}h(\boldsymbol{x}_0) \\ \mathrm{d}L_f h(\boldsymbol{x}_0) \\ \vdots \\ \mathrm{d}L_f^{r-1} h(\boldsymbol{x}_0) \end{bmatrix} [\boldsymbol{g}(\boldsymbol{x}_0) \quad ad_f \boldsymbol{g}(\boldsymbol{x}_0) \quad \cdots \quad ad_f^{r-1} \boldsymbol{g}(\boldsymbol{x}_0)] =$$

$$\begin{bmatrix} 0 & \cdots & \cdots & 0 & d \\ \vdots & & \iddots & c & * \\ \vdots & \iddots & \iddots & \iddots & \vdots \\ 0 & b & \iddots & & \vdots \\ a & * & \cdots & \cdots & * \end{bmatrix}$$

其中

$$a = < \mathrm{d}L_f^{r-1} h(x_0), g(x_0) >$$

$$b = < \mathrm{d}L_f^{r-2} h(x_0), ad_f g(x_0) >$$

$$c = < \mathrm{d}L_f h(x_0), ad_f^{r-2} g(x_0) >$$

$$d = < \mathrm{d}h(x_0), ad_f^{r-1} g(x_0) >$$

未具体列出的元素由“ * ”表示,

推论 6.1 如果 n 阶系统(6.4)具有相对阶 r,则有 $r \leqslant n$。

证明 n 维空间中彼此线性独立的行向量个数最多为 n 个,引理6.2已经证明相对阶为 r 的系统(6.4)中线性独立的全微分对偶向量场的个数为 r,因此,n 阶系统的相对阶必然满足 $r \leqslant n$。

下面考虑坐标变换的建立。由 h 和 $\boldsymbol{f}$ 的光滑性可知,在引理6.2中,$\boldsymbol{x}_0$ 点的 r 个对偶向量保证了存在 $\boldsymbol{x}_0$ 点的一个邻域 U,使得

$$\mathrm{d}h(\boldsymbol{x}),\ \mathrm{d}L_f h(\boldsymbol{x}),\ \cdots,\ \mathrm{d}L_f^{r-1} h(\boldsymbol{x})$$

在 U 上的每一点 $\boldsymbol{x}$ 都是线性无关的。如果 $r=n$,则此独立性可以保证

$$\phi_1(\boldsymbol{x}) = h(\boldsymbol{x})$$

$$\phi_2(\boldsymbol{x}) = L_f h(\boldsymbol{x})$$

$$\vdots$$

$$\phi_n(\boldsymbol{x}) = L_f^{n-1}h(\boldsymbol{x})$$

在 $\boldsymbol{x}_0$ 点邻域上的 Jacobi 矩阵非奇异,并构成一个局部微分同胚变换,也就是坐标变换。如果 $r < n$,也可以以这 r 个函数为基础构成 $\boldsymbol{x}_0$ 点附近的局部坐标变换的一部分。

命题 6.1　设系统(6.4) 在 $\boldsymbol{x}_0$ 处的相对阶为 r,取

$$\begin{aligned}\phi_1(\boldsymbol{x}) &= h(\boldsymbol{x})\\ \phi_2(\boldsymbol{x}) &= L_f h(\boldsymbol{x})\\ &\vdots\\ \phi_r(\boldsymbol{x}) &= L_f^{r-1}h(\boldsymbol{x})\end{aligned}$$

若 $r < n$,则总可以找到 $n - r$ 个附加函数 $\varphi_{r+1}(\boldsymbol{x})$, …, $\phi_n(\boldsymbol{x})$,使得映射

$$\boldsymbol{\Phi}(\boldsymbol{x}) = \begin{bmatrix}\phi_1(\boldsymbol{x})\\ \vdots\\ \phi_n(\boldsymbol{x})\end{bmatrix}$$

在 $\boldsymbol{x}_0$ 处的 Jacobi 矩阵是非奇异的。从而,使得 $\boldsymbol{\Phi}(\boldsymbol{x})$ 可以作为 $\boldsymbol{x}_0$ 的一个邻域内的局部坐标变换,其中附加函数 $\phi_{r+1}(\boldsymbol{x})$, …, $\phi_n(\boldsymbol{x})$ 在 $\boldsymbol{x}_0$ 处的值在保证 $\boldsymbol{\Phi}(\boldsymbol{x})$ 的 Jacobi 矩阵非奇异的条件下可以任意选定,而且总可以通过适当选择使得

$$L_g\phi_i(\boldsymbol{x}) = 0,\ r + 1 \leqslant i \leqslant n \tag{6.22}$$

证明　由相对阶的定义可知,$\boldsymbol{g}(\boldsymbol{x}_0) \neq 0$,从而在 $\boldsymbol{x}_0$ 点的某邻域内,分布 $\boldsymbol{G} = \mathrm{Span}\{\boldsymbol{g}\}$ 是非奇异的。又因为 $\dim \boldsymbol{G} = 1$,因此 $\boldsymbol{G}$ 是对合的。由 Frobenius 定理(定理5.4)可知,存在 $n - 1$ 个定义在 $\boldsymbol{x}_0$ 邻域上的函数 $\lambda_1(\boldsymbol{x}),\cdots,\lambda_{n-1}(\boldsymbol{x})$,使得

$$\mathrm{span}\{\mathrm{d}\lambda_1,\cdots,\mathrm{d}\lambda_{n-1}\} = \boldsymbol{G}^{\perp} \tag{6.23}$$

按照相对阶的定义,$\boldsymbol{g}(\boldsymbol{x}_0)$ 和对偶向量 $\mathrm{d}h(\boldsymbol{x}_0)$, $\mathrm{d}L_fh(\boldsymbol{x}_0)$, $\cdots,\mathrm{d}L_f^{r-2}h(\boldsymbol{x}_0)$ 分别正交,只和 $\mathrm{d}L_f^{r-1}h(\boldsymbol{x}_0)$ 不正交。设

$$\boldsymbol{\Omega} = \mathrm{Span}\{\mathrm{d}L_f^k h, 0 \leqslant k \leqslant r - 1\}$$

则有

$$\dim(\boldsymbol{G}^{\perp} + \boldsymbol{\Omega})(\boldsymbol{x}_0) = \dim(\boldsymbol{G}^{\perp} + \mathrm{Span}\{\mathrm{d}h, \mathrm{d}L_fh, , \mathrm{d}L_f^{r-1}h\})(\boldsymbol{x}_0) = n \tag{6.24}$$

用反证法证明式(6.24)。若式(6.24) 不成立,则因为 $\dim \boldsymbol{G}^{\perp} = n - 1$,故

$$\mathrm{Span}\{\mathrm{d}h, \mathrm{d}L_fh, \cdots, \mathrm{d}L_f^{r-1}h\} \subset \boldsymbol{G}^{\perp}$$

这说明

$$L_gL_f^k h(\boldsymbol{x}) = 0,\ k \leqslant r - 1$$

与 $L_gL_f^{r-1}h(\boldsymbol{x}_0) \neq 0$ 矛盾,因此式(6.24) 成立。由于

$$\dim(\mathrm{Span}\{\mathrm{d}h, \mathrm{d}L_fh, \cdots, \mathrm{d}L_f^{r-1}h\}) = r$$

由式(6.23)、(6.24) 可知,总可以在 λ_1, λ_2, …, λ_{n-1} 中找到 $n - r$ 个函数,记为 λ_1, $\lambda_2,\cdots,\lambda_{n-r}$,使得行向量组

$$\mathrm{d}h,\ \mathrm{d}L_fh,\ \cdots,\ \mathrm{d}L_f^{r-1}h,\ \mathrm{d}\lambda_1,\ \cdots,\ \mathrm{d}\lambda_{n-r}$$

是线性无关的。把找到的 $n - r$ 个函数记为

$$\begin{aligned}\phi_{r+1}(\boldsymbol{x}) &= \lambda_1(\boldsymbol{x})\\ &\vdots\end{aligned}$$

$$\phi_n(\boldsymbol{x}) = \lambda_{n-r}(\boldsymbol{x})$$

任何其他形如 $\bar{\lambda}_i(\boldsymbol{x}) = \lambda_i(\boldsymbol{x}) + c_i$ 的函数都满足要求,其中 c_i 为常数,故这些函数在 $\boldsymbol{x}_0$ 的值可以任意选择。由 $\mathrm{d}\lambda_i(x) \in \boldsymbol{G}^{\perp}$ 可知,对于 $\boldsymbol{x}_0$ 邻域上的 $\boldsymbol{x}$ 有

$$< \mathrm{d}\lambda_i(\boldsymbol{x}), \boldsymbol{g}(\boldsymbol{x}) > = L_g\lambda_i(\boldsymbol{x}) = 0,\ 1 \leqslant i \leqslant n - r$$

即式(6.22)成立。从而,局部坐标变换

$$\boldsymbol{\Phi}(\boldsymbol{x}) = \begin{bmatrix} \phi_1(\boldsymbol{x}) \\ \vdots \\ \phi_n(\boldsymbol{x}) \end{bmatrix} = \begin{bmatrix} h(\boldsymbol{x}) \\ L_f h(\boldsymbol{x}) \\ \vdots \\ L_f^{r-1} h(\boldsymbol{x}) \\ \lambda_1(\boldsymbol{x}) \\ \vdots \\ \lambda_{n-r}(\boldsymbol{x}) \end{bmatrix} \tag{6.25}$$

满足命题的要求。

由命题6.1可知,对于非线性系统(6.4),当系统在 $\boldsymbol{x}_0$ 处具有相对阶 r 时,存在局部坐标变换式(6.25),或简写为 $z_i = \phi_i(\boldsymbol{x}),\ 1 \leqslant i \leqslant n$,将 $\boldsymbol{f}(\boldsymbol{x})$, $\boldsymbol{g}(\boldsymbol{x})$, $h(\boldsymbol{x})$ 变换到新坐标下,这里用 $\bar{\boldsymbol{f}}(z)$, $\bar{\boldsymbol{g}}(z)$, $\bar{h}(z)$ 表示,即令

$$\bar{\boldsymbol{f}}(z) = \frac{\partial \boldsymbol{\Phi}}{\partial \boldsymbol{x}} \boldsymbol{f}(\boldsymbol{x}) \bigg|_{\boldsymbol{x} = \boldsymbol{\Phi}^{-1}(z)}$$

$$\bar{\boldsymbol{g}}(z) = \frac{\partial \boldsymbol{\Phi}}{\partial \boldsymbol{x}} \boldsymbol{g}(\boldsymbol{x}) \bigg|_{\boldsymbol{x} = \boldsymbol{\Phi}^{-1}(z)}$$

$$\bar{h}(z) = h(\boldsymbol{\Phi}^{-1}(z))$$

则系统(6.4)在 z 坐标下系统可表示为

$$\begin{cases} \dot{z} = \bar{\boldsymbol{f}}(z) + \bar{\boldsymbol{g}}(z)u \\ y = \bar{h}(z) \end{cases} \tag{6.26}$$

这里采用的坐标变换是以相对接为基础建立的,下面考察系统(6.4)的相对阶在坐标变换前后是否有变化。

根据相对阶的定义,考察相对阶在坐标变换前后是否有变化,应分别针对系统(6.26)和(6.4)考察 $L_{\bar{g}}\bar{h}(z)$, $L_{\bar{f}}\bar{h}(z)$, …, $L_{\bar{g}}L_{\bar{f}}^k\bar{h}(z)$ 与 $L_g h(\boldsymbol{x})$, $L_f h(\boldsymbol{x})$, …, $L_g L_f^k h(\boldsymbol{x})$ 是否保持一致。针对系统(6.26)进行计算,可得

$$L_{\bar{f}}\bar{h}(z) = \frac{\partial \bar{h}}{\partial z}\bar{f}(z) = \frac{\partial h}{\partial \boldsymbol{x}}\bigg|_{\boldsymbol{x} = \boldsymbol{\Phi}^{-1}(z)} \frac{\partial \boldsymbol{\Phi}^{-1}}{\partial z}\frac{\partial \boldsymbol{\Phi}}{\partial \boldsymbol{x}}\boldsymbol{f}(\boldsymbol{x})\bigg|_{\boldsymbol{x} = \boldsymbol{\Phi}^{-1}(z)} =$$

$$\frac{\partial h}{\partial \boldsymbol{x}}\boldsymbol{f}(\boldsymbol{x})\bigg|_{\boldsymbol{x} = \boldsymbol{\Phi}^{-1}(z)} = L_f h(\boldsymbol{x})\big|_{\boldsymbol{x} = \boldsymbol{\Phi}^{-1}(z)}$$

同样可得

$$L_{\bar{g}}\bar{h}(z) = L_g h(\boldsymbol{x})\big|_{\boldsymbol{x} = \boldsymbol{\Phi}^{-1}(z)}$$

通过迭代计算,有

$$L_{\bar{g}}L_{\bar{f}}^{k}\bar{h}(z)=L_{g}L_{f}^{k}h(\boldsymbol{x})\big|_{x=\boldsymbol{\Phi}^{-1}(z)}=L_{g}L_{f}^{k}h(\boldsymbol{\Phi}^{-1}(z)),\ k\geqslant 0$$

由于 $\boldsymbol{\Phi}(\boldsymbol{x})$ 是局部微分同胚,因此有

$$L_{g}L_{f}^{k}h(\boldsymbol{x})=0,\ k\leqslant r-2$$

$$L_{\bar{g}}L_{\bar{f}}^{k}\bar{h}(z)=0,\ k\leqslant r-2$$

和

$$L_{g}L_{f}^{r-1}h(\boldsymbol{x}_0)\neq 0$$

$$L_{\bar{g}}L_{\bar{f}}^{r-1}\bar{h}(z_0)\neq 0$$

其中,$\boldsymbol{z}_0=\boldsymbol{\Phi}(\boldsymbol{x}_0)=\boldsymbol{0}$。因此相对阶在坐标变换下是不变的。

相对阶在微分同胚下保持不变,说明相对阶是系统的拓扑性质,不随系统局部坐标的不同选择而发生变化。

6.4 标准型与准标准型

由命题 6.1 给出的局部坐标变换(6.25) 可将非线性系统(6.4) 变换成(6.26),实际上式(6.26) 具有某种标准的形式,即这些新坐标的选择使得描述系统的方程具有很规则的结构形式,称为 Byres-Isidori 标准型。

下面推导系统(6.4) 在新坐标下的表达式(6.26) 的具体描述。对于 $z_1,\ \cdots,\ z_r$,有

$$\frac{\mathrm{d}z_1}{\mathrm{d}t}=\frac{\partial\phi_1}{\partial\boldsymbol{x}}\frac{\mathrm{d}\boldsymbol{x}}{\mathrm{d}\boldsymbol{t}}=\frac{\partial h}{\partial\boldsymbol{x}}\frac{\mathrm{d}\boldsymbol{x}}{\mathrm{d}t}=L_fh(\boldsymbol{x}(t))=\phi_2(\boldsymbol{x}(t))=z_2(t)$$

$$\vdots$$

$$\frac{\mathrm{d}z_{r-1}}{\mathrm{d}t}=\frac{\partial\phi_{r-1}}{\partial\boldsymbol{x}}\frac{\mathrm{d}\boldsymbol{x}}{\mathrm{d}t}=\frac{\partial(L_f^{r-2}h(\boldsymbol{x}(t)))}{\partial\boldsymbol{x}}\frac{\mathrm{d}\boldsymbol{x}}{\mathrm{d}t}=$$

$$L_f^{r-1}h(\boldsymbol{x}(t))=\phi_r(\boldsymbol{x}(t))=z_r(t)$$

对于 z_r,有

$$\frac{\mathrm{d}z_r}{\mathrm{d}t}=L_f^rh(\boldsymbol{x}(t))+L_gL_f^{r-1}h(\boldsymbol{x}(t))u(t)\tag{6.27}$$

将坐标由 $\boldsymbol{x}(t)$ 转换为 $z(t)$,即将 $\boldsymbol{x}(t)=\boldsymbol{\Phi}^{-1}(z(t))$ 代入式(6.27),并令

$$a(z)=L_gL_f^{r-1}h(\boldsymbol{\Phi}^{-1}(z))$$

$$b(z)=L_f^rh(\boldsymbol{\Phi}^{-1}(z))$$

则式(6.27) 可重写为

$$\frac{\mathrm{d}z_r}{\mathrm{d}t}=b(z(t))+a(z(t))\boldsymbol{u}(t)$$

根据定义在点 $z_0=\boldsymbol{\Phi}(\boldsymbol{x}_0)$ 处,$a(z_0)\neq 0$,从而对于 z_0 的某一个邻域内的所有 z,$a(z(t))$ 不为零。

对于其他新坐标系,如果没有给出其他信息,无法知道相应的方程组的任何特定结构。如果选择 $\phi_{r+1}(\boldsymbol{x}),\ \cdots,\ \phi_n(\boldsymbol{x})$,使得式(6.22) 成立,则有

$$\frac{\mathrm{d}z_i}{\mathrm{d}t}=\frac{\partial\phi_i}{\partial\boldsymbol{x}}(\boldsymbol{f}(\boldsymbol{x}(t))+\boldsymbol{g}(\boldsymbol{x}(t))\boldsymbol{u}(t))=$$

$$L_f\phi_i(\boldsymbol{x}(t)) + L_g\phi_i(\boldsymbol{x}(t))\boldsymbol{u}(t) = L_f\phi_i(\boldsymbol{x}(t)) \tag{6.28}$$

令 $q_i(z) = L_f\phi_i(\boldsymbol{\Phi}^{-1}(\boldsymbol{z}))$，$r+1 \leqslant i \leqslant n$，则式(6.28)可重写为

$$\frac{\mathrm{d}z_i}{\mathrm{d}t} = q_i(\boldsymbol{z}(t))$$

在新的坐标系下，系统的输出方程变为 $y = z_1$，故式(6.26)具体可描述为

$$\begin{cases} \dot{z}_1 = z_2 \\ \dot{z}_2 = z_3 \\ \vdots \\ \dot{z}_{r-1} = z_r \\ \dot{z}_r = b(\boldsymbol{z}) + a(\boldsymbol{z})u \\ \dot{z}_{r+1} = q_{r+1}(\boldsymbol{z}) \\ \vdots \\ \dot{z}_n = q_n(\boldsymbol{z}) \\ y = z_1 \end{cases} \tag{6.29}$$

标准型(6.29)的特点是前 $r-1$ 个状态方程是线性的；输出方程 $y = z_1$ 是线性的；$\dot{z}_r$ 的表达式中出现 u，并且其系数一般来说是非线性的；在 $\dot{z}_{r+1}$，…，$\dot{z}_n$ 的表达式中均不出现 u。标准型(6.29)的结构如图6.1所示。

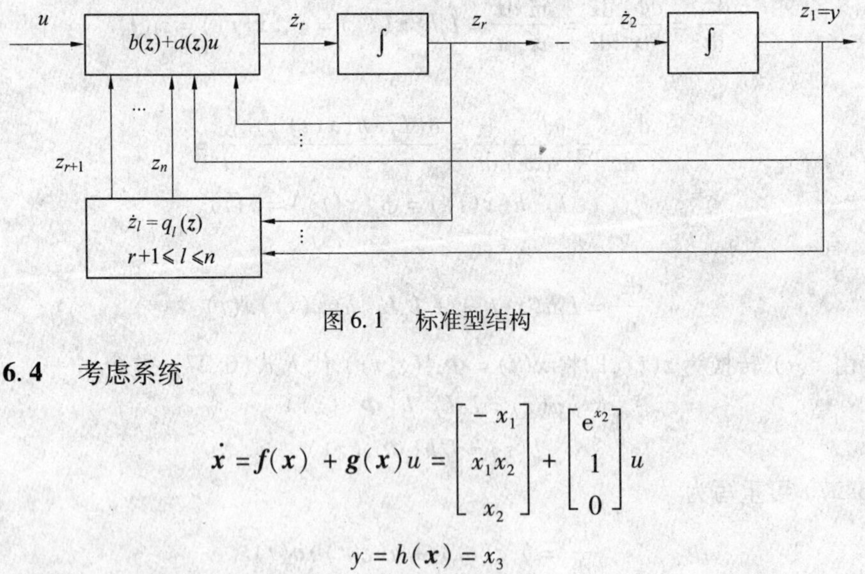

图6.1 标准型结构

例6.4 考虑系统

$$\dot{\boldsymbol{x}} = \boldsymbol{f}(\boldsymbol{x}) + \boldsymbol{g}(\boldsymbol{x})u = \begin{bmatrix} -x_1 \\ x_1x_2 \\ x_2 \end{bmatrix} + \begin{bmatrix} \mathrm{e}^{x_2} \\ 1 \\ 0 \end{bmatrix} u$$

$$y = h(\boldsymbol{x}) = x_3$$

首先，求系统的相对阶，有

$$L_g h(\boldsymbol{x}) = 0$$
$$L_f h(\boldsymbol{x}) = x_2$$
$$L_g L_f h(\boldsymbol{x}) = 1$$

相对阶为 $r = 2$。其次，求坐标变换映射。为得到标准型，令

$$z_1 = \phi_1(\boldsymbol{x}) = h(\boldsymbol{x}) = x_3$$

$$z_2 = \phi_2(\boldsymbol{x}) = L_f h(\boldsymbol{x}) = x_2$$

还需要另外选择一个附加函数 $\phi_3(\boldsymbol{x})$，使得 Jacobi 矩阵$\dfrac{\partial \boldsymbol{\Phi}}{\partial \boldsymbol{x}}$非奇异，并满足

$$L_g \phi_3(\boldsymbol{x}) = \frac{\partial \phi_3}{\partial \boldsymbol{x}} \boldsymbol{g}(\boldsymbol{x}) = \frac{\partial \phi_3}{\partial \boldsymbol{x}_1} \mathrm{e}^{x_2} + \frac{\partial \phi_3}{\partial \boldsymbol{x}_2} = 0$$

对应原来的平衡点 $\boldsymbol{x} = \boldsymbol{0}$，为使得变换后新平衡点 $\boldsymbol{\Phi}(\boldsymbol{0}) = z(\boldsymbol{0}) = \boldsymbol{0}$，要求 $\phi_3(\boldsymbol{0}) = z_3(\boldsymbol{0}) = 0$。满足上述条件的 $\phi_3(\boldsymbol{x})$ 可取为

$$\phi_3(\boldsymbol{x}) = x_1 - \mathrm{e}^{x_2} + \phi(x_3)$$

其中，$\phi_3(\boldsymbol{x})$ 为任意的光滑函数。从而得到局部坐标变换为

$$\boldsymbol{z} = \boldsymbol{\Phi}(\boldsymbol{x}) = \begin{bmatrix} x_3 \\ x_2 \\ x_1 - \mathrm{e}^{x^2} + \phi(x_3) \end{bmatrix}$$

其 Jacobi 矩阵

$$\frac{\partial \boldsymbol{\Phi}}{\partial \boldsymbol{x}} = \begin{bmatrix} 0 & 0 & 1 \\ 0 & 1 & 0 \\ 1 & -\mathrm{e}^{x_2} & \phi'(x_3) \end{bmatrix}$$

对于所有的 $\boldsymbol{x}$ 都是非奇异的。为求出 $\boldsymbol{\Phi}^{-1}(z)$，并保证 $\phi_3(\boldsymbol{0}) = 0$，取 $\phi(x_3) = 1$，则 $\boldsymbol{\Phi}(\boldsymbol{x})$ 的逆变换 $\boldsymbol{x} = \boldsymbol{\Phi}^{-1}(z)$ 为

$$\begin{aligned} x_1 &= -1 + z_3 + \mathrm{e}^{z_2} \\ x_2 &= z_2 \\ x_3 &= z_1 \end{aligned}$$

于是在新坐标系 z 中，系统描述为

$$\begin{aligned} \dot{z}_1 &= z_2 \\ \dot{z}_2 &= (-1 + z_3 + \mathrm{e}^{z_2}) z_2 + u \\ \dot{z}_3 &= (1 - z_3 - \mathrm{e}^{z_2})(1 + z_2 \mathrm{e}^{z_2}) \end{aligned}$$

尽管相对阶的概念是局部定义的，但在这里坐标变换是全局成立的。这是因为对于 $\boldsymbol{x} \in \mathbb{R}^3$，所选择的坐标变换

$$\boldsymbol{\Phi}(\boldsymbol{x}) = \begin{bmatrix} x_3 \\ x_2 \\ x_1 - \mathrm{e}^{x_2} + 1 \end{bmatrix}$$

的 Jacobi 矩阵均为非奇异的，即 $\boldsymbol{\Phi}(\boldsymbol{x})$ 是一个全局微分同胚。

下面讨论准标准型。为了获得标准型，需要构造 $n - r$ 个函数 $\phi_{r+1}(\boldsymbol{x}), \cdots, \phi_n(\boldsymbol{x})$ 来满足式(6.22)，这需要求解 $n - r$ 个偏微分方程，一般来说是困难的。相对来说，找到 $n - r$ 个函数 $\phi_{r+1}(\boldsymbol{x}), \cdots, \phi_n(\boldsymbol{x})$，并满足 $\boldsymbol{\Phi}(\boldsymbol{x})$ 的 Jacobi 矩阵在 $\boldsymbol{x}_0$ 处非奇异更为简单。按照这种做法也可以构造一个坐标变换，按照该坐标变换，对于前 r 个方程，可以得到相同的结构；对于后 $n - r$ 个方程，无法得到任何特别的形式，因此具有下面的形式

$$\dot{z}_{r+1} = q_{r+1}(z) + p_{r+1}(z) u$$

$$\vdots$$

$$\dot{z}_n = q_n(z) + p_n(z)u$$

即这 $n-r$ 个方程中 u 显式出现。由此得到系统的标准型为

$$\begin{cases} \dot{z}_1 = z_2 \\ \dot{z}_2 = z_3 \\ \vdots \\ \dot{z}_{r-1} = z_r \\ \dot{z}_r = b(z) + a(z)u \\ \dot{z}_{r+1} = q_{r+1}(z) + p_{r+1}(z)u \\ \vdots \\ \dot{z}_n = q_n(z) + p_n(z)u \\ y = z_1 \end{cases}$$

例 6.5 考虑系统

$$\dot{\boldsymbol{x}} = \begin{bmatrix} x_1x_2 - x_1^3 \\ x_1 \\ -x_3 \\ x_1^2 + x_2 \end{bmatrix} + \begin{bmatrix} 0 \\ 2+2x_3 \\ 1 \\ 0 \end{bmatrix} u$$

$$y = h(\boldsymbol{x}) = x_4$$

首先,求系统的相对阶。计算可得

$$L_g h(\boldsymbol{x}) = 0$$

$$L_f h(\boldsymbol{x}) = x_1^2 + x_2$$

$$L_g L_f h(\boldsymbol{x}) = 2(1 + x_3)$$

可见,当 $x_3 \neq -1$ 时,$L_g L_f h(\boldsymbol{x}) \neq 0$,则只要在局部偏离 $x_3 = -1$ 的任意点,即可找到一个标准型。此时系统相对阶 $r = 2$,因此取

$$z_1 = \phi_1(\boldsymbol{x}) = h(\boldsymbol{x}) = x_4$$

$$z_2 = \phi_2(\boldsymbol{x}) = L_f h(\boldsymbol{x}) = x_2 + x_1^2$$

需要确定 $\phi_3(\boldsymbol{x})$ 和 $\phi_4(\boldsymbol{x})$。如果不需要得到标准型,而只需要任意选取完成坐标变换的 $\phi_3(\boldsymbol{x})$ 和 $\phi_4(\boldsymbol{x})$,则可以选取如下形式的坐标变换

$$z_3 = \phi_3(\boldsymbol{x}) = x_3$$

$$z_4 = \phi_4(\boldsymbol{x}) = x_1$$

坐标变换 $\boldsymbol{\Phi}(\boldsymbol{x})$ 为

$$\boldsymbol{\Phi}(\boldsymbol{x}) = \begin{bmatrix} x_4 \\ x_2 + x_1^2 \\ x_3 \\ x_1 \end{bmatrix}$$

可验证其 Jacobi 矩阵

$$\frac{\partial \boldsymbol{\Phi}(\boldsymbol{x})}{\partial \boldsymbol{x}} = \begin{bmatrix} 0 & 0 & 0 & 1 \\ 2x_1 & 1 & 0 & 0 \\ 0 & 0 & 1 & 0 \\ 1 & 0 & 0 & 0 \end{bmatrix}$$

对于任意的 $\boldsymbol{x}$ 均非奇异。$\boldsymbol{\Phi}(\boldsymbol{x})$ 的逆变换为

$$\begin{aligned} x_1 &= z_4 \\ x_2 &= z_2 - z_4^2 \\ x_3 &= z_3 \\ x_4 &= z_1 \end{aligned}$$

注意这里 $\boldsymbol{\Phi}(\boldsymbol{0}) = \boldsymbol{0}$。在新坐标系下,该系统可以描述为

$$\begin{aligned} \dot{z}_1 &= z_2 \\ \dot{z}_2 &= z_4 + 2z_4(z_4(z_2 - z_4^2) - z_4^3) + (2 + 2z_3)u \\ \dot{z}_3 &= - z_3 + u \\ \dot{z}_4 &= - 2z_4^3 + z_2 z_4 \end{aligned}$$

该方程不是标准型,因为输入 u 显式出现在 $\dot{z}_3$ 的表达式中。实际上,这里给出的坐标变换全局适用,其中包括 $x_3 = -1$ 的情形,但是在变换后的系统中,当 $x_3 = -1$ 即 $z_3 = -1$ 时,$\dot{z}_2$ 表达式中的 u 消失。

最后,讨论线性系统坐标变换后的标准型和准标准型。对于一般的单输入单输出线性定常系统(6.15),假设$(\boldsymbol{A},\boldsymbol{B})$ 可控,$(\boldsymbol{A},\boldsymbol{C})$ 可观,系统的相对阶为 r,则坐标变换为

$$\boldsymbol{\Phi}(\boldsymbol{x}) = \begin{bmatrix} \phi_1(\boldsymbol{x}) \\ \phi_2(\boldsymbol{x}) \\ \vdots \\ \phi_r(\boldsymbol{x}) \\ \phi_{r+1}(\boldsymbol{x}) \\ \vdots \\ \phi_n(\boldsymbol{x}) \end{bmatrix} = \begin{bmatrix} \boldsymbol{C} \\ \boldsymbol{CA} \\ \vdots \\ \boldsymbol{CA}^{r-1} \\ \boldsymbol{c}_{r+1} \\ \vdots \\ \boldsymbol{c}_n \end{bmatrix} \boldsymbol{x}$$

或者记作

$$\boldsymbol{z} = \boldsymbol{\Phi}(\boldsymbol{x}) = \boldsymbol{\Phi}_x \boldsymbol{x}$$

其中,$\boldsymbol{c}_{r+1}, \cdots, \boldsymbol{c}_n$ 是任意选择的常值行向量,只要保证 $\boldsymbol{\Phi}(\boldsymbol{x})$ 的 Jacobi 矩阵非奇异。采用上面的坐标变换,对系统(6.15) 进行变换,有

$$\frac{\mathrm{d}z_1}{\mathrm{d}t} = \frac{\partial \phi_1}{\partial \boldsymbol{x}} \frac{\mathrm{d}\boldsymbol{x}}{\mathrm{d}t} = \boldsymbol{C}(\boldsymbol{Ax} + \boldsymbol{B}u) = \boldsymbol{CAx} + \boldsymbol{CB}u$$

如果相对阶 $r > 1$,则 $\boldsymbol{CB} = 0$,代入后得

$$\frac{\mathrm{d}z_1}{\mathrm{d}t} = \boldsymbol{CAx} = \phi_2(\boldsymbol{x}(t)) = z_2$$

$$\vdots$$

$$\frac{\mathrm{d}z_{r-1}}{\mathrm{d}t} = \frac{\partial \phi_{r-1}}{\partial \boldsymbol{x}} \frac{\mathrm{d}\boldsymbol{x}}{\mathrm{d}t} = \boldsymbol{CA}^{r-1}\boldsymbol{x} + \boldsymbol{CA}^{r-2}\boldsymbol{B}u = \phi_r(\boldsymbol{x}(t)) = z_r$$

$$\frac{\mathrm{d}z_r}{\mathrm{d}t}=\frac{\partial\phi_r}{\partial \boldsymbol{x}}\frac{\mathrm{d}\boldsymbol{x}}{\mathrm{d}t}=\boldsymbol{CA}^r\boldsymbol{x}+\boldsymbol{CA}^{r-1}\boldsymbol{B}u$$

对于

$$\phi_{r+1}(\boldsymbol{x})=\boldsymbol{c}_{r+1}\boldsymbol{x}$$
$$\vdots$$
$$\phi_n(\boldsymbol{x})=\boldsymbol{c}_n\boldsymbol{x}$$

要实现标准型,则需满足

$$<\boldsymbol{c}_i,\boldsymbol{B}>=0,\ i=r+1,\ \cdots,\ n$$

和 Jacobi 矩阵非奇异的要求,则

$$\frac{\mathrm{d}z_i}{\mathrm{d}t}=\boldsymbol{c}_i(\boldsymbol{Ax}+\boldsymbol{Bu})=\boldsymbol{c}_i\boldsymbol{Ax}+\boldsymbol{c}_i\boldsymbol{Bu}=\boldsymbol{c}_i\boldsymbol{Ax}=$$
$$\boldsymbol{c}_i\boldsymbol{A\Phi}_{\boldsymbol{x}}^{-1}z,\ r+1\leqslant i\leqslant n$$

由此得到线性系统(6.15) 的标准型为

$$\begin{aligned}
\dot{z}_1&=z_2\\
\dot{z}_2&=z_3\\
&\vdots\\
\dot{z}_{r-1}&=z_r\\
\dot{z}_r&=\boldsymbol{CA}^r\boldsymbol{\Phi}_{\boldsymbol{x}}^{-1}z+\boldsymbol{CA}^{r-1}\boldsymbol{B}u\\
\dot{z}_{r+1}&=\boldsymbol{c}_{r+1}\boldsymbol{A\Phi}_{\boldsymbol{x}}^{-1}z\\
&\vdots\\
\dot{z}_n&=\boldsymbol{c}_n\boldsymbol{A\Phi}_{\boldsymbol{x}}^{-1}z\\
y&=z_1
\end{aligned}$$

第 7 章　精确线性化

7.1　精确线性化问题的描述

非线性系统的线性化问题是非线性控制研究的重要问题之一。一般来说，线性化包括两种手段：一种是线性近似方法，是先将非线性系统在某一个工作点附近按照泰勒级数展开进行近似线性化，然后再用线性系统理论对系统进行研究；另一种是精确线性化方法，是基于微分几何理论，通过适当的非线性坐标变换和状态反馈实现系统的输入状态或输入输出的精确线性化。以下讨论中假设系统的状态是可直接测量得到用于状态反馈的。

对于 SISO 非线性系统

$$\dot{\boldsymbol{x}} = \boldsymbol{f}(\boldsymbol{x}) + \boldsymbol{g}(\boldsymbol{x})u,\ \boldsymbol{x} \in M \tag{7.1}$$

$$y = h(\boldsymbol{x}) \tag{7.2}$$

其中，M 为 n 维微分流形（在后面的讨论中，可以把 M 看作是$\mathbb{R}^n$或其中的一个开集）；$\boldsymbol{f}(\boldsymbol{x})$，$\boldsymbol{g}(\boldsymbol{x})$ 为光滑向量场；$h(\boldsymbol{x})$ 为光滑函数。状态反馈控制最简单的结构是取输入控制变量 u 为如下形式

$$u = \alpha(\boldsymbol{x}) + \beta(\boldsymbol{x})v \tag{7.3}$$

其中，函数 $\alpha(\boldsymbol{x})$ 和 $\beta(\boldsymbol{x})$ 定义为在$\mathbb{R}^n$上的一个适当开集，假设对于该集合中的所有 $\boldsymbol{x}$ 都有 $\beta(\boldsymbol{x}) \neq 0$。在系统(7.1)、(7.2) 上施加反馈(7.3) 的结构图如图 7.1 所示。

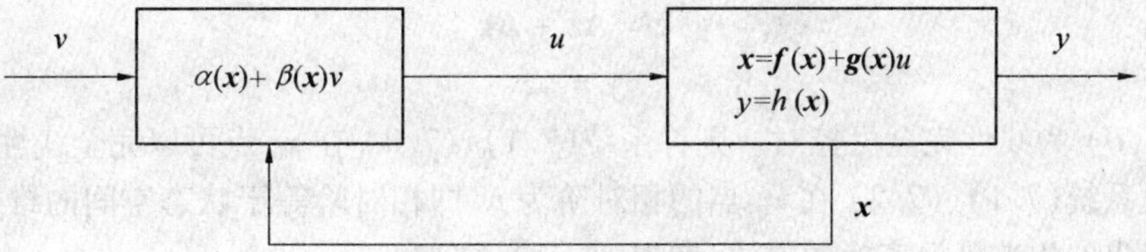

图 7.1　反馈的一般形式

针对系统(7.1)、(7.2) 引入坐标变换

$$z = \boldsymbol{\Phi}(\boldsymbol{x}) \tag{7.4}$$

并施加反馈控制(7.3)，可得闭环系统

$$\dot{\boldsymbol{x}} = \boldsymbol{f}(\boldsymbol{x}) + \boldsymbol{g}(\boldsymbol{x})\alpha(\boldsymbol{x}) + \boldsymbol{g}(\boldsymbol{x})\beta(\boldsymbol{x})v \tag{7.5}$$

$$y = h(\boldsymbol{x}) \tag{7.6}$$

第 6 章中已经给出结论，系统的(7.1)、(7.2) 经过坐标变换(7.4) 后，其相对阶保持不变。实际上，其相对阶在状态反馈作用下也保持不变。

命题 7.1　假设系统(7.1)、(7.2) 的相对阶为 r，则对于原系统及其经状态反馈

(7.3) 构成的闭环系统(7.5)、(7.6),有

$$L_{f+g\alpha}^{k}h(\boldsymbol{x}) = L_{f}^{k}h(\boldsymbol{x}),\ 0 \leqslant k \leqslant r-1 \tag{7.7}$$

成立。

证明 采用数学归纳法证明。式(7.7)对于 $k=0$ 显然成立。假设式(7.7)对于某一个 $k, 0<k<r-1$ 成立,则

$$L_{f+g\alpha}^{k+1}h(\boldsymbol{x}) = L_{f+g\alpha}L_{f+g\alpha}^{k}h(\boldsymbol{x}) = L_{f}^{k+1}h(\boldsymbol{x}) + L_{g}L_{f}^{k}h(\boldsymbol{x})\alpha(\boldsymbol{x}) = L_{f}^{k+1}h(x)$$

因此所讨论的等式对于 $k+1$ 成立。

从式(7.7)可推断出

$$L_{g\beta}L_{f+g\alpha}^{k}h(\boldsymbol{x}) = 0,\ 0 \leqslant k \leqslant r-1$$

且如果 $\beta(x_0) \neq 0$,则

$$L_{g\beta}L_{f+g\alpha}^{r-1}h(\boldsymbol{x}_0) \neq 0$$

因此相对阶 r 在状态反馈下是不变的。

利用坐标变换和状态反馈可以实现精确线性化,即选择合适的坐标变换(7.4)和状态反馈控制(7.3),使原非线性系统(7.1)、(7.2)经反馈(7.3)后得到闭环系统(7.5)、(7.6)在新的 z 坐标下具有线性形式。线性化问题包括完全线性化问题、输入状态线性化问题、输入输出线性化问题等。

7.2 完全线性化

给定一个 SISO 仿射非线性系统(7.1)、(7.2),以及给定一点 $\boldsymbol{x}_0 \in M$,如果存在 $\boldsymbol{x}_0$ 的一个邻域 U,以及定义在 U 上的一个坐标变换(7.4)和定义在 U 上的一个状态反馈(7.3),其中使得相应的闭环系统(7.5)、(7.6)在 z 坐标下变为线性系统

$$\dot{z} = \boldsymbol{A}z + \boldsymbol{B}\boldsymbol{v} \tag{7.8}$$

$$y = Cz \tag{7.9}$$

其中,$(\boldsymbol{A},\boldsymbol{B})$ 为线性完全可控对。则称系统(7.1)、(7.2)在 x_0 点可以完全线性化。

假设系统(7.1)、(7.2)在 x_0 点的相对阶为 n,即相对阶等于状态空间的维数。利用第 6 章给出的构造坐标变换的方法,考虑到 $r=n$,选取

$$z = \boldsymbol{\Phi}(\boldsymbol{x}) = \begin{bmatrix} h(\boldsymbol{x}) \\ L_f h(\boldsymbol{x}) \\ \vdots \\ L_f^{n-1}h(\boldsymbol{x}) \end{bmatrix} \tag{7.10}$$

则在新坐标下,有标准型如下

$$\begin{cases}\dot{z}_1 = z_2 \\ \dot{z}_2 = z_3 \\ \vdots \\ \dot{z}_{n-1} = z_n \\ \dot{z}_n = b(z) + a(z)u \\ y = z_1\end{cases} \tag{7.11}$$

其中

$$a(z) = L_g L_f^{n-1} h(\boldsymbol{\Phi}^{-1}(z)) \tag{7.12}$$

$$b(z) = L_f^n h(\boldsymbol{\Phi}^{-1}(z)) \tag{7.13}$$

由相对阶定义,在点 $\boldsymbol{z}_0 = \boldsymbol{\Phi}(\boldsymbol{x}_0)$ 处有

$$a(z_0) = L_g L_f^{n-1} h(\boldsymbol{\Phi}^{-1}(z_0)) \neq 0$$

由函数的光滑性可知,必然存在 z_0 的一个邻域 U,对于所有 $z \in U$ 有 $a(z) \neq 0$ 成立。在式(7.11)中,只有 $\dot{z}_n$ 的表达式未被线性化,所以只需要设计状态反馈,即

$$u = \alpha(\boldsymbol{x}) + \beta(\boldsymbol{x})v = \frac{1}{a(z)}(-b(z) + v) \tag{7.14}$$

其中

$$\alpha(\boldsymbol{x})\big|_{x=\boldsymbol{\Phi}^{-1}(z)} = -\frac{b(z)}{a(z)} \tag{7.15}$$

$$\beta(\boldsymbol{x})\big|_{x=\boldsymbol{\Phi}^{-1}(z)} = \frac{1}{a(z)} \tag{7.16}$$

即可得(7.8)、(7.9)形式的闭环系统,其中

$$\boldsymbol{A} = \begin{bmatrix} 0 & 1 & 0 & \cdots & 0 \\ 0 & 0 & 1 & \cdots & 0 \\ \vdots & \vdots & \vdots & & \vdots \\ 0 & 0 & 0 & \cdots & 1 \\ 0 & 0 & 0 & 0 & 0 \end{bmatrix}, \boldsymbol{B} = \begin{bmatrix} 0 \\ 0 \\ \vdots \\ 0 \\ 1 \end{bmatrix}, \boldsymbol{C} = \begin{bmatrix} 1 \\ 0 \\ \vdots \\ 0 \\ 0 \end{bmatrix}^{\mathrm{T}} \tag{7.17}$$

此时将(7.8)、(7.9)称为 Brunovsky 标准型(Brunovsky Canonical Form)。可以验证,$\boldsymbol{A}$,$\boldsymbol{B}$ 满足线性系统的能控性秩条件

$$\mathrm{rank}[\boldsymbol{B} \quad \boldsymbol{AB} \quad \cdots \quad \boldsymbol{A}^{n-1}\boldsymbol{B}] = n \tag{7.18}$$

以上结果可以归纳为如下定理。

定理 7.1　在某点 $\boldsymbol{x}_0$ 处相对阶为 n 的非线性系统(7.1)、(7.2),可以通过定义在 $\boldsymbol{x}_0$ 点邻域内的坐标变换(7.10)和定义在 $\boldsymbol{x}_0$ 点邻域内的状态反馈(7.14)变换为在点 $\boldsymbol{z}_0 = \boldsymbol{\Phi}(\boldsymbol{x}_0)$ 的邻域内线性且可控的系统(7.8)、(7.9),其中 $\boldsymbol{A}$,$\boldsymbol{B}$,$\boldsymbol{C}$ 如式(7.17)所示。

由式(7.17)给出的 $\boldsymbol{A}$,$\boldsymbol{B}$,$\boldsymbol{C}$ 的形式可以看出,闭环系统具有串联积分器的结构形式,如图7.2所示。

在定理7.1之前的推导中,对于相对阶为 $r = n$ 的系统,首先采用了坐标变换,然后引入了状态反馈。由于坐标变换不改变系统的相对阶,状态反馈也不改变系统的相对阶(命题7.1),所以先状态反馈,然后进行坐标变换,得到的结果会相同。对此验证如下。

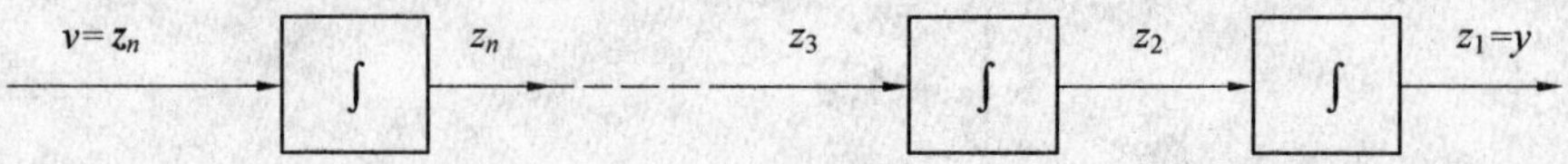

图7.2　变换系统的串联积分器形式

首先进行如下形式的状态反馈

$$u=\frac{1}{a(\boldsymbol{\Phi}(\boldsymbol{x}))}(-b(\boldsymbol{\Phi}(\boldsymbol{x}))+v)=\frac{1}{L_gL_f^{n-1}h(\boldsymbol{x})}(-L_f^nh(\boldsymbol{x})+v) \tag{7.19}$$

然后引入坐标变换(7.10),可得

$$\frac{\mathrm{d}z_1}{\mathrm{d}t}=\frac{\partial\phi_1}{\partial\boldsymbol{x}}\frac{\mathrm{d}\boldsymbol{x}}{\mathrm{d}t}=$$

$$L_fh(\boldsymbol{x})+L_gh(\boldsymbol{x})\frac{1}{L_gL_f^{n-1}h(\boldsymbol{x})}(-L_f^nh(\boldsymbol{x})+v)=$$

$$L_fh(\boldsymbol{x})=z_2$$

$$\vdots$$

$$\frac{\mathrm{d}z_{n-1}}{\mathrm{d}t}=\frac{\partial\phi_{n-1}}{\partial\boldsymbol{x}}\frac{\mathrm{d}\boldsymbol{x}}{\mathrm{d}t}=$$

$$L_f^{n-1}h(\boldsymbol{x})+L_gL_f^{n-2}h(\boldsymbol{x})\frac{1}{L_gL_f^{n-1}h(\boldsymbol{x})}(-L_f^nh(\boldsymbol{x})+v)=$$

$$L_f^{n-1}h(\boldsymbol{x})=z_n$$

$$\frac{\mathrm{d}z_n}{\mathrm{d}t}=\frac{\partial\phi_n}{\partial\boldsymbol{x}}\frac{\mathrm{d}\boldsymbol{x}}{\mathrm{d}t}=$$

$$L_f^nh(\boldsymbol{x})+L_gL_f^{n-1}h(\boldsymbol{x})\frac{1}{L_gL_f^{n-1}h(\boldsymbol{x})}(-L_f^nh(\boldsymbol{x})+v)=v$$

与上面的结果相同。

根据定理7.1可知,如果$\boldsymbol{x}_0$是原非线性系统(7.1)、(7.2)的非受迫系统的一个平衡点,即$\boldsymbol{x}_0$满足$\boldsymbol{f}(\boldsymbol{x}_0)=\boldsymbol{0}$,并且系统在$\boldsymbol{x}_0$点的相对阶为$n$,则存在定义在$\boldsymbol{x}_0$的一个邻域内的状态反馈控制律和坐标变换,将系统变换为定义在$\boldsymbol{0}$点的一个邻域内的线性且可控的系统。因为如果如下条件成立

$$h(\boldsymbol{x}_0)=0 \tag{7.20}$$

则由式(7.10)不难验证有

$$z_0=\boldsymbol{\Phi}(\boldsymbol{x}_0)=0 \tag{7.21}$$

成立;如果式(7.20)不成立,则可以选择

$$\phi_1(\boldsymbol{x})=h(\boldsymbol{x})-h(\boldsymbol{x}_0)$$

使得式(7.21)成立。

非线性系统(7.1)、(7.2)如果具有相对阶$r=n$,则经过坐标变换和施加状态反馈后,可以变换为具有Brunovski标准型的线性系统。这个线性系统与一般的线性系统并无区别,可以和一般的线性系统一样加上状态反馈或者输出反馈,来配置一组特征值或者满足一定的优化性能指标等,但是由于非线性坐标变换的引入,优化控制不一定具有实际的意

义。

例 7.1　考虑系统

$$\dot{\boldsymbol{x}} = \begin{bmatrix} 0 \\ x_1 + x_2^2 \\ x_1 - x_2 \end{bmatrix} + \begin{bmatrix} e^{x_2} \\ e^{x_2} \\ 0 \end{bmatrix} u$$

$$y = x_3$$

首先,求系统的相对阶。计算可得

$$L_g h(\boldsymbol{x}) = 0,\ L_f h(\boldsymbol{x}) = x_1 - x_2,\ L_g L_f h(\boldsymbol{x}) = 0$$

$$L_f^2 h(\boldsymbol{x}) = -x_1 - x_2^2,\ L_g L_f^2 h(\boldsymbol{x}) = -(1 + 2x_2)e^{x_2},\ L_f^3 h(\boldsymbol{x}) = -2x_2(x_1 + x_2^2)$$

因此在满足 $1 + 2x_2 \neq 0$ 的点上,系统的相对阶为 $r = 3 = n$。因此,在任何满足 $1 + 2x_2 \neq 0$ 点附近系统可以通过坐标变换和状态反馈,变换为线性能控系统。为此,施加反馈控制

$$u = \frac{-L_f^3 h(\boldsymbol{x})}{L_g L_f^2 h(\boldsymbol{x})} + \frac{1}{L_g L_f^2 h(\boldsymbol{x})} v = \frac{-2x_2(x_1 + x_2^2)}{(1 + 2x_2)e^{x_2}} - \frac{1}{(1 + 2x_2)e^{x_2}} v \tag{7.22}$$

并引入坐标变换 $\boldsymbol{z} = \boldsymbol{\Phi}(\boldsymbol{x})$ 如下

$$\begin{cases} z_1 = \phi_1(\boldsymbol{x}) = h(\boldsymbol{x}) = x_3 \\ z_2 = \phi_2(\boldsymbol{x}) = L_f h(\boldsymbol{x}) = x_1 - x_2 \\ z_3 = \phi_3(\boldsymbol{x}) = L_f^2 h(\boldsymbol{x}) = -x_1 - x_2^2 \end{cases} \tag{7.23}$$

其 Jacobi 矩阵为

$$\frac{\partial \boldsymbol{\Phi}}{\partial \boldsymbol{x}} = \begin{bmatrix} 0 & 0 & 1 \\ 1 & -1 & 0 \\ -1 & -2x & 0 \end{bmatrix}$$

当 $x_2 \neq -1/2$ 时,系统是非奇异的。相应的坐标反变换为

$$\begin{cases} x_1 = z_2 - 0.5 \pm 0.5\sqrt{1 - 4(z_2 + z_3)} \\ x_2 = -0.5 \pm 0.5\sqrt{1 - 4(z_2 + z_3)} \\ x_3 = z_1 \end{cases}$$

状态反馈和坐标变换都只局部定义在 $\boldsymbol{x} = \boldsymbol{0}$ 附近,在 $1 + 2x_2 = 0$ 时无定义。最后得到精确线性化后的系统

$$\dot{\boldsymbol{z}} = \begin{bmatrix} 0 & 1 & 0 \\ 0 & 0 & 1 \\ 0 & 0 & 0 \end{bmatrix} \boldsymbol{z} + \begin{bmatrix} 0 \\ 0 \\ 1 \end{bmatrix} v$$

是线性且能控的。

7.3　输入状态线性化

以上讨论了非线性系统在输出函数给定的情况下,通过坐标变换和状态反馈实现完全精确线性化的具体方法,下面给出状态空间精确线性化问题可解的充要条件。

考虑单输入非线性系统

$$\dot{\boldsymbol{x}} = \boldsymbol{f}(\boldsymbol{x}) + \boldsymbol{g}(\boldsymbol{x})u \tag{7.24}$$

其中，$\boldsymbol{x} \in \mathbb{R}^n$；$\boldsymbol{f}(\boldsymbol{x})$，$\boldsymbol{g}(\boldsymbol{x})$ 为光滑的向量场。如果在$\mathbb{R}^n$中存在一个区域 U 和 U 上的一个微分同胚

$$\boldsymbol{\Phi}: U \to \mathbb{R}^n \tag{7.25}$$

以及一个反馈控制律

$$u = \alpha(\boldsymbol{x}) + \beta(\boldsymbol{x})v \tag{7.26}$$

其中，$\beta(\boldsymbol{x}) \neq 0$，使得新的状态变量 $z = \boldsymbol{\Phi}(\boldsymbol{x})$ 和输入 v 满足

$$\dot{z} = \boldsymbol{A}z + \boldsymbol{B}v \tag{7.27}$$

其中，$\boldsymbol{A}$，$\boldsymbol{B}$ 为 Brunovsky 标准型，则称系统(7.24) 是输入状态可精确线性化的。

利用 7.3 节的结果，不难得到如下结论。

引理 7.1 系统(7.24) 输入状态精确线性化问题可解的充要条件是，存在 $\boldsymbol{x}_0$ 的一个邻域 U 和定义在 U 上的一个实值函数 $\lambda(\boldsymbol{x})$，使得系统(7.24) 和

$$y = \lambda(\boldsymbol{x}) \tag{7.28}$$

组成的系统在 $\boldsymbol{x}_0$ 的相对阶等于 n。

由引理 7.1 可见，如果非线性系统(7.24) 的输入状态精确线性化问题是可解的，则一定存在使得系统的相对阶在 $\boldsymbol{x}_0$ 处为 n 的输出函数 $\lambda(\boldsymbol{x})$，满足

$$L_g\lambda(\boldsymbol{x}) = L_gL_f\lambda(\boldsymbol{x}) = \cdots = L_gL_f^{n-2}\lambda(\boldsymbol{x}) = 0,\ \forall \boldsymbol{x} \in U \tag{7.29}$$

$$L_gL_f^{n-1}\lambda(\boldsymbol{x}_0) \neq 0 \tag{7.30}$$

显然，求取 $\lambda(\boldsymbol{x})$ 涉及求解偏微分方程组的问题；条件(7.29) 涉及关于未知函数 $\lambda(\boldsymbol{x})$ 的 $n-1$ 个偏微分方程；条件(7.30) 为非平凡解条件，该条件剔除了偏微分方程的平凡解。

由引理 6.1 可知，式(7.29) 等价于一阶偏微分方程组

$$L_g\lambda(\boldsymbol{x}) = L_{ad_fg}\lambda(\boldsymbol{x}) = \cdots = L_{ad_f^{n-2}g}\lambda(\boldsymbol{x}) = 0,\ \forall \boldsymbol{x} \in U \tag{7.31}$$

非平凡解条件(7.30) 等价于

$$L_{ad_f^{n-1}g}\lambda(\boldsymbol{x}_0) \neq 0 \tag{7.32}$$

应用 Frobenius 定理可以得到如下引理。

引理 7.2 存在定义于 $\boldsymbol{x}_0$ 的一个邻域 U 内的一个实值函数 $\lambda(\boldsymbol{x})$，满足偏微分方程组(7.31) 和条件(7.32) 的充分必要条件是

(1) 矩阵

$$[\boldsymbol{g}(\boldsymbol{x}_0)\quad ad_f\boldsymbol{g}(\boldsymbol{x}_0)\quad \cdots\quad ad_f^{n-2}\boldsymbol{g}(\boldsymbol{x}_0)\quad ad_f^{n-1}\boldsymbol{g}(\boldsymbol{x}_0)]$$

的秩为 n。

(2) 在 $\boldsymbol{x}_0$ 的一个邻域 U 内，分布

$$\boldsymbol{D} = \mathrm{Span}\{\boldsymbol{g}, ad_f\boldsymbol{g}, \cdots, ad_f^{n-2}\boldsymbol{g}\}$$

是非奇异对合的。

证明 首先证明必要性。假设存在满足式(7.31) 和(7.32) 的函数 $\lambda(\boldsymbol{x})$，令 $h(\boldsymbol{x}) = \lambda(\boldsymbol{x})$，在引理 6.2 的证明中已经得到矩阵

$$\begin{bmatrix} \mathrm{d}h(\boldsymbol{x}_0) \\ \mathrm{d}L_f h(\boldsymbol{x}_0) \\ \vdots \\ \mathrm{d}L_f^{r-1} h(\boldsymbol{x}_0) \end{bmatrix} [\boldsymbol{g}(\boldsymbol{x}_0) \quad ad_f\boldsymbol{g}(\boldsymbol{x}_0) \quad \cdots \quad ad_f^{r-1}\boldsymbol{g}(\boldsymbol{x}_0)] =$$

$$\begin{bmatrix} 0 & \cdots & 0 & <\mathrm{d}h(\boldsymbol{x}_0), ad_f^{r-1}\boldsymbol{g}(\boldsymbol{x}_0)> \\ \vdots & \iddots & \iddots & \vdots \\ 0 & <\mathrm{d}L_f^{r-2}h(\boldsymbol{x}_0), ad_f\boldsymbol{g}(\boldsymbol{x}_0)> & \cdots & * \\ <\mathrm{d}L_f^{r-1}h(\boldsymbol{x}_0), \boldsymbol{g}(\boldsymbol{x}_0)> & * & \cdots & * \end{bmatrix}$$

是满秩阵的结论,因此可推断 n 个向量

$$\boldsymbol{g}(\boldsymbol{x}_0),\ ad_f\boldsymbol{g}(\boldsymbol{x}_0),\ \cdots,\ ad_f^{n-2}\boldsymbol{g}(\boldsymbol{x}_0),\ ad_f^{n-1}\boldsymbol{g}(\boldsymbol{x}_0)$$

是线性无关的。从而条件(1) 的必要性得证。如果条件(1) 成立,则分布 $\boldsymbol{D}$ 是非奇异的,且在 $\boldsymbol{x}_0$ 附近的维数为 $n-1$,即 $\dim \boldsymbol{D}(\boldsymbol{x}) = n-1,\ \forall \boldsymbol{x} \in U$。将条件(7.31) 重记为

$$\mathrm{d}\lambda(\boldsymbol{x})[\boldsymbol{g}(\boldsymbol{x}) \quad ad_f\boldsymbol{g}(\boldsymbol{x}) \quad \cdots \quad ad_f^{n-2}\boldsymbol{g}(\boldsymbol{x})] = 0 \tag{7.33}$$

因此,微分 $\mathrm{d}\lambda(\boldsymbol{x})$ 在 $\boldsymbol{x}_0$ 附近是 1 维消去对偶分布 $\boldsymbol{D}^{\perp}$ 的一个基,即

$$\boldsymbol{D}^{\perp} = \mathrm{Span}\{\mathrm{d}\lambda(\boldsymbol{x})\}$$

由假设可知,$\lambda(\boldsymbol{x})$ 存在,故分布 $\boldsymbol{D}$ 是可积的,因此根据 Frobenius 定理可知,分布 $\boldsymbol{D}$ 在 $\boldsymbol{x}_0$ 附近是对合的。从而条件(2) 的必要性得证。

充分性。假设条件(1) 成立,则分布 $\boldsymbol{D}$ 是非奇异的,且在 $\boldsymbol{x}_0$ 附近的维数为 $n-1$。如果条件(2) 也成立,根据 Frobenius 定理可知,存在定义在 $\boldsymbol{x}_0$ 的一个邻域 U 上的实值函数 $\lambda(\boldsymbol{x})$,其微分 $\mathrm{d}\lambda(\boldsymbol{x})$ 张成 $\boldsymbol{D}^{\perp}$,即偏微分方程组(7.31) 可解。而且,$\mathrm{d}\lambda(\boldsymbol{x})$ 也满足非平凡条件(7.32),保证了 $\lambda(\boldsymbol{x})$ 是非常值解(否则 $\mathrm{d}\lambda$ 将被 n 个线性无关的向量消去)。

引理 7.2 揭示了单输入非线性系统(7.24) 可以经过局部坐标变换和反馈变换成为线性系统,即精确线性化问题可解的本质。该引理的重要性和实用性在于充要条件中不出现 $\lambda(\boldsymbol{x})$,直接利用表征系统的向量场 $\boldsymbol{f}(\boldsymbol{x})$ 和 $\boldsymbol{g}(\boldsymbol{x})$ 判断精确线性化问题的可解性。以上结果可概括为如下定理。

定理 7.2　给定单输入非线性系统(7.24) 和一点 $\boldsymbol{x}_0$,则系统在 $\boldsymbol{x}_0$ 点附近可进行输入状态精确线性化的充要条件是引理 7.2 中的条件成立。

作为上述定理的特例,考虑状态空间维数为 2 的具有(7.24) 形式的非线性仿射系统,在点 $\boldsymbol{x}_0$ 的附近,系统可以通过状态反馈和坐标变换变换为一个线性可控的系统,当且仅当

$$\mathrm{rank}[\boldsymbol{g}(\boldsymbol{x}_0) \quad ad_f\boldsymbol{g}(\boldsymbol{x}_0)] = 2 \tag{7.34}$$

因为式(7.34) 正好是引理 7.2 中的条件(1);由于此时

$$\boldsymbol{D} = \mathrm{Span}\{\boldsymbol{g}\}$$

是 1 维的,而 1 维分布总是对合的,满足引理 7.2 中的条件(2)。因此,如果式(7.34) 成立,则总能够找到定义在 $\boldsymbol{x}_0$ 附近的一个函数 $\lambda(\boldsymbol{x}) = \lambda(x_1, x_2)$,使得

$$\frac{\partial\lambda}{\partial\boldsymbol{x}}\boldsymbol{g}(\boldsymbol{x}) = \frac{\partial\lambda}{\partial\boldsymbol{x}_1}g_1(x_1, x_2) + \frac{\partial\lambda}{\partial\boldsymbol{x}_2}g_2(x_1, x_2) = 0$$

而条件(2) 自然满足。

例 7.2 考虑系统

$$\dot{\boldsymbol{x}} = \begin{bmatrix} x_3(1+x_2) \\ x_1 \\ x_2(1+x_1) \end{bmatrix} + \begin{bmatrix} 0 \\ 1+x_2 \\ -x_3 \end{bmatrix} u$$

的输入状态精确线性化问题。

第一步,检验是否满足引理7.2的两个条件。非受迫系统的平衡点为$\boldsymbol{0}$,在其附近,计算可得

$$ad_f\boldsymbol{g}(\boldsymbol{x}) = \begin{bmatrix} 0 & 0 & 0 \\ 0 & 1 & 0 \\ 0 & 0 & -1 \end{bmatrix} \begin{bmatrix} x_3(1+x_2) \\ x_1 \\ x_2(1+x_1) \end{bmatrix} - \begin{bmatrix} 0 & x_3 & 1+x_2 \\ 1 & 0 & 0 \\ x_2 & 1+x_1 & 0 \end{bmatrix} = \begin{bmatrix} 0 \\ x_1 \\ -(1+x_1)(1+2x_2) \end{bmatrix}$$

$$ad_f^2\boldsymbol{g}(\boldsymbol{x}) = \begin{bmatrix} (1+x_2)(1+2x_2)(1+x_1) - x_3x_1 \\ x_3(1+x_2) \\ -x_3(1+x_2)(1+2x_2) - 3x_1(1+x_1) \end{bmatrix}$$

在$\boldsymbol{x}=0$处,矩阵

$$\begin{bmatrix} \boldsymbol{g}(\boldsymbol{x}) & ad_f\boldsymbol{g}(\boldsymbol{x}) & ad_f^2\boldsymbol{g}(\boldsymbol{x}) \end{bmatrix}\Big|_{\boldsymbol{x}=\boldsymbol{0}} = \begin{bmatrix} 0 & 0 & 1 \\ 1 & 0 & 0 \\ 0 & -1 & 0 \end{bmatrix}$$

的秩为3,r满足条件(1)。

下面判断分布$\boldsymbol{D} = \mathrm{Span}\{\boldsymbol{g}, ad_f\boldsymbol{g}\}$是否对合。经计算可得

$$[\boldsymbol{g}, ad_f\boldsymbol{g}](\boldsymbol{x}) = \begin{bmatrix} 0 \\ * \\ * \end{bmatrix}$$

对于$\boldsymbol{x}=\boldsymbol{0}$附近的所有$\boldsymbol{x}$,矩阵

$$\begin{bmatrix} \boldsymbol{g}(\boldsymbol{x}) & ad_f\boldsymbol{g}(\boldsymbol{x}) & [\boldsymbol{g}, ad_f\boldsymbol{g}](\boldsymbol{x}) \end{bmatrix} = \begin{bmatrix} 0 & 0 & 0 \\ 1 & 0 & * \\ 0 & -1 & * \end{bmatrix}$$

该矩阵的秩为2,而矩阵$[\boldsymbol{g}, ad_f\boldsymbol{g}]$的秩也为2,因此分布$\boldsymbol{D}$在原点附近是非奇异对合的,满足条件(2)。因此,所给系统在原点附近精确线性化问题可解。

第二步,求解满足条件的$\lambda(\boldsymbol{x})$。解一阶偏微分方程

$$\frac{\partial \lambda}{\partial \boldsymbol{x}}\begin{bmatrix} \boldsymbol{g}(\boldsymbol{x}) & ad_f\boldsymbol{g}(\boldsymbol{x}) \end{bmatrix} = \boldsymbol{0}$$

得$\lambda(\boldsymbol{x}) = x_1$。

第三步,验证系统的相对阶。将$\lambda(\boldsymbol{x}) = x_2$作为系统的输出函数,计算可得

$$L_g\lambda(\boldsymbol{x}) = 0$$

$$L_gL_f\lambda(\boldsymbol{x}) = 0$$

$$L_gL_f^2\lambda(\boldsymbol{x}) = (1+x_1)(1+x_2)(1+2x_2) - x_1x_3$$

$$L_g L_f^2 \lambda(\mathbf{0}) = 1 \neq 0$$

因此,系统的相对阶为 $r = 3 = n$。

第四步,求状态反馈和坐标变换。在 $\boldsymbol{x} = \mathbf{0}$ 附近,状态反馈

$$u = \frac{-L_f^3\lambda(\boldsymbol{x}) + v}{L_g L_f^2 \lambda(\boldsymbol{x})} =$$

$$\frac{-x_3^2(1+x_2) - x_2x_3(1+x_2)^2 - x_1(1+x_1)(1+2x_2) - x_1x_2(1+x_1)}{(1+x_1)(1+x_2)(1+2x_2) - x_1x_3} +$$

$$\frac{v}{(1+x_1)(1+x_2)(1+2x_2) - x_1x_3}$$

以及坐标变换

$$z_1 = \lambda(\boldsymbol{x}) = x_1$$

$$z_2 = L_f\lambda(\boldsymbol{x}) = x_3(1+x_2)$$

$$z_3 = L_f^2\lambda(\boldsymbol{x}) = x_3x_1 + (1+x_1)(1+x_2)x_2$$

可以将该系统变换为

$$\dot{z} = \boldsymbol{A}z + \boldsymbol{B}v = \begin{bmatrix} 0 & 1 & 0 \\ 0 & 0 & 1 \\ 0 & 0 & 0 \end{bmatrix} z + \begin{bmatrix} 0 \\ 0 \\ 1 \end{bmatrix} v$$

变换后的系统为一线性可控系统。

考虑 SISO 非线性系统(7.1)、(7.2),根据 7.2 节的讨论可知,对于给定的输出函数 $h(\boldsymbol{x})$,如果系统的相对阶 $r < n$,则不能实现完全精确线性化。但如果系统的状态方程(7.1) 满足引理 7.2 中给出的条件,则可以找到一个函数 $\lambda(\boldsymbol{x})$,使得系统(7.1) 以 $\lambda(\boldsymbol{x})$ 为输出时相对阶为 n,因此可以实现输入状态的线性化,但一般而言,输出方程仍是状态的一个非线性函数,没有被线性化。

例 7.3　考虑如下系统

$$\dot{\boldsymbol{x}} = \begin{bmatrix} 0 \\ x_1 + x_2^2 \\ x_1 - x_2 \end{bmatrix} + \begin{bmatrix} e^{x_2} \\ e^{x_2} \\ 0 \end{bmatrix} u$$

$$y = h(\boldsymbol{x}) = x_1$$

由 $L_g h(\boldsymbol{x}) = e^{x_2} \neq 0$ 可知,此时系统的相对阶 $r = 1 < n$。注意到此系统的状态方程与例7.1 中的状态方程相同,但输出方程不同。由例 7.1 可知,当取

$$y = x_3$$

时,系统的相对阶 $r = n = 3$,因此取 $\lambda(\boldsymbol{x}) = x_3$,参考例 7.1,可求得状态反馈式(7.22) 和坐标变换式(7.23),实现系统的输入状态线性化。此时,系统地输出方程变为

$$y = x_1 \mid_{\boldsymbol{x} = \boldsymbol{\Phi}^{-1}(z)} = z_2 - 0.5 + 0.5\sqrt{1 - 4(z_2 + z_3)}$$

可见输出方程不是线性的。

第 2 章讨论了非线性系统的近似线性化方法,其中的线性近似式实际上保留了非线性系统的一些固有性质,所以非线性系统的线性近似式和精确线性化问题可解性之间有一定的必然联系,下面讨论这种关系。

对于非线性系统(7.24),假设 $x_0=0$ 是向量场 $\boldsymbol{f}(\boldsymbol{x})$ 的一个平衡点,即 $\boldsymbol{f}(\boldsymbol{0})=\boldsymbol{0}$,则可得到近似线性化系统

$$\dot{\boldsymbol{x}}=\boldsymbol{A}\boldsymbol{x}+\boldsymbol{B}u \tag{7.35}$$

其中

$$\boldsymbol{A}=\left.\frac{\partial \boldsymbol{f}(\boldsymbol{x})}{\partial \boldsymbol{x}}\right|_{\boldsymbol{x}=0},\ \boldsymbol{B}=\boldsymbol{g}(\boldsymbol{0}) \tag{7.36}$$

相应的有

$$\boldsymbol{f}(\boldsymbol{x})=\boldsymbol{A}\boldsymbol{x}+\boldsymbol{f}_2(\boldsymbol{x}),\ \boldsymbol{g}(\boldsymbol{x})=\boldsymbol{B}+\boldsymbol{g}_1(\boldsymbol{x})$$

其中的高阶项满足

$$\boldsymbol{f}_2(\boldsymbol{0})=\boldsymbol{0},\left.\frac{\partial \boldsymbol{f}_2(x)}{\partial \boldsymbol{x}}\right|_{\boldsymbol{x}=0}=0,\boldsymbol{g}_1(\boldsymbol{0})=\boldsymbol{0}$$

命题 7.2 给定非线性系统(7.24)及其近似线性化系统(7.35)和非负整数 k,$ad_f^k\boldsymbol{g}(\boldsymbol{x})$ 可以按照如下方式在 $\boldsymbol{x}=\boldsymbol{0}$ 的邻域展开

$$ad_f^k\boldsymbol{g}(\boldsymbol{x})=(-1)^k\boldsymbol{A}^k\boldsymbol{B}+\boldsymbol{p}_k(\boldsymbol{x}) \tag{7.37}$$

其中,$\boldsymbol{p}_k(\boldsymbol{x})$ 是满足 $\boldsymbol{p}_k(\boldsymbol{0})=\boldsymbol{0}$ 的向量场。

证明 采用归纳法证明。当 $k=0$ 时,命题的结论显然成立。假设对于某个 k 式(7.37)成立,则有

$$\begin{aligned}ad_f^{k+1}\boldsymbol{g}(\boldsymbol{x})=&\frac{\partial(ad_f^k\boldsymbol{g})}{\partial \boldsymbol{x}}\boldsymbol{f}(\boldsymbol{x})-\frac{\partial \boldsymbol{f}}{\partial \boldsymbol{x}}ad_f^k\boldsymbol{g}(\boldsymbol{x})=\\&\frac{\partial \boldsymbol{p}_k}{\partial \boldsymbol{x}}(\boldsymbol{A}\boldsymbol{x}+\boldsymbol{f}_2(\boldsymbol{x}))-\left(\boldsymbol{A}+\frac{\partial \boldsymbol{f}_2}{\partial \boldsymbol{x}}\right)((-1)k\boldsymbol{A}^k\boldsymbol{B}+\boldsymbol{p}_k(\boldsymbol{x}))=\\&(-1)^{k+1}\boldsymbol{A}^{k+1}\boldsymbol{B}+\boldsymbol{p}_{k+1}(\boldsymbol{x})\end{aligned}$$

其中,$\boldsymbol{p}_{k+1}(\boldsymbol{0})=\boldsymbol{0}$。

定理 7.3 对于非线性系统(7.24),输入状态精确线性化问题可解的一个必要条件是系统在 $\boldsymbol{x}=\boldsymbol{x}_0$ 处的近似线性化系统(7.35)是能控的,即

$$\mathrm{rank}[\boldsymbol{B}\quad \boldsymbol{A}\boldsymbol{B}\quad \cdots\quad \boldsymbol{A}^{n-1}\boldsymbol{B}]=n \tag{7.38}$$

证明 由定理 7.2 可知,输入状态精确线性化可解的一个必要条件是

$$\mathrm{rank}[\boldsymbol{g}(\boldsymbol{x}_0)\quad ad_f g(x_0)\quad \cdots\quad ad_f^{n-2}\boldsymbol{g}(\boldsymbol{x}_0)\quad ad_f^{n-1}\boldsymbol{g}(\boldsymbol{x}_0)]=n$$

按照展开式(7.37)逐个对应代入上式,取 $\boldsymbol{x}_0=\boldsymbol{0}$,可得式(7.38)。

7.4 输入输出线性化

7.4.1 基于标准型的输入输出线性化

针对非线性系统(7.1)、(7.2),输入输出线性化(Input-Output Linearization)是指寻找状态反馈(7.3)和坐标变换(7.4),使得闭环系统(7.5)、(7.6)的输出 y 与输入 v 之间在新的坐标下为线性关系。

如果系统(7.1)、(7.2)的相对阶有定义,且 $r=n$,那么根据 7.2 节的讨论,可以实现

输入输出线性化；如果 $r < n$，那么根据 6.4 节中给出的标准型或准标准型，也可以实现输入输出线性化。考虑标准型(6.29) 式，即下

$$\begin{cases} \dot{z}_1 = z_2 \\ \dot{z}_2 = z_3 \\ \vdots \\ \dot{z}_{r-1} = z_r \\ \dot{z}_r = b(z) + a(z)u \\ \dot{z}_{r+1} = q_{r+1}(z) \\ \vdots \\ \dot{z}_n = q_n(z) \\ y = z_1 \end{cases}$$

显然，选择状态反馈

$$u = \frac{1}{a(z)}(-b(z) + v) = \frac{1}{L_g L_f^{r-1} h(\boldsymbol{x})}(-L_f^r h(\boldsymbol{x}) + v) \tag{7.39}$$

即可实现输入输出线性化。记

$$\boldsymbol{\xi} = \begin{bmatrix} z_1 \\ \vdots \\ z_r \end{bmatrix},\ \boldsymbol{\eta} = \begin{bmatrix} z_{r+1} \\ \vdots \\ z_n \end{bmatrix},\ \boldsymbol{q}(z) = \boldsymbol{q}(\boldsymbol{\xi}, \boldsymbol{\eta}) = \begin{bmatrix} q_{r+1}(z) \\ \vdots \\ q_n(z) \end{bmatrix}$$

可得到如下简化表达形式

$$\dot{\boldsymbol{\xi}} = \boldsymbol{A}_{11}\boldsymbol{\xi} + \boldsymbol{B}_1 v \tag{7.40}$$

$$\dot{\boldsymbol{\eta}} = \boldsymbol{q}(\boldsymbol{\xi}, \boldsymbol{\eta}) \tag{7.41}$$

$$y = z_1 \tag{7.42}$$

其中

$$\boldsymbol{A}_{11} = \begin{bmatrix} 0 & 1 & 0 & \cdots & 0 \\ 0 & 0 & 1 & \cdots & 0 \\ \vdots & \vdots & \vdots & & \vdots \\ 0 & 0 & 0 & \cdots & 1 \\ 0 & 0 & 0 & \cdots & 0 \end{bmatrix}_{r\times r},\ \boldsymbol{B}_1 = \begin{bmatrix} 0 \\ 0 \\ \vdots \\ 0 \\ 1 \end{bmatrix}_{r\times 1} \tag{7.43}$$

从式(7.40) ~ (7.43) 可以看出，系统具有部分线性结构，如图7.3所示，因此输入输出线性化也称为系统的部分线性化。部分线性化的系统包括两部分：r 维的线性子系统(7.41)，具有串联积分器的形式，反映了系统输入输出行为；$n - r$ 维的非线性子系统(7.41)，其动态行为不影响系统的输出，称为内动态子系统。显然，内动态子系统的状态 $\boldsymbol{\eta}$ 是不能观的。当系统的相对阶为 $r = n$ 时，实现输入输出线性化的同时，实现了输入状态线性化，即实现了完全线性化，此时不存在内动态子系统。

例 7.4　针对如下非线性系统

$$\dot{x}_1 = x_2 + x_1^3 + u$$

$$\dot{x}_2 = -u$$

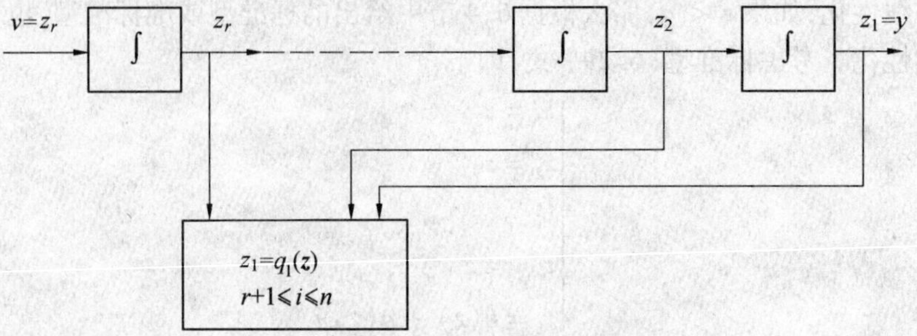

图 7.3　输入输出部分线性化

$$y = h(\boldsymbol{x}) = x_1 \tag{7.44}$$

利用输入输出线性化可以进行系统的输出调节,实现$\lim\limits_{t\to\infty} y(t) = 0$。由

$$\dot{y} = \dot{x}_1 = x_2 + x_1^3 + u$$

可知,系统的相对阶为 1。选择 u 使得

$$\dot{y} = v = x_2 + x_1^3 + u$$

可得

$$u = - x_2 - x_1^3 + v \tag{7.45}$$

此时可以选择

$$v = - K_p y,\ K_p > 0 \tag{7.46}$$

即可实现$\lim\limits_{t\to\infty} y(t) = 0$。由于相对阶为 1,此时系统存在内动态

$$\begin{aligned}\dot{x}_2 = - u &= -(- x_2 - x_1^3 + v) = \\ &-(- x_2 - x_1^3 - K_p x_1) = x_1^3 + x_2 + K_p x_1\end{aligned} \tag{7.47}$$

若 $y = x_1 \to 0$,则上述内动态趋向于如下动态系统

$$\dot{x}_2 = x_2 \tag{7.48}$$

是不稳定的。

7.4.2　零动态特性

在例 7.4 中,当强制系统的输出为零时,内动态子系统(7.47) 变为由式(7.48) 所描述的动态子系统,实际上就是系统的零动态子系统。对于系统(7.44) 来说,零动态子系统是一个不稳定的子系统,因此在进行输出调节时,所设计的控制律(7.45)、(7.46) 是不能实际应用的,因为此时闭环系统是不稳定的。因此,在进行输入输出线性化时,需要考虑零动态系统的特性。为引入零动态特性的概念,首先介绍零化输出问题。

对于非线性系统(7.1),(7.2),当 $r = n$ 时,系统不存在内动态特性,因此假设系统的相对阶 $r < n$。不失一般性,假设为 $\boldsymbol{f}(\boldsymbol{x})$ 和坐标变换 $z = \boldsymbol{\Phi}(\boldsymbol{x})$ 满足

$$\boldsymbol{f}(\boldsymbol{x}_0) = \boldsymbol{0},\ \boldsymbol{\Phi}(\boldsymbol{x}_0) = \boldsymbol{0} \tag{7.49}$$

为使系统的输出恒为零,需要合适的控制和系统的初值。考虑系统在包含 $\boldsymbol{x}_0$ 点的邻域 U 的标准型(6.29),记

$$\boldsymbol{\xi}=\begin{bmatrix}z_1\\ \vdots\\ z_r\end{bmatrix},\ \boldsymbol{\eta}=\begin{bmatrix}z_{r+1}\\ \vdots\\ z_n\end{bmatrix},\ \boldsymbol{q}(z)=\boldsymbol{q}(\boldsymbol{\xi},\boldsymbol{\eta})=\begin{bmatrix}q_{r+1}(z)\\ \vdots\\ q_n(z)\end{bmatrix}$$

则标准型(6.29) 可描述如下

$$\begin{cases}\dot{z}_1=z_2\\ \dot{z}_2=z_3\\ \quad\vdots\\ \dot{z}_{r-1}=z_r\\ \dot{z}_r=b(\boldsymbol{\xi},\boldsymbol{\eta})+a(\boldsymbol{\xi},\boldsymbol{\eta})u\\ \dot{\boldsymbol{\eta}}=q(\boldsymbol{\xi},\boldsymbol{\eta})\\ y=z_1\end{cases}\tag{7.50}$$

由式(7.49) 可知,上式中 $b(\mathbf{0},\mathbf{0})=0$, $q(\mathbf{0},\mathbf{0})=0$。由输出恒为零的条件

$$y(t)=h(\boldsymbol{x}(t))=z_1(t)=0$$

可得

$$\begin{gathered}z_2(t)=\dot{z}_1(t)=0\\ \vdots\\ z_r(t)=\dot{z}_{r-1}(t)=0\end{gathered}$$

即有 $\boldsymbol{\xi}(t)=\mathbf{0}$ 成立。可见,当强制系统的输出恒为零时,系统的状态被约束到 $\boldsymbol{\xi}(t)=\mathbf{0}$ 的区域上。将这一条件代入式(7.50),可得

$$0=b(\mathbf{0},\boldsymbol{\eta}(t))+a(\mathbf{0},\boldsymbol{\eta}(t))u(t)\tag{7.51}$$

$$\dot{\boldsymbol{\eta}}(t)=\boldsymbol{q}(\mathbf{0},\boldsymbol{\eta}(t)),\ \boldsymbol{\eta}(0)=\boldsymbol{\eta}_0\tag{7.52}$$

由于 $a(\mathbf{0},\boldsymbol{\eta}(t))\neq 0$,为使输出恒为零,输入 $\boldsymbol{u}(t)$ 必然是方程(7.51) 的唯一解,即

$$\boldsymbol{u}(t)=-\frac{b(\mathbf{0},\boldsymbol{\eta}(t))}{a(\mathbf{0},\boldsymbol{\eta}(t))}\tag{7.53}$$

在此条件下,选择 $\boldsymbol{\xi}(t)$ 的初值为 $\boldsymbol{\xi}(0)=\mathbf{0}$,则可以保证系统的输出恒为零,而式(7.52) 中 $\boldsymbol{\eta}(t)$ 的 $\boldsymbol{\eta}_0$ 不会影响系统的输出。因此,对于每一组初始值 $\boldsymbol{\xi}(0)=\mathbf{0}$ 和 $\boldsymbol{\eta}(0)=\boldsymbol{\eta}_0$,式(7.53) 给出的控制输入是能够使得输出 $y(t)$ 在所有时刻恒为零的唯一输入。

当确定了初始条件 $\boldsymbol{\xi}(0)=\mathbf{0}$,控制输入(7.53) 约束系统的输出 $y(t)$ 恒为零,此时的内动态子系统(7.52) 成为系统的零动态(Zero Dynamics)。如果零动态子系统是渐近稳定的,则称非线性系统(7.1)、(7.2) 是最小相位系统,否则,是非最小相位系统。

例 7.5　对于系统

$$\dot{\boldsymbol{x}}=\begin{bmatrix}-x_1\\ x_1x_2\\ x_2\end{bmatrix}+\begin{bmatrix}\mathrm{e}^{x_2}\\ 1\\ 0\end{bmatrix}u$$

$$y=x_3$$

选择坐标变换

$$z_1 = x_3$$
$$z_2 = x_2$$
$$z_3 = x_1 - e^{x_2} + 1$$

可得标准型如下

$$\dot{z}_1 = z_2$$
$$\dot{z}_2 = (-1 + z_3 + e^{x_2})z_2 + u$$
$$\dot{z}_3 = (1 - z_3 - e^{x_2})(1 + z_2 e^{x_2})$$

令 $z_1 = z_2 = 0$,得到系统的零动态为 $\dot{z}_3 = -z_3$。

容易看出,例 7.4 中给出的系统是非最小相位系统,而例 7.5 中给出的系统是最小相位系统。

利用标准型(6.29)可以方便地得到零动态子系统。但当坐标变换中满足 $L_g\varphi_i(\boldsymbol{x}) = 0$ 的函数 $\varphi_{r+1}(\boldsymbol{x}), \cdots, \varphi_n(\boldsymbol{x})$ 难以找到时,只能得到准标准型(6.30),利用准标准型也能方便地得到零动态子系统。针对式(6.30),记

$$\boldsymbol{p}(\boldsymbol{z}) = \begin{bmatrix} p_{r+1}(\boldsymbol{z}) \\ \vdots \\ p_n(\boldsymbol{z}) \end{bmatrix},\ \boldsymbol{q}(\boldsymbol{z}) = \begin{bmatrix} q_{r+1}(\boldsymbol{z}) \\ \vdots \\ q_n(\boldsymbol{z}) \end{bmatrix}$$

则可得到准标准型的表达形式

$$\begin{cases} \dot{z}_1 = z_2 \\ \dot{z}_2 = z_3 \\ \vdots \\ \dot{z}_{r-1} = z_r \\ \dot{z}_r = b(\boldsymbol{\xi},\boldsymbol{\eta}) + a(\boldsymbol{\xi},\boldsymbol{\eta})u \\ \dot{\boldsymbol{\eta}} = \boldsymbol{q}(\boldsymbol{\xi},\boldsymbol{\eta}) + \boldsymbol{p}(\boldsymbol{\xi},\boldsymbol{\eta})u \\ y = z_1 \end{cases} \tag{7.54}$$

当系统的输出恒为零时,内动态子系统变为

$$\dot{\eta}(t) = \boldsymbol{q}(\boldsymbol{0},\boldsymbol{\eta}(t)) + \boldsymbol{p}(\boldsymbol{0},\eta(t))\boldsymbol{u}(t),\ \boldsymbol{\eta}(0) = \boldsymbol{\eta}_0 \tag{7.55}$$

对比(7.50)、(7.54)两式,显然,选择 $\boldsymbol{\xi}(t)$ 的初值为 $\boldsymbol{\xi}(0) = \boldsymbol{0}$,则形如式(7.53)的控制输入能够使得输出 $y(t)$ 在所有时刻恒为零。将式(7.53)代入到式(7.55),可得系统的零动态子系统

$$\dot{\boldsymbol{\eta}}(t) = \boldsymbol{q}(\boldsymbol{0},\boldsymbol{\eta}) + \boldsymbol{p}(\boldsymbol{0},\boldsymbol{\eta})\frac{b(\boldsymbol{0},\boldsymbol{\eta}(t))}{a(\boldsymbol{0},\boldsymbol{\eta}(t))},\boldsymbol{\eta}(0) = \boldsymbol{\eta}_0 \tag{7.56}$$

例 7.6 如下系统

$$\dot{\boldsymbol{x}} = \begin{bmatrix} x_1x_2 - x_1^3 \\ x_1 \\ -x_3 \\ x_1^2 + x_2 \end{bmatrix} + \begin{bmatrix} 0 \\ 2 + 2x_3 \\ 1 \\ 0 \end{bmatrix} u$$

$$y = h(\boldsymbol{x}) = x_4$$

经坐标变换后的准标准型为

$$\begin{aligned}
\dot{z}_1 &= z_2 \\
\dot{z}_2 &= z_4 + 2z_4(z_4(z_2 - z_4^2) - z_4^3) + (2 + 2z_3)u \\
\dot{z}_3 &= -z_3 + u \\
\dot{z}_4 &= -2z_4^3 + z_2 z_4 \\
y &= z_1
\end{aligned}$$

在第二个方程中，令 $z_1 = z_2 = 0$，则得到

$$u = -\frac{z_4 - 4z_4^4}{2 + 2z_3}$$

将 u 以及 $z_1 = z_2 = 0$ 代入到第三、四个方程中，得

$$\begin{aligned}
\dot{z}_3 &= -z_3 - \frac{z_4 - 4z_4^4}{2 + 2z_3} \\
\dot{z}_4 &= -2z_4^3
\end{aligned}$$

即为该系统的零动态。

以上在新坐标 $\boldsymbol{z}$ 下，基于零化输出问题，讨论了非线性系统的零动态。下面在系统原坐标 $\boldsymbol{x}$ 下进行分析，即针对式(7.1)、(7.2)进行讨论。由前面的分析结果可知，当系统的输出恒为零时，有

$$z_1(t) = \cdots = z_r(t) = 0 \tag{7.57}$$

因此零动态只能在属于以下子集的 $\boldsymbol{z} = 0$ 邻域内演变

$$Z^* = \{\boldsymbol{z} \in \mathbb{R}^n \mid z_1 = z_2 = \cdots = z_r = 0\}$$

零动态特性与零动态空间如图 7.4 所示。

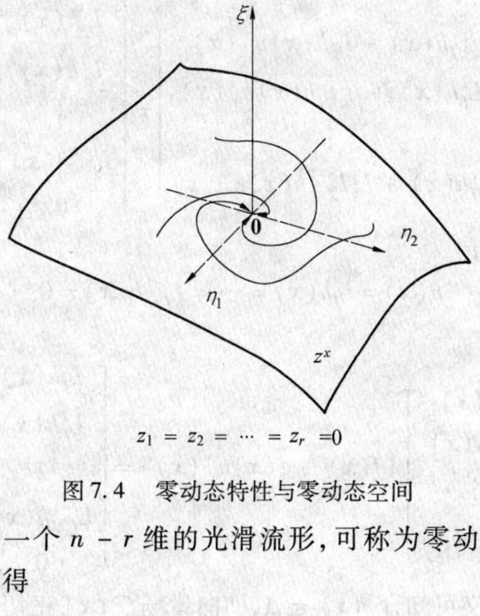

图 7.4　零动态特性与零动态空间

Z^* 是 $\boldsymbol{z} = \boldsymbol{0}$ 附近的一个 $n - r$ 维的光滑流形，可称为零动态空间(Zero Dynamics Space)。由式(7.57)可得

$$L_f^{i-1}h(\boldsymbol{x}(t))=0,\ 1\leqslant i\leqslant r$$

因此零动态空间在 $\boldsymbol{x}$ 坐标下表示为

$$Z^*=\{\boldsymbol{x}\in\mathbb{R}^n\,|\,h(\boldsymbol{x})=L_fh(\boldsymbol{x})=\cdots=L_f^{r-1}h(\boldsymbol{x})=0\}$$

考虑零化输出问题,此时有

$$0=y^{(r)}(t)=L_f^rh(\boldsymbol{x}(t))+L_gL_f^{r-1}h(\boldsymbol{x}(t))\boldsymbol{u}(t)$$

由此得零化输出问题的控制

$$u^*(\boldsymbol{x}(t))=-\frac{L_f^rh(\boldsymbol{x}(t))}{L_gL_f^{r-1}h(\boldsymbol{x}(t))} \tag{7.58}$$

而系统的初值应满足 $\boldsymbol{x}(0)\in Z^*$。显然,这里所得到的结果与前面在 $\boldsymbol{z}$ 坐标下讨论的结果是一致的。将式(7.58)代入式(7.1),可得系统能够的零动态方程

$$\dot{\boldsymbol{x}}=\boldsymbol{f}(\boldsymbol{x})+\boldsymbol{g}(\boldsymbol{x})u^*(\boldsymbol{x})=\boldsymbol{f}^*(\boldsymbol{x}) \tag{7.59}$$

可以证明,从 Z^* 上一点出发的任意轨线,将始终保持在 Z^* 上,即 $\boldsymbol{f}^*(\boldsymbol{x})$ 始终切于 Z^*。事实上,微分 $\mathrm{d}L_f^ih(\boldsymbol{x})(0\leqslant i\leqslant r-1)$ 是线性无关的(引理6.2),因此集合 Z^* 是一个 $n-r$ 维光滑流形,为非奇异对合分布

$$\boldsymbol{\Delta}=\mathrm{Span}\left\{\frac{\partial}{\partial z_{r+1}},\cdots,\frac{\partial}{\partial z_n}\right\}$$

的积分流形,而

$$\mathrm{Span}\{\mathrm{d}z_1,\cdots,\mathrm{d}z_r\}=\mathrm{Span}\{\mathrm{d}h(\boldsymbol{x}),\cdots,\mathrm{d}L_f^{r-1}h(\boldsymbol{x})\}$$

为 $\boldsymbol{\Delta}$ 的消去对偶分布。状态反馈(7.58)得

$$\begin{bmatrix}\mathrm{d}h(\boldsymbol{x})\\ \mathrm{d}L_fh(\boldsymbol{x})\\ \vdots\\ \mathrm{d}L_f^{r-1}h(\boldsymbol{x})\end{bmatrix}(\boldsymbol{f}(\boldsymbol{x})+\boldsymbol{g}(\boldsymbol{x})u^*(\boldsymbol{x}))=$$

$$\begin{bmatrix}L_fh(\boldsymbol{x})+L_gh(\boldsymbol{x})u^*(\boldsymbol{x})\\ L_f^2h(\boldsymbol{x})+L_gL_fh(\boldsymbol{x})u^*(\boldsymbol{x})\\ \vdots\\ L_f^rh(\boldsymbol{x})+L_gL_f^{r-1}h(\boldsymbol{x})u^*(\boldsymbol{x})\end{bmatrix}=\begin{bmatrix}L_fh(\boldsymbol{x})\\ L_f^2h(\boldsymbol{x})\\ \vdots\\ L_f^{r-1}h(\boldsymbol{x})\\ 0\end{bmatrix}$$

而对于所有的 $\boldsymbol{x}\in Z^*$,有

$$h(\boldsymbol{x})=L_fh(\boldsymbol{x})=\cdots=L_f^{r-1}h(\boldsymbol{x})=0$$

因而可得

$$\begin{bmatrix}\mathrm{d}h(\boldsymbol{x})\\ \mathrm{d}L_fh(\boldsymbol{x})\\ \vdots\\ \mathrm{d}L_f^{r-1}h(\boldsymbol{x})\end{bmatrix}(\boldsymbol{f}(\boldsymbol{x})+\boldsymbol{g}(\boldsymbol{x})u^*(\boldsymbol{x}))=\begin{bmatrix}L_fh(\boldsymbol{x})\\ L_f^2h(\boldsymbol{x})\\ \vdots\\ L_f^{r-1}h(\boldsymbol{x})\\ 0\end{bmatrix}=\boldsymbol{0} \tag{7.60}$$

根据消去对偶分布的定义可知,$\boldsymbol{f}^*(\boldsymbol{x})\in\boldsymbol{\Delta}$,即向量场 $\boldsymbol{f}^*(\boldsymbol{x})$ 正切于 Z^*,而式(7.59)就是

与式(7.52)或(7.56)相对应的零动态特性。

例 7.7 考虑如下非线性系

$$\dot{\boldsymbol{x}} = \boldsymbol{f}(\boldsymbol{x}) + \boldsymbol{g}(\boldsymbol{x})u = \begin{bmatrix} x_3 - x_2^3 \\ -x_2 \\ x_1^2 - x_3 \end{bmatrix} + \begin{bmatrix} 0 \\ -1 \\ 1 \end{bmatrix} u$$

$$y = h(\boldsymbol{x}) = x_1$$

容易验证,系统的相对阶为 $r = 2$。平衡点为 $\boldsymbol{x}_0 = \boldsymbol{0}$,且 $h(\boldsymbol{x}_0) = 0$。取坐标变换为

$$z_1 = h(x) = x_1$$
$$z_2 = L_f h(x) = x_3 - x_2^3$$
$$z_3 = x_2 + x_3$$

则计算可得

$$a(z) = L_g L_f h(\boldsymbol{\Phi}^{-1}(z)) = (3x_2^2 + 1)\big|_{\boldsymbol{x} = \boldsymbol{\Phi}^{-1}(z)}$$
$$b(z) = L_f^2 h(\boldsymbol{\Phi}^{-1}(z)) = (3x_2^2 + x_1^2 - x_3)\big|_{\boldsymbol{x} = \boldsymbol{\Phi}^{-1}(z)}$$
$$q(z) = L_f \varphi_3(\boldsymbol{\Phi}^{-1}(z)) = (-x_2 + x_1^2 - x_3)\big|_{\boldsymbol{x} = \boldsymbol{\Phi}^{-1}(z)} = z_1^2 - z_3$$

系统的标准型为

$$\dot{z}_1 = z_2$$
$$\dot{z}_2 = b(z) + a(z)u$$
$$\dot{z}_3 = z_1^2 - z_3$$
$$y = z_1$$

然后,求解零化输出问题。令

$$y(t) = x_1(t) = z_1(t) = z_2(t) = x_3 - x_2^3 = 0$$

可得

$$0 = b(z) + a(z)u$$
$$\dot{z}_3 = -z_3$$

初始条件是 $z_1^0 = z_2^0 = 0$,而 z_3^0 为任意值。零化输出的控制为 $u = -\dfrac{b(z)}{a(z)}$。在这样的初始条件和控制下,在 $\boldsymbol{x}$ 坐标下不难验证式(7.60)。对于所有的 $t \geqslant 0$,$y(t) = 0$ 使得 $z_1(t) = z_2(t) = 0$,表明当约束系统输出恒为零时,系统的状态被约束于

$$Z^* = \{\boldsymbol{x} \in \mathbb{R}^3 \mid x_1 = 0,\ x_3 = x_2^3\}$$

上,该曲线是 x_2x_3 坐标平面上的一条立方曲线,零动态解轨迹点在此曲线上运动,并且受零动态 $\dot{z}_3 = -z_3$ 支配。

下面讨论线性系统的零化输出问题,通过这些讨论,可以看出非线性系统的零动态特性、最小相位特性分别是与线性系统传递函数零点所对应的模态、最小相位特性相对应的。

考虑一个由传递函数描述的线性系统

$$H(s) = K\frac{b_0 + b_1 s + \cdots + b_{n-r-1}s^{n-r-1} + s^{n-r}}{a_0 + a_1 s + \cdots a_{n-1}s^{n-1} + s^n} \tag{7.61}$$

其中,$r < n$ 为系统的相对阶。假设传递函数分子多项式和分母多项式是互素的,考虑传递函数 $H(s)$ 的一个最小实现为

$$\dot{\boldsymbol{x}} = \boldsymbol{A}\boldsymbol{x} + \boldsymbol{B}u$$
$$y = \boldsymbol{C}x$$

其中

$$\boldsymbol{A} = \begin{bmatrix} 0 & 1 & 0 & \cdots & 0 \\ 0 & 0 & 1 & \cdots & 0 \\ \vdots & \vdots & \vdots & & \vdots \\ 0 & 0 & 0 & \cdots & 1 \\ -a_0 & -a_1 & -a_2 & \cdots & -a_{n-1} \end{bmatrix}, \boldsymbol{B} = \begin{bmatrix} 0 \\ 0 \\ \vdots \\ 0 \\ K \end{bmatrix}$$

$$\boldsymbol{C} = [\, b_0 \quad b_1 \quad \cdots \quad b_{n-r-1} \quad 1 \quad 0 \quad \cdots \quad 0 \,]$$

显然,$(\boldsymbol{A},\boldsymbol{B})$ 可控,$(\boldsymbol{C},\boldsymbol{A})$ 可观。取坐标变换

$$\boldsymbol{\Phi}(\boldsymbol{x}) = \begin{bmatrix} b_0x_1 + b_1x_2 + \cdots + b_{n-r-1}x_{n-r} + x_{x-r+1} \\ b_0x_2 + b_1x_3 + \cdots + b_{n-r-1}x_{n-r+1} + x_{n-r+2} \\ \vdots \\ b_0x_r + b_1x_{r+1} + \cdots + b_{n-r-1}x_{n-1} + x_n \\ x_1 \\ x_2 \\ \vdots \\ x_{n-r} \end{bmatrix}$$

其 Jacobi 矩阵为

$$\frac{\partial \boldsymbol{\Phi}}{\partial \boldsymbol{x}} = \begin{bmatrix} \begin{bmatrix} b_0 & b_1 & \cdots & b_{n-r-1} \\ 0 & b_0 & \cdots & b_{n-r-2} \\ \vdots & \vdots & \ddots & \vdots \\ 0 & 0 & \cdots & 0 \end{bmatrix}_{r\times(n-r)} & \begin{bmatrix} 1 & 0 & \cdots & 0 \\ * & 1 & \cdots & 0 \\ \vdots & \vdots & \cdots & \vdots \\ * & * & \cdots & 1 \end{bmatrix}_{r\times r} \\ \begin{bmatrix} 1 & 0 & \cdots & 0 \\ 0 & 1 & \cdots & 0 \\ \vdots & \vdots & \cdots & \vdots \\ 0 & 0 & \cdots & 1 \end{bmatrix}_{(n-r)\times(n-r)} & \begin{bmatrix} 0 & 0 & \cdots & 0 \\ 0 & 0 & \cdots & 0 \\ \vdots & \vdots & \cdots & \vdots \\ 0 & 0 & \cdots & 0 \end{bmatrix}_{(n-r)\times r} \end{bmatrix}$$

显然是非奇异的。记

$$\boldsymbol{\xi} = \begin{bmatrix} z_1 \\ \vdots \\ z_r \end{bmatrix}, \boldsymbol{\eta} = \begin{bmatrix} z_{r+1} \\ \vdots \\ z_n \end{bmatrix}$$

可得系统的标准型

$$
\begin{cases}
\dot{z}_1 = z_2 \\
\dot{z}_2 = z_3 \\
\vdots \\
\dot{z}_{r-1} = z_r \\
\dot{z}_r = \boldsymbol{R\xi} + \boldsymbol{S\eta} + Ku \\
\dot{\boldsymbol{\eta}} = \boldsymbol{P\xi} + \boldsymbol{Q\eta} \\
y = z_1
\end{cases}
$$

其中

$$
\boldsymbol{R} = [-a_0 \quad -a_1 \quad \cdots \quad -a_{r-1}],\ \boldsymbol{S} = [b_0 - a_r \quad b_1 - a_{r+1} \quad \cdots \quad b_{n-r-1} - a_{n-1}] \tag{7.62}
$$

$$
\boldsymbol{P} = \begin{bmatrix} 0 & 0 & \cdots & 0 & 0 \\ 0 & 0 & \cdots & 0 & 0 \\ \vdots & \vdots & & \vdots & \vdots \\ 0 & 0 & \cdots & 0 & 0 \\ 1 & 0 & \cdots & 0 & 0 \end{bmatrix},\ \boldsymbol{Q} = \begin{bmatrix} 0 & 1 & 0 & \cdots & 0 \\ 0 & 0 & 1 & \cdots & 0 \\ \vdots & \vdots & \vdots & & \vdots \\ 0 & 0 & 0 & \cdots & 1 \\ -b_0 & -b_1 & -b_2 & \cdots & -b_{n-r-1} \end{bmatrix} \tag{7.63}
$$

零化输出的控制为

$$
u = -\frac{1}{K}\boldsymbol{S\eta}
$$

系统的零动态为

$$
\dot{\boldsymbol{\eta}} = \boldsymbol{Q\eta} \tag{7.64}
$$

由式(7.63)中矩阵 $\boldsymbol{Q}$ 的结构可知,零动态子系统(7.64)的特征值与传递函数(7.61)的零点是一致的。对于传递函数(7.61),当其零点都在复平面的左半平面时,称系统是最小相位的。这种情形对应着零动态子系统(7.64)是渐近稳定的,相应的,系统是最小相位的。

例 7.8　考虑由如下传递函数

$$
G(s) = \frac{s-1}{s^2 + 2s + 1}
$$

描述的线性系统,其状态空间描述为

$$
\begin{cases}
\dot{x}_1 = -2x_1 + x_2 + u \\
\dot{x}_2 = -x_1 - u \\
y = x_1
\end{cases}
$$

系统的相对阶为 $r = 1$。令 $y = 0$,可得系统的零动态

$$
\dot{x}_2 = x_2
$$

显然,零动态是不稳定的,系统为非最小相位系统,相应的传递函数在复平面的右半平面有一个零点 $s = 1$,与零动态子系统的特征值是一致的。

基于前面关于线性系统零化输出问题的讨论,可得出结论:对于一个非线性系统,其零动态特性的线性近似与该系统线性近似的零动态是一致的。这一结论主要是基于以下

结果。

命题 7.3 非线性系统的线性近似不改变系统的相对阶。

证明 假设系统(7.1)、(7.2)在 $\boldsymbol{x}=\boldsymbol{0}$ 处的相对阶为 r,在 $\boldsymbol{x}=\boldsymbol{0}$ 处的线性近似系统为

$$\dot{\boldsymbol{x}}=\boldsymbol{A}\boldsymbol{x}+\boldsymbol{B}u \tag{7.65}$$

$$y=\boldsymbol{C}x \tag{7.66}$$

其中

$$\boldsymbol{A}=\left.\frac{\partial \boldsymbol{f}}{\partial \boldsymbol{x}}\right|_{x=\boldsymbol{0}},\ \boldsymbol{B}=\boldsymbol{g}(\boldsymbol{0}),\ \boldsymbol{C}=\left.\frac{\partial h}{\partial \boldsymbol{x}}\right|_{x=\boldsymbol{0}}$$

如果线性近似系统(7.65)、(7.66)的相对阶仍为 r,显然应该满足

$$\boldsymbol{C}\boldsymbol{A}^k\boldsymbol{B}=0,\ k<r-1$$
$$\boldsymbol{C}\boldsymbol{A}^{r-1}\boldsymbol{B}\neq 0$$

由于假设非线性系统(7.1)、(7.2)的相对阶为 r,按照相对阶的定义可知

$$L_gL_f^kh(\boldsymbol{x})=0,\ k<r-1$$
$$L_gL_f^{r-1}h(\boldsymbol{0})\neq 0$$

因此,要证明原线性系统(7.1)、(7.2)与其线性近似系统(7.65)、(7.66)具有相同的相对阶,只要证明

$$\boldsymbol{C}\boldsymbol{A}^k\boldsymbol{B}=L_gL_f^{r-1}h(\boldsymbol{0})=0,\ k<r-1$$
$$\boldsymbol{C}\boldsymbol{A}^{r-1}\boldsymbol{B}=L_gL_f^{r-1}h(\boldsymbol{0})\neq 0 \tag{7.67}$$

成立即可。事实上,由数学归纳法容易证得

$$L_f^kh(\boldsymbol{x})=\boldsymbol{C}\boldsymbol{A}^k\boldsymbol{x}+\boldsymbol{d}_k(\boldsymbol{x}),\ k\leqslant r-1$$

其中,$d_k(\boldsymbol{x})$ 满足$\left.\frac{\partial \boldsymbol{d}_k}{\partial \boldsymbol{x}}\right|_{x=\boldsymbol{0}}=\boldsymbol{0}$。根据上式可得

$$L_gL_f^kh(\boldsymbol{x})=\frac{\partial(\boldsymbol{C}\boldsymbol{A}^k\boldsymbol{x}+\boldsymbol{d}_k(\boldsymbol{x}))}{\partial \boldsymbol{x}}(\boldsymbol{B}+g_1(\boldsymbol{x}))=\left(\boldsymbol{C}\boldsymbol{A}^k+\frac{\partial \boldsymbol{d}_k}{\partial \boldsymbol{x}}\right)(\boldsymbol{B}+\boldsymbol{g}_1(\boldsymbol{x})) \tag{7.68}$$

其中,$\boldsymbol{g}_1(\boldsymbol{x})$ 满足 $\boldsymbol{g}_1(\boldsymbol{0})=\boldsymbol{0}$。由式(7.68)可推出式(7.67)成立。

由上面的讨论可知,获得非线性系统的零动态线性近似有两条途径:一是先将非线性系统转换为标准型,并得到零动态方程,然后求零动态方程的线性近似;二是先对非线性系统做线性近似,然后作为线性系统进行转换,得到标准型方程,并得到相应的线性零动态方程。这两种途径所得结果是一致的。

第 8 章　基于坐标变换的控制设计

第 5 章介绍的微分几何理论为非线性系统的分析和设计提供了新的工具,其中采用的一个主要的手段是坐标变换(微分同胚),如第 7 章中关于非线性系统线性化的讨论。本章继续第 7 章的内容,讨论基于坐标变换的控制设计,内容包括局部渐近镇定、输出跟踪和干扰解耦。

8.1　局部渐近镇定

8.1.1　问题的描述

考虑非线性系统

$$\dot{\boldsymbol{x}} = \boldsymbol{f}(\boldsymbol{x}) + \boldsymbol{g}(\boldsymbol{x})u \tag{8.1}$$

其中,$\boldsymbol{x} \in \mathbb{R}^n$,$u \in \mathbb{R}$;$\boldsymbol{f}(\boldsymbol{x})$,$\boldsymbol{g}(\boldsymbol{x})$ 为光滑向量场,$\boldsymbol{f}(\boldsymbol{x}_0) = \boldsymbol{0}$。不失一般性,假设 $\boldsymbol{x}_0 = \boldsymbol{0}$,如果能够设计一个定义在 $\boldsymbol{x}_0$ 附近的光滑状态反馈

$$u = \alpha(\boldsymbol{x}) \tag{8.2}$$

其中,$\alpha(\boldsymbol{0}) = 0$,使得闭环系统

$$\dot{\boldsymbol{x}} = \boldsymbol{f}(\boldsymbol{x}) + \boldsymbol{g}(\boldsymbol{x})\alpha(\boldsymbol{x}) \tag{8.3}$$

的平衡点 $\boldsymbol{x}_0$ 是局部渐近稳定的,则称非线性系统(8.1)是局部渐近镇定的。如果闭环系统的状态最终不是收敛到平衡点,而只能收敛到平衡点附近的一个邻域内,则称系统是实用镇定的。当系统(8.1)中含有不确定性时,系统可描述为

$$\dot{\boldsymbol{x}} = \boldsymbol{f}(\boldsymbol{x}) + \Delta\boldsymbol{f}(\boldsymbol{x}) + \boldsymbol{g}(\boldsymbol{x})u + \Delta\boldsymbol{g}(\boldsymbol{x})u \tag{8.4}$$

其中,$\Delta\boldsymbol{f}(\boldsymbol{x})$,$\Delta\boldsymbol{g}(\boldsymbol{x})$ 为系统中的不确定性。如果 $\Delta\boldsymbol{f}(\boldsymbol{0}) \neq \boldsymbol{0}$,则系统(8.4)一般来说是能实现实用镇定。

由于这里主要采用坐标变换的手段研究镇定问题,而前面介绍的坐标变换一般来说只是局部成立,因此所得结果一般来说是局部(Local)的。与局部镇定相对应,对于系统(8.1)来说,还有全局(Global)镇定、区域(Regional)镇定、半全局(Semi-Global)镇定等概念。全局镇定对应于闭环系统(8.3)的全局稳定性,而区域镇定和半全局镇定都对应于闭环系统(8.3)的局部稳定性。其区别在于局部稳定性的收敛域。区域镇定是指在实现局部镇定的同时,可以给出明确的闭环系统收敛域的估计;半全局镇定是指针对给定的收敛域,可以给出与给定的收敛域相对应的控制器,使得闭环系统的收敛域包含要求的收敛域。下面举例进行说明。

考虑如下非线性系统

$$\dot{x} = x^2 + u \tag{8.5}$$

则控制律

$$u = -kx,\ k > 0 \tag{8.6}$$

可以实现闭环系统的局部渐近稳定性，因此上述控制律(8.5)是一个局部渐近镇定律。对于闭环系统(8.5)、(8.6)来说，给定 $k > 0$ 后，容易分析出闭环系统的收敛域为 $\{x \mid x < k\}$，因此上述控制器(8.6)也实现了区域镇定。如果给定一个紧集 $B_r = \{x \mid |x| \leqslant r, r > 0\}$ 作为要求的收敛域，则如下控制器

$$u = -kx,\ k > r \tag{8.7}$$

可以保证 B_r 为闭环系统收敛域的一个子集，随着 r 的增大，控制律(8.7)都可保证闭环系统在 B_r 内的渐进稳定性，因此为半全局镇定律。而如下控制律

$$u = -kx - x^2,\ k > 0 \tag{8.8}$$

显然为系统(8.5)的一个全局镇定律。

如果不对被控对象进行一定的假设，全局有界的控制器不能实现系统的全局镇定，因此当考虑控制能量有界、系统存在不确定性时，有意义的是半全局或区域实用镇定。

8.1.2 线性近似方法

首先基于线性近似的方法讨论系统的局部渐近镇定问题。考虑系统(8.1)，在平衡点 $\mathbf{0}$ 附近，$\boldsymbol{f}(\boldsymbol{x})$，$\boldsymbol{g}(\boldsymbol{x})$ 可表示为

$$\begin{aligned} \boldsymbol{f}(\boldsymbol{x}) &= \boldsymbol{A}\boldsymbol{x} + \boldsymbol{f}_2(\boldsymbol{x}) \\ \boldsymbol{g}(\boldsymbol{x}) &= \boldsymbol{B} + \boldsymbol{g}_1(\boldsymbol{x}) \end{aligned} \tag{8.9}$$

其中

$$\boldsymbol{A} = \left.\frac{\partial \boldsymbol{f}}{\partial \boldsymbol{x}}\right|_{x=0},\ \boldsymbol{B} = \boldsymbol{g}(\mathbf{0})$$

从而得到系统(8.1)的线性化系统

$$\dot{\boldsymbol{x}} = \boldsymbol{A}\boldsymbol{x} + \boldsymbol{B}\boldsymbol{u} \tag{8.10}$$

命题 8.1 假设线性近似系统(8.10)是可渐近镇定的，即 $(\boldsymbol{A},\boldsymbol{B})$ 可控，或者 $(\boldsymbol{A},\boldsymbol{B})$ 不可控，但不可控模态对应的特征值具有负实部，则能够渐近镇定线性近似系统(8.10)的任意线性反馈控制律，能够局部渐近镇定非线性系统(8.1)；如果 $(\boldsymbol{A},\boldsymbol{B})$ 不可控，并且不可控模态对应具有正实部的特征值，则非线性系统(8.1)不能通过光滑反馈进行镇定。

证明 假设线性近似系统(8.10)可渐近镇定，并且设 $\boldsymbol{F}$ 是使得 $\boldsymbol{A}+\boldsymbol{B}\boldsymbol{F}$ 的所有特征值都具有负实部的任意矩阵，对非线性系统(8.1)施加状态反馈 $u = \boldsymbol{F}\boldsymbol{x}$，则可得闭环系统

$$\dot{\boldsymbol{x}} = \boldsymbol{f}(\boldsymbol{x}) + \boldsymbol{g}(\boldsymbol{x})\boldsymbol{F}\boldsymbol{x} = (\boldsymbol{A}+\boldsymbol{B}\boldsymbol{F})\boldsymbol{x} + \boldsymbol{f}_2(\boldsymbol{x}) + \boldsymbol{g}_1(\boldsymbol{x})\boldsymbol{F}\boldsymbol{x} \tag{8.11}$$

显然，闭环系统的线性化系统的所有特征值都在开左半复平面内。因此，根据定理2.7可知，非线性闭环系统(8.11)的平衡点是局部渐近稳定的。下面假设系统(8.10)的不可控模态具有正实部的特征值，设 $u = \alpha(\boldsymbol{x})$ 是任意的光滑状态反馈，满足 $\alpha(\mathbf{0}) = 0$，则闭环系统

$$\dot{\boldsymbol{x}} = \boldsymbol{f}(\boldsymbol{x}) + \boldsymbol{g}(\boldsymbol{x})\alpha(\boldsymbol{x})$$

的线性近似为

$$\dot{x} = \frac{\partial[f(x) + g(x)\alpha(x)]}{\partial x}\bigg|_{x=0} x = \left(A + B\frac{\partial \alpha}{\partial x}\bigg|_{x=0}\right)x$$

由于不可控模态的特征值具有正实部,而且与 $\alpha(\boldsymbol{x})$ 的取值无关,因此根据定理2.7可知,系统(8.1)的平衡点是不稳定的。

同定理2.7相一致,命题8.1的结论并没有涵盖所有的情形。对于系统(8.10)来说,如果$(\boldsymbol{A},\boldsymbol{B})$是不可控的,并且不可控模态对应具有零实部特征值,但是不具有正实部特征值,则对于系统(8.1)的局部渐近稳定性,命题8.1不能给出确定性的结论,即系统可能是可镇定的,也可能是不可镇定的,此时系统的可镇定性与式(8.9)中的高次项有关。

例8.1　考虑系统

$$\dot{x} = f(x) + g(x)u = \begin{bmatrix} -x_1 \\ x_1x_2 \\ x_2 \end{bmatrix} + \begin{bmatrix} e^{x_2} \\ 1 \\ 0 \end{bmatrix} u$$

的可镇定性。在 $\boldsymbol{x} = \boldsymbol{0}$ 处对系统进行线性化,可得

$$\dot{x} = Ax + Bu = \begin{bmatrix} -1 & 0 & 0 \\ 0 & 0 & 0 \\ 0 & 1 & 0 \end{bmatrix} x + \begin{bmatrix} 1 \\ 1 \\ 0 \end{bmatrix} u$$

容易验证,这一线性系统是完全能控的,因此由命题8.1可知,任何能够镇定线性系统的线性状态反馈,都能够局部渐近镇定所给的非线性系统。

下面基于标准型,通过对零动态特性进行线性近似分析局部可镇定性。假设系统(8.1)的输出为

$$y = h(x) \tag{8.12}$$

其中,$h(\boldsymbol{x})$ 为 C^{∞} 函数。在给定输出(8.12)后,记系统的相对阶为 r。由于当 $r = n$ 时,系统不存在内动态,因此可以假设 $r < n$。根据第6章中的讨论,针对系统(8.1)、(8.12),适当选择坐标变换,可以得到形如式(6.29)的标准型。对标准型进行线性化,可得线性近似

$$\begin{cases} \dot{z}_1 = z_2 \\ \dot{z}_2 = z_3 \\ \vdots \\ \dot{z}_{r-1} = z_r \\ \dot{z}_r = R\xi + S\eta + Ku \\ \dot{\eta} = P\xi + Q\eta \\ y = z_1 \end{cases} \tag{8.13}$$

其中

$$R = \frac{\partial b}{\partial \xi}\bigg|_{(\xi,\eta)=(0,0)} \in \mathbb{R}^{1\times r},\ S = \frac{\partial b}{\partial \eta}\bigg|_{(\xi,\eta)=(0,0)} \in \mathbb{R}^{1\times(n-r)}$$

$$P = \frac{\partial q}{\partial \xi}\bigg|_{(\xi,\eta)=(0,0)} \in \mathbb{R}^{(n-r)\times r},\ Q = \frac{\partial q}{\partial \eta}\bigg|_{(\xi,\eta)=(0,0)} \in \mathbb{R}^{(n-r)\times(n-r)}$$

$$K = a(\mathbf{0},\mathbf{0}) = L_g L_f^{r-1} h(\boldsymbol{\Phi}^{-1}(\mathbf{0},\mathbf{0}))$$

式(8.13)可写成

$$\begin{bmatrix} \dot{z}_1 \\ \dot{z}_2 \\ \vdots \\ \dot{z}_{r-1} \\ \dot{z}_r \\ \dot{\boldsymbol{\eta}} \end{bmatrix} = \begin{bmatrix} \begin{bmatrix} 0 & 1 & \cdots & 0 & 0 \\ 0 & 0 & \cdots & 0 & 0 \\ \vdots & \vdots & & \vdots & \vdots \\ 0 & 0 & \cdots & 0 & 1 \end{bmatrix} & \begin{bmatrix} 0_{1\times(n-r)} \\ 0_{1\times(n-r)} \\ \vdots \\ 0_{1\times(n-r)} \end{bmatrix} \\ \boldsymbol{R} & \boldsymbol{P} \\ \boldsymbol{S} & \boldsymbol{Q} \end{bmatrix} \begin{bmatrix} z_1 \\ z_2 \\ \vdots \\ z_{r-1} \\ z_r \\ \boldsymbol{\eta} \end{bmatrix} + \begin{bmatrix} 0 \\ 0 \\ \vdots \\ 0 \\ K \\ 0 \end{bmatrix} u \tag{8.14}$$

$$y = z_1 \tag{8.15}$$

假设线性近似系统不是完全可控的，则根据线性系统的可控性判据可知，对于某个复数 λ，矩阵

$$\begin{bmatrix} \begin{bmatrix} \lambda & -1 & 0 & \cdots & 0 \\ 0 & \lambda & -1 & \cdots & 0 \\ \vdots & \vdots & \vdots & & \vdots \\ 0 & 0 & 0 & \cdots & -1 \\ -r_1 & -r_2 & -r_3 & \cdots & \lambda - r_r \end{bmatrix} & \begin{bmatrix} 0 \\ 0 \\ \vdots \\ 0 \\ -\boldsymbol{S} \end{bmatrix} & \begin{bmatrix} 0 \\ 0 \\ \vdots \\ 0 \\ K \end{bmatrix} \\ -\boldsymbol{P} & \lambda\boldsymbol{I} - \boldsymbol{Q} & 0 \end{bmatrix} \tag{8.16}$$

的秩小于 n，其中

$$[r_1 \quad r_2 \quad \cdots \quad r_r] = \boldsymbol{R},\ K = a(\boldsymbol{0},\boldsymbol{0}) \neq 0$$

而使得矩阵(8.16)的秩小于 n 的 λ 是与不可控模态相对应的特征值。由于 K 不为零，仅当 λ 使得 $\det(\lambda\boldsymbol{I} - \boldsymbol{Q}) = 0$ 时，矩阵(8.16)的秩才可能小于 n。$\boldsymbol{Q}$ 为系统零动态方程线性近似的状态矩阵，称之为零动态矩阵。因此，λ 是零动态线性近似的一个特征值。由于不能任意配置的特征值在复平面上的位置将决定系统是否可以通过反馈进行镇定，所以 $\boldsymbol{Q}$ 对系统的可镇定性有着决定性的作用。

命题 8.2 在系统(8.1)、(8.12)的线性近似(8.13)中，如果零动态矩阵 $\boldsymbol{Q}$ 不存在($r = n$)，或者零动态矩阵 $\boldsymbol{Q}$ 存在($r < n$)，但其特征值都具有负实部，则任何可镇定线性系统(8.13)的线性反馈都能够局部渐近镇定非线性系统(8.1)、(8.12)。如果 $\boldsymbol{Q}$ 具有正实部特征值，则任何光滑反馈都不能镇定非线性系统(8.1)、(8.12)。

证明 命题8.2可以看作是命题8.1的推论，因为如果系统存在不可控模态，则不可控模态必然包含在 $\boldsymbol{Q}$ 的特征值中。

例 8.2 针对例 8.1 中给出的系统，假设系统的输出为

$$y = x_3$$

计算可得

$$L_g h(\boldsymbol{x}) = 0$$
$$L_f h(\boldsymbol{x}) = x_2$$
$$L_g L_f h(\boldsymbol{x}) = 1$$

因此系统的相对阶为 $r = 2$。选取坐标变换

$$z_1 = h(\boldsymbol{x}) = x_3$$

$$z_2 = L_f h(\boldsymbol{x}) = x_2$$
$$z_3 = 1 + x_1 - e^{x_2}$$

可得系统的标准型为

$$\begin{aligned}
\dot{z}_1 &= z_2 \\
\dot{z}_2 &= (z_3 - 1 + e^{z_2})z_2(z_3 - 2 + e^{z_2}) + u \\
\dot{z}_3 &= (-z_3 + 1 - e^{z_2})(1 + z_2 e^{z_2}) \\
y &= z_1
\end{aligned}$$

针对标准型,在点 $\boldsymbol{z} = \boldsymbol{0}$ 处进行线性化,可得

$$\begin{aligned}
\dot{z}_1 &= z_2 \\
\dot{z}_2 &= u \\
\dot{z}_3 &= -z_2 - z_3
\end{aligned}$$

由此可得零动态方程的线性近似为

$$\dot{z}_3 = -z_3$$

对应的零动态矩阵为 $Q = -1$,其特征值为 -1。由命题 8.2 可知,任何能够渐近镇定线性近似系统的线性反馈控制律都能够渐近镇定原非线性系统。

8.1.3　基于标准型的镇定

前面讨论了非线性系统基于线性近似的可镇定性,从命题 8.1 和命题 8.2 可以看出,这种方法只能针对非临界情况,即系统的不能控模态的特征值都在左半复平面(系统可镇定)或者具有右半复平面特征值(系统不可镇定)的情况。如果非线性系统(8.1)的线性近似系统不是完全能控的,且不能控模态中包含着在虚轴上的特征值,但不含有任何右半复平面特征值,则属于临界情形,此时非线性系统也可能通过一个非线性反馈局部渐近镇定,这种情况下的问题称为局部渐近镇定的临界问题。

考虑单输入非线性系统(8.1),如果存在光滑的实值函数 $h(\boldsymbol{x})$ 使得系统(8.1)相对于输出

$$y = h(\boldsymbol{x}) \tag{8.17}$$

在原点具有相对阶 $r < n$,则在原点的一个邻域内存在局部微分同胚 $\boldsymbol{z} = \boldsymbol{\Phi}(\boldsymbol{x})$,将系统变换为如式(6.29)所示的标准型,采用状态反馈

$$u = \frac{1}{a(\boldsymbol{\xi},\boldsymbol{\eta})}(-b(\boldsymbol{\xi},\boldsymbol{\eta}) + v) \tag{8.18}$$

并选取

$$v = -c_0 z_1 - c_1 z_2 - \cdots - c_{r-1} z_r \tag{8.19}$$

其中,$c_0, \cdots, c_{r-1}$ 为实数。则可得到闭环系统

$$\begin{cases}\dot{\boldsymbol{\xi}} = \boldsymbol{A}_{\xi}\boldsymbol{\xi} \\ \dot{\boldsymbol{\eta}} = \boldsymbol{q}(\boldsymbol{\xi},\boldsymbol{\eta})\end{cases} \tag{8.20}$$

其中

$$A_\xi = \begin{bmatrix} 0 & 1 & 0 & \cdots & 0 \\ 0 & 0 & 1 & \cdots & 0 \\ \vdots & \vdots & \vdots & & \vdots \\ 0 & 0 & 0 & \cdots & 1 \\ -c_0 & -c_1 & -c_2 & \cdots & -c_{r-1} \end{bmatrix}$$

其特征值多项式为

$$p(s) = c_0 + c_1 s + \cdots + c_{r-1}s^{r-1} + s^r$$

为讨论系统的可镇定性,首先介绍如下引理。

引理 8.1 考虑非线性系统

$$\begin{cases} \dot{\boldsymbol{\xi}} = \boldsymbol{A}_\xi \boldsymbol{\xi} + \boldsymbol{d}(\boldsymbol{\xi}, \boldsymbol{\eta}) \\ \dot{\boldsymbol{\eta}} = \boldsymbol{q}(\boldsymbol{\xi}, \boldsymbol{\eta}) \end{cases} \tag{8.21}$$

假设 $\boldsymbol{d}(\boldsymbol{0}, \boldsymbol{\eta}) = \boldsymbol{0}$,并且 $\frac{\partial \boldsymbol{d}}{\partial \boldsymbol{\eta}}(\boldsymbol{0}, \boldsymbol{0}) = \boldsymbol{0}$。如果 $\dot{\boldsymbol{\eta}} = q(\boldsymbol{0}, \boldsymbol{\eta})$ 在 $\boldsymbol{\eta} = \boldsymbol{0}$ 处渐近稳定,且 $\boldsymbol{A}_\xi$ 的特征值都具有负实部,则系统(8.21) 在 $(\boldsymbol{\xi}, \boldsymbol{\eta}) = (\boldsymbol{0}, \boldsymbol{0})$ 处渐近稳定。

命题 8.3 假设非线性系统(8.1)、(8.17) 的零动态特性 $\dot{\boldsymbol{\eta}} = q(\boldsymbol{0}, \boldsymbol{\eta})$ 的平衡点 $\boldsymbol{\eta} = \boldsymbol{0}$ 是局部渐近稳定的,并且 $\boldsymbol{A}_\xi$ 的特征多项式 $p(s)$ 的根均具有负实部,则反馈控制律

$$u = \frac{1}{a(\boldsymbol{\xi}, \boldsymbol{\eta})}(-b(\boldsymbol{\xi}, \boldsymbol{\eta}) - c_0 z_1 - c_1 z_2 - \cdots - c_{r-1} z_r) \tag{8.22}$$

可以局部渐近镇定系统(8.1) 的平衡点。

证明 对标准型施加状态反馈控制(8.18)、(8.19),即得控制律(8.22)。显然,此时闭环系统具有引理 8.2 中系统的形式(8.21)。根据命题的假设,零动态子系统 $\dot{\boldsymbol{\eta}} = \boldsymbol{q}(\boldsymbol{0}, \boldsymbol{\eta})$ 是局部渐近稳定的,命题得证。

镇定律(8.22) 在系统的 x 坐标下的表达式为

$$u = \frac{1}{L_g L_f^{r-1} h(\boldsymbol{x})}(-L_f^r h(\boldsymbol{x}) - c_0 h(\boldsymbol{x}) - c_1 L_f h(\boldsymbol{x}) - \cdots - c_{r-1} L_f^{r-1} h(\boldsymbol{x})) \tag{8.23}$$

从前面的分析可以看出,如果系统(8.1) 的线性近似具有虚轴上的不可控模态,并且定义输出(8.17) 使得零动态是局部渐近稳定的,那么通过前面的方法可以镇定该系统。实际上,命题 8.3 只要求系统的零动态 $\dot{\boldsymbol{\eta}} = \boldsymbol{q}(\boldsymbol{0}, \boldsymbol{\eta})$ 平衡点 $\boldsymbol{\eta} = \boldsymbol{0}$ 是渐近稳定的,而不要求零动态线性近似的渐近稳定性(即不要求 Q 的所有特征值具有负实部),因此命题 8.3 所要求的条件要弱于命题 8.1 要求的条件。

例 8.3 考虑如下非线性系统

$$\dot{\boldsymbol{x}} = \boldsymbol{f}(\boldsymbol{x}) + \boldsymbol{g}(\boldsymbol{x})u = \begin{bmatrix} x_1 x_2 - x_1^3 \\ x_1 \\ -x_3 \\ x_1^2 + x_2 \end{bmatrix} + \begin{bmatrix} 0 \\ 2 + 2x_3 \\ 1 \\ 0 \end{bmatrix} u$$

$$y = h(\boldsymbol{x}) = x_4$$

的镇定问题。求系统的相对阶,计算可得

$$L_gh(\boldsymbol{x}) = 0$$

$$L_fh(\boldsymbol{x}) = x_1^2 + x_2$$

$$L_gL_fh(\boldsymbol{x}) = 2(1 + x_3)$$

可见,当 $x_3 \neq -1$ 时,相对阶 $r = 2$。对系统进行线性化,可得

$$\dot{\boldsymbol{x}} = \boldsymbol{A}\boldsymbol{x} + \boldsymbol{B}u$$

其中

$$\boldsymbol{A} = \left.\frac{\partial \boldsymbol{f}}{\partial \boldsymbol{x}}\right|_{x=0} = \begin{bmatrix} x_2 - 3x_1^2 & x_1 & 0 & 0 \\ 1 & 0 & 0 & 0 \\ 0 & 0 & -1 & 0 \\ 2x_1 & 1 & 0 & 0 \end{bmatrix}_{x=0} = \begin{bmatrix} 0 & 0 & 0 & 0 \\ 1 & 0 & 0 & 0 \\ 0 & 0 & -1 & 0 \\ 0 & 1 & 0 & 0 \end{bmatrix}, \ \boldsymbol{B} = \boldsymbol{g}(\boldsymbol{0}) = \begin{bmatrix} 0 \\ 2 \\ 1 \\ 0 \end{bmatrix}$$

容易看出,状态 x_1 不能控,且不能控子阵为 0。因为不能控子阵有虚轴上的特征值,是临界问题,命题 8.1 不适用。相应的,命题 8.2 也不适用。下面考虑应用命题 8.3。首先通过非线性坐标变换把系统化为如下的标准型

$$\dot{z}_1 = z_2$$

$$\dot{z}_2 = z_4 + 2z_4(z_4(z_2 - z_4^2) - z_4^3) + (2 + 2z_3)u$$

$$\dot{z}_3 = -z_3 + u$$

$$\dot{z}_4 = -2z_4^3 + z_2z_4$$

令 $z_1 = z_2 = 0$,由 $\dot{z}_2$ 的表达式可得

$$u = -\frac{z_4 - 4z_4^4}{2 + 2z_3}$$

代入到 $\dot{z}_3$ 的表达式,得到系统的零动态方程为

$$\dot{z}_3 = -z_3 - \frac{z_4 - 4z_4^4}{2 + 2z_3}$$

$$\dot{z}_4 = -2z_4^3$$

可以看出,零动态系统是渐近稳定的,根据命题 8.3 可知,系统是可渐近镇定的。根据式(8.23) 可知如下控制律

$$u = \frac{1}{L_gL_fh(\boldsymbol{x})}(-L_f^2h(\boldsymbol{x}) - c_0h(\boldsymbol{x}) - c_1L_fh(\boldsymbol{x})) =$$

$$\frac{1}{2 + 2x_3}(-2x_1^2({}^{x}_{2} +)2 - x_1 - c_0x_4 - c_1(x_2 + x_1^2)), \ c_0 > 0, \ c_1 > 0$$

可渐近镇定系统。

系统的局部镇定,实际上可以保证存在小的外部输入信号,系统能够保证输入 - 状态的有界性。对于系统(8.1)、(8.17),如果在反馈控制律(8.22) 中加上参考输入信号 $\bar{v}(t)$,即

$$u = \frac{1}{a(\boldsymbol{\xi}, \boldsymbol{\eta})}(-b(\boldsymbol{\xi}, \boldsymbol{\eta}) - c_0z_1 - c_1z_2 - \cdots - c_{r-1}z_r + \bar{v})$$

则可得到如下闭环系统

$$\begin{cases}\dot{\boldsymbol{\xi}} = \boldsymbol{A}_{\xi}\boldsymbol{\xi} + \overline{\boldsymbol{B}}\,\bar{v} \\ \dot{\boldsymbol{\eta}} = \boldsymbol{q}(\boldsymbol{\xi},\boldsymbol{\eta})\end{cases} \tag{8.24}$$

其中

$$\boldsymbol{A}_{\xi} = \begin{bmatrix} 0 & 1 & 0 & \cdots & 0 \\ 0 & 0 & 1 & \cdots & 0 \\ \vdots & \vdots & \vdots & & \vdots \\ 0 & 0 & 0 & \cdots & 1 \\ -c_0 & -c_1 & -c_2 & \cdots & -c_{r-1} \end{bmatrix},\ \overline{\boldsymbol{B}} = \begin{bmatrix} 0 \\ 0 \\ \vdots \\ 0 \\ 1 \end{bmatrix}$$

当参考输入 $\bar{v}(t) = 0$ 时,系统(8.24)退化为(8.20)。如果系统(8.20)在平衡点$(\boldsymbol{\xi},\boldsymbol{\eta}) = (\boldsymbol{0},\boldsymbol{0})$是局部渐近稳定的,则对于充分小的 $\bar{v}(t)$,系统(8.24)的轨迹(非线性系统(8.1)的轨迹)是有界的,即对于 $\forall \varepsilon > 0$,存在 $\delta > 0$ 和 $K > 0$,只要 $\|\boldsymbol{x}(0)\| < \delta$,对于 $\forall t \geqslant 0$,有 $|\bar{v}(t)| \leqslant K$ 成立,则对于 $\forall t \geqslant 0$,有 $\|\boldsymbol{x}(t)\| < \varepsilon$ 成立。

在采用零动态方法研究渐近镇定问题时,必须首先定义系统的输出函数,这样才能得到系统的零动态。采用这种方法可以考虑临界情形下系统的镇定,即针对系统(8.1),通过设计一个合适的虚拟输出(8.17),使得零动态是局部渐近稳定的,从而可以给出镇定控制律,保证系统的局部渐近稳定性。

例 8.4 考虑如下系统

$$\dot{x}_1 = x_1^2 x_2^3 \tag{8.25}$$

$$\dot{x}_2 = x_2 + u \tag{8.26}$$

的镇定问题。对系统进行线性化可得

$$\dot{\boldsymbol{x}} = \boldsymbol{A}\boldsymbol{x} + \boldsymbol{B}u = \begin{bmatrix} 0 & 0 \\ 0 & 1 \end{bmatrix}\boldsymbol{x} + \begin{bmatrix} 0 \\ 1 \end{bmatrix}u$$

容易看出,线性化系统在虚轴上存在不可控模态,因此系统(8.25)、(8.26)的镇定问题属临界情形。考虑采用命题 8.3,首先需要定义一个虚拟的输出,使得系统具有渐近稳定的零动态(即使系统成为最小相位系统)。由线性化系统可知,状态 x_2 是能控的,因此通过设计反馈控制律可以使其达到稳定,但是当 x_2 趋近于零时,x_1 的动态趋向于 $\dot{x}_1 = 0$。为此,需要在状态变量 x_1 和 x_2 之间建立某种关系,使它们一起衰减。为此,令

$$x_2 = \gamma(x_1) \tag{8.27}$$

则 x_1 的动态方程(8.25)变为

$$\dot{x}_1 = x_1^2\,(\gamma(x_1))^3 \tag{8.28}$$

为使式(8.27)渐近成立,取系统的虚拟输出为

$$y = h(\boldsymbol{x}) = \gamma(x_1) - x_2 \tag{8.29}$$

而式(8.28)中对函数 $\gamma(x_1)$ 的要求是使得式(8.29)渐近稳定。对此,可以采用 Lyapunov 方法进行设计。取候选的 Lyapunov 函数为 $V(x_1) = x_1^2$,其导数为

$$\dot{V} = 2x_1\dot{x}_1 = 2x_1^3\,(\gamma(x_1))^3$$

为保证 $\dot{V}$ 的负定性,可选 $\gamma(x_1) = -x_1$,从而由式(8.29)可得虚拟输出为

$$y = h(\boldsymbol{x}) = -x_1 - x_2$$

此时,由于

$$L_g h(\boldsymbol{x}) = \frac{\partial h}{\partial \boldsymbol{x}} \boldsymbol{g}(\boldsymbol{x}) = 1$$

可得系统的相对阶为 $r = 1$。下面考虑零动态系统的稳定性。考虑坐标变换

$$z_1 = h(\boldsymbol{x}) = -x_1 - x_2$$
$$z_2 = \varphi_2(\boldsymbol{x}) = x_1$$

其中,$\varphi_2(\boldsymbol{x})$ 满足

$$L_g \varphi_2(\boldsymbol{x}) = \frac{\partial \varphi_2}{\partial \boldsymbol{x}} \boldsymbol{g}(\boldsymbol{x}) = 0$$

由此可得标准型

$$\dot{z}_1 = z_2^2(^z_2 + z_1)3 + z_2 + z_1 - u$$
$$\dot{z}_2 = -z_2^2(^z_2 + z_1)3$$
$$y = z_1$$

把 $y = z_1 = 0$ 代入到标准型方程中,得到零动态方程

$$\dot{z}_2 = -z_2^5$$

可见,零动态方程是渐近稳定的。由命题 8.3 可得镇定律

$$u = \frac{1}{a(z)}(-b(z) - c_0 z_1),\ c_0 > 0$$

在 $\boldsymbol{x}$ 坐标下,计算可得

$$a(\boldsymbol{x}) = L_g h(\boldsymbol{x}) = \frac{\partial h}{\partial \boldsymbol{x}} \boldsymbol{g}(\boldsymbol{x}) = -1$$

$$b(\boldsymbol{x}) = L_f h(\boldsymbol{x}) = \frac{\partial h}{\partial \boldsymbol{x}} \boldsymbol{f}(\boldsymbol{x}) = -x_1^2 x_2^3 - x_2$$

即如下控制律

$$u = -(x_1^2 x_2^3 + x_2) - c_0(x_1 + x_2)$$

可以实现系统的镇定。

8.2　渐近输出跟踪

第 7 章讨论非线性系统的零动态特性时,要求系统(7.1)、(7.2) 的输出一致为零,即要求对于 $\forall t \geq 0$ 满足 $y(t) = 0$,这可看作是要求系统的输出精确地跟踪参考输出信号 $y_R(t) = 0$。相关的结论可以很容易推广到输出精确跟踪任意函数 $y_R(t)$ 的情形,即确定系统的初始状态和相应的输入信号,使得系统的输出精确跟踪给定的参考输出信号。

下面基于标准型(6.29) 进行讨论,即考虑如下具有相对阶 $r(r < n)$ 的系统

$$
\begin{cases}
\dot{z}_1 = z_2 \\
\dot{z}_2 = z_3 \\
\vdots \\
\dot{z}_{r-1} = z_r \\
\dot{z}_r = b(\boldsymbol{\xi}, \boldsymbol{\eta}) + a(\boldsymbol{\xi}, \boldsymbol{\eta}) u \\
\dot{\boldsymbol{\eta}} = \boldsymbol{q}(\boldsymbol{\xi}, \boldsymbol{\eta}) \\
y = z_1
\end{cases}
\tag{8.30}
$$

其中

$$
\boldsymbol{z} = \begin{bmatrix} \boldsymbol{\xi} \\ \boldsymbol{\eta} \end{bmatrix}, \boldsymbol{\xi} = \begin{bmatrix} z_1 \\ \vdots \\ z_r \end{bmatrix}, \boldsymbol{\eta} = \begin{bmatrix} z_{r+1} \\ \vdots \\ z_n \end{bmatrix}
$$

如果系统能够实现精确输出跟踪,则有

$$
y(t) = y_{\mathrm{R}}(t) = z_1(t), \ t \geqslant 0
$$

将其代入系统方程(8.30),可得

$$
\begin{gathered}
z_2(t) = \dot{z}_1(t) = \dot{y}_{\mathrm{R}}(t) \\
\vdots \\
z_r(t) = \dot{z}_{r-1}(t) = y_{\mathrm{R}}^{(r-1)}(t)
\end{gathered}
$$

即对于 $\forall t \geqslant 0$ 和 $1 \leqslant i \leqslant r$,有 $z_i(t) = y_{\mathrm{R}}^{(i-1)}(t)$,可以简记为

$$
\boldsymbol{\xi} = \boldsymbol{\xi}_{\mathrm{R}}(t), \boldsymbol{\xi}_{\mathrm{R}}(t) = \begin{bmatrix} y_{\mathrm{R}}(t) \\ y_{\mathrm{R}}^{(1)}(t) \\ \vdots \\ y_{\mathrm{R}}^{(r-1)}(t) \end{bmatrix}, \ t \geqslant 0
$$

将 $\boldsymbol{\xi}_{\mathrm{R}}(t)$ 代入方程(8.30),可得

$$
\dot{z}_r(t) = y_{\mathrm{R}}^{(r)}(t) = b(\boldsymbol{\xi}_{\mathrm{R}}(t), \boldsymbol{\eta}(t)) + a(\boldsymbol{\xi}_{\mathrm{R}}(t), \boldsymbol{\eta}(t)) u(t) \tag{8.31}
$$

$$
\dot{\boldsymbol{\eta}}(t) = \boldsymbol{q}(\boldsymbol{\xi}_{\mathrm{R}}(t), \boldsymbol{\eta}(t)) \tag{8.32}
$$

如果输出 $y(t)$ 精确地跟踪 $y_{\mathrm{R}}(t)$,则 $\boldsymbol{\xi}(t)$ 的初值必须满足

$$
\boldsymbol{\xi}(0) = \boldsymbol{\xi}_{\mathrm{R}}(0) \tag{8.33}
$$

而在跟踪过程中,变量 $\boldsymbol{\eta}(t)$ 并未受到限制,因此其初值

$$
\boldsymbol{\eta}(0) = \boldsymbol{\eta}_0 \tag{8.34}
$$

可以任意选择。根据 $\boldsymbol{\eta}_0$ 的取值,由式(8.31)可得与初始条件相应的控制输入为

$$
\boldsymbol{u}(t) = \frac{y_{\mathrm{R}}^{(r)} - b(\boldsymbol{\xi}_{\mathrm{R}}(t), \boldsymbol{\eta}(t))}{a(\boldsymbol{\xi}_{\mathrm{R}}(t), \boldsymbol{\eta}(t))} \tag{8.35}
$$

其中,$\boldsymbol{\eta}(t)$ 为微分方程(8.32)在初始条件(8.34)下的解。

由上述分析可见,初始条件(8.33)、(8.34)和相应的控制(8.35)构成了精确跟踪参考输出问题的解,即给定初始状态(8.33)、(8.34),对于 $\forall t \geqslant 0$,输入(8.35)可以保证 $y(t) = y_{\mathrm{R}}(t)$,而式(8.32)描述了在精确跟踪参考输出的情况下,系统内部状态 $\boldsymbol{\eta}(t)$ 的运动规律。

前面关于精确跟踪参考输出问题的讨论中,要求在 $t=0$ 时刻,系统状态的初值满足式(8.33),但实际上,预先设定系统的初始状态到给定的数值上是困难的,而且未预期的摄动会引起初始状态偏离期望值,因此精确跟踪指定输出很难实现。另一方面,对于实际控制过程来说,精确跟踪一般并无必要,有意义的是渐近跟踪,即针对给定的参考输出信号,确定反馈控制律,使得系统的输出能够渐近地收敛于给定的参考输出信号。

考虑标准型(8.30),针对给定的参考输出信号 $y_{\mathrm{R}}(t)$,定义跟踪误差为

$$e(t)=y(t)-y_{\mathrm{R}}(t)$$

为实现渐近跟踪,所采用的控制律应当在精确跟踪控制律(8.35)的基础上加以改进,以保证跟踪误差的渐近收敛,为此,在式(8.35)中增加跟踪误差的反馈,选择

$$\boldsymbol{u}(t)=\frac{1}{a(\boldsymbol{\xi},\boldsymbol{\eta})}\left(-b(\boldsymbol{\xi},\boldsymbol{\eta})+y_{\mathrm{R}}^{(r)}-\sum_{i=1}^{r}c_{i-1}(z_i-y_{\mathrm{R}}^{(i-1)})\right)=$$
$$\frac{1}{a(\boldsymbol{\xi},\boldsymbol{\eta})}\left(-b(\boldsymbol{\xi},\boldsymbol{\eta})+y_{\mathrm{R}}^{(r)}-\sum_{i=1}^{r}c_{i-1}e^{(i-1)}\right)\tag{8.36}$$

其中,c_0, …, c_{r-1} 为实数。将控制律(8.36)代入式(8.30),可得

$$\dot{z}_r=y^{(r)}=y_{\mathrm{R}}^{(r)}-c_{r-1}e^{(r-1)}-\cdots-c_1e^{(1)}-c_0e$$

即跟踪误差 $e(t)$ 满足

$$e^{(r)}+c_{r-1}e^{(r-1)}+\cdots+c_1e^{(1)}+c_0e=0\tag{8.37}$$

其特征方程为

$$s^r+c_{r-1}s^{r-1}+\cdots+c_1s+c_0=0\tag{8.38}$$

设计参数 c_0, …, c_{r-1} 应保证式(8.38)的根都具有实部,以实现跟踪误差的渐近收敛。定义误差向量

$$\boldsymbol{\chi}(t)=\begin{bmatrix}e(t)\\ \dot{e}(t)\\ \vdots\\ e^{(r-1)}(t)\end{bmatrix}$$

则显然有

$$\boldsymbol{\xi}(t)=\boldsymbol{\xi}_{\mathrm{R}}(t)+\boldsymbol{\chi}(t)\tag{8.39}$$

将式(8.39)代入到方程(8.30),可得内动态方程

$$\dot{\boldsymbol{\eta}}=\boldsymbol{q}(\boldsymbol{\xi}_{\mathrm{R}}+\boldsymbol{\chi},\boldsymbol{\eta})\tag{8.40}$$

当跟踪误差收敛到零时,内动态方程变为

$$\dot{\boldsymbol{\eta}}=\boldsymbol{q}(\boldsymbol{\xi}_{\mathrm{R}},\boldsymbol{\eta})\tag{8.41}$$

命题8.4　针对系统(8.30),假设 $y_{\mathrm{R}}(t)$, $y_{\mathrm{R}}^{(1)}(t)$, …, $y_{\mathrm{R}}^{(r-1)}(t)$ 对于所有的 $t\geqslant 0$ 都有定义且有界,记 $\boldsymbol{\eta}_{\mathrm{R}}(t)$ 为内动态方程(8.41)在初始条件 $\boldsymbol{\eta}(0)=\boldsymbol{0}$ 下的解,假设 $\boldsymbol{\eta}_{\mathrm{R}}(t)$ 对于所有的 $t\geqslant 0$ 均有定义且有界,而式(8.38)的根都具有实部,则对于充分小的 $a>0$,如果

$$|z_i(0)-y_{\mathrm{R}}^{(i-1)}(0)|<a,\ 1\leqslant i\leqslant r,\ \|\boldsymbol{\eta}(0)-\boldsymbol{\eta}_{\mathrm{R}}(0)\|<a\tag{8.42}$$

则闭环系统(8.30)、(8.36)的状态有界,即对于 $\forall\varepsilon>0$,存在 $a>0$,当式(8.42)满足时,有

$$|z_i(t)-y_{\mathrm{R}}^{(i-1)}(t)|<\varepsilon,\ 1\leqslant i\leqslant r,\ \|\boldsymbol{\eta}(t)-\boldsymbol{\eta}_{\mathrm{R}}(t)\|<\varepsilon$$

成立。

在控制律(8.36)中包含外部给定的参考输出 $y_{\mathrm{R}}(t)$ 的各阶导数,而求导不可避免地会带来附加噪声的影响,此时可以选择参考输出信号由一个参考模型给出,设计时通过要求参考模型满足一定的条件来避开求导运算。考虑如下的线性模型

$$\dot{\boldsymbol{\zeta}} = \boldsymbol{A}\boldsymbol{\zeta} + \boldsymbol{B}w \tag{8.43}$$

$$y_{\mathrm{R}} = \boldsymbol{C}\boldsymbol{\zeta} \tag{8.44}$$

其中,w 是参考模型的输入;$y_{\mathrm{R}}(t)$ 是参考模型的输出。在控制律(8.36)中需要计算参考输出信号的导数,由(8.43)、(8.44)可得

$$y_{\mathrm{R}}^{(i)}(t) = \boldsymbol{C}\boldsymbol{A}^{i}\boldsymbol{\zeta}(t) + \boldsymbol{C}\boldsymbol{A}^{i-1}\boldsymbol{B}w(t) + \cdots + \boldsymbol{C}\boldsymbol{A}\boldsymbol{B}w^{(i-2)}(t) + \boldsymbol{C}\boldsymbol{B}w^{(i-1)}(t),\ 1 \leqslant i \leqslant r \tag{8.45}$$

可见,控制律中需要用到参考模型的输入 $w(t)$ 的前 $r-1$ 阶导数,而对 $w(t)$ 的求导仍会带来附加噪声的影响。假设参考模型(8.43)、(8.44)的相对阶大于或等于系统的相对阶 r,则有

$$\boldsymbol{C}\boldsymbol{B} = \boldsymbol{C}\boldsymbol{A}\boldsymbol{B} = \cdots = \boldsymbol{C}\boldsymbol{A}^{r-2}\boldsymbol{B} = 0 \tag{8.46}$$

将式(8.46)带入式(8.45),可得

$$y_{\mathrm{R}}^{(i)}(t) = \boldsymbol{C}\boldsymbol{A}^{i}\boldsymbol{\zeta}(t),\ 1 \leqslant i \leqslant r-1$$

$$y_{\mathrm{R}}^{(r)}(t) = \boldsymbol{C}\boldsymbol{A}^{r}\boldsymbol{\zeta}(t) + \boldsymbol{C}\boldsymbol{A}^{r-1}\boldsymbol{B}w(t)$$

此时可消除对 $w(t)$ 的求导运算。将上式带入式(8.36),可得

$$u = \frac{1}{L_g L_f^{r-1} h(\boldsymbol{x})}\left(-L_f^r h(\boldsymbol{x}) + \boldsymbol{C}\boldsymbol{A}^{r}\boldsymbol{\zeta}(t) + \boldsymbol{C}\boldsymbol{A}^{r-1}\boldsymbol{B}w(t) - \sum_{i=1}^{r} c_{i-1}\left(L_f^{i-1} h(\boldsymbol{x}) - \boldsymbol{C}\boldsymbol{A}^{i-1}\boldsymbol{\zeta}(t)\right)\right)$$

此时,渐近跟踪参考模型输出问题的控制框图如图 8.1 所示。

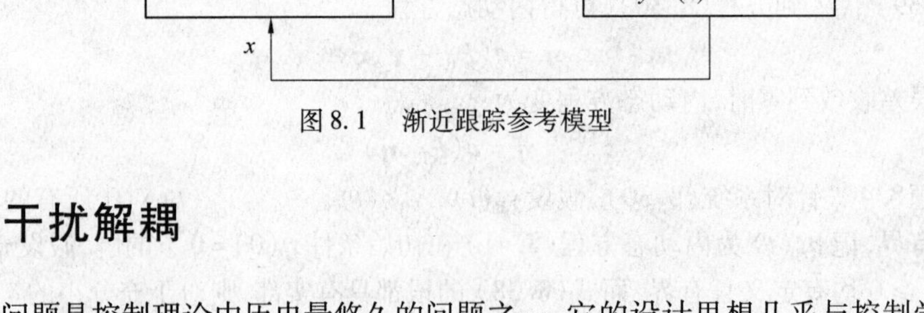

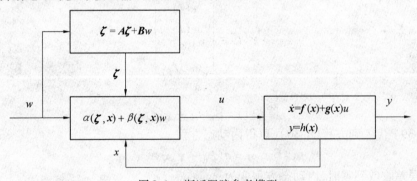

图 8.1 渐近跟踪参考模型

8.3 干扰解耦

解耦问题是控制理论中历史最悠久的问题之一,它的设计思想几乎与控制学科同时产生。解耦问题的目的是设计反馈控制,使得干扰不影响闭环系统的输出,如图 8.2 所示。针对解耦问题,首先需要明确这样的反馈控制是否存在;如果存在,如何进行设计。20 世纪 70 年代末至 80 年代初,非线性系统的干扰解耦合输入输出解耦(无交互作用控

制）的研究取得了重要的进展。

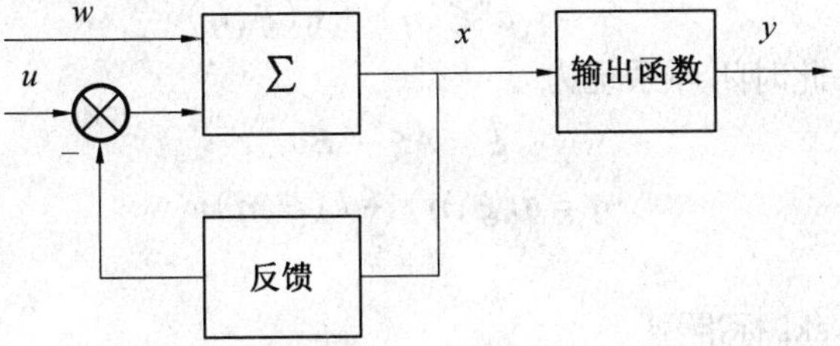

图 8.2　干扰解耦

考虑如下带有外部干扰的非线性系统

$$\dot{\boldsymbol{x}} = \boldsymbol{f}(\boldsymbol{x}) + \boldsymbol{g}(\boldsymbol{x})u + \boldsymbol{p}(\boldsymbol{x})w \tag{8.47}$$

$$y = h(\boldsymbol{x}) \tag{8.48}$$

其中 $\boldsymbol{x} \in \mathbb{R}^n, u \in \mathbb{R}, y \in \mathbb{R}$；$\boldsymbol{f}(\boldsymbol{x}), \boldsymbol{g}(\boldsymbol{x}), \boldsymbol{p}(\boldsymbol{x})$ 为光滑向量场；$h(\boldsymbol{x})$ 为光滑函数，$w \in \mathbb{R}$ 为外部干扰输入。下面讨论在什么条件下，存在静态反馈控制

$$u = \alpha(\boldsymbol{x}) + \beta(\boldsymbol{x})v \tag{8.49}$$

使得闭环系统中的输出 y 与干扰 w 无关，实现干扰 w 与输出 y 之间的解耦。

假设系统(8.47)、(8.48) 的相对阶为 r，向量场 $\boldsymbol{p}(\boldsymbol{x})$ 满足

$$L_p L_f^i h(\boldsymbol{x}) = 0,\ 0 \leqslant i \leqslant r-1 \tag{8.50}$$

选择与前面描述标准型相同的局部坐标，计算可得

$$\frac{\mathrm{d}z_1}{\mathrm{d}t} = L_f h(\boldsymbol{x}(t)) + L_g h(\boldsymbol{x}(t)\boldsymbol{u}(t) + L_p h(\boldsymbol{x}(t))w(t) = L_f h(\boldsymbol{x}(t)) = z_2(t)$$

依次求导，可得

$$\frac{\mathrm{d}z_2}{\mathrm{d}t} = L_f^2 h(\boldsymbol{x}(t)) = z_3(t)$$

$$\vdots$$

$$\frac{\mathrm{d}z_{r-1}}{\mathrm{d}t} = L_f^{r-1} h(\boldsymbol{x}(t)) = z_r(t)$$

对于 z_r，由式(8.50) 知 $L_p L_f^{r-1} h(\boldsymbol{x}) = 0$，因此有

$$\frac{\mathrm{d}z_r}{\mathrm{d}t} = L_f^r h(\boldsymbol{x}(t)) + L_g L_f^{r-1} h(\boldsymbol{x}(t))u(t)$$

因此可得系统(8.47)、(8.48) 在 $\boldsymbol{z}$ 坐标下的方程

$$\begin{cases} \dot{z}_1 = z_2 \\ \dot{z}_2 = z_3 \\ \vdots \\ \dot{z}_{r-1} = z_r \\ \dot{z}_r = b(\boldsymbol{\xi},\boldsymbol{\eta}) + a(\boldsymbol{\xi},\boldsymbol{\eta})u \\ \dot{\boldsymbol{\eta}} = \boldsymbol{q}(\boldsymbol{\xi},\boldsymbol{\eta}) + \boldsymbol{k}(\boldsymbol{\xi},\boldsymbol{\eta})w \\ y = z_1 \end{cases} \tag{8.51}$$

显然，若选择状态反馈

$$u = -\frac{b(\boldsymbol{\xi},\boldsymbol{\eta})}{a(\boldsymbol{\xi},\boldsymbol{\eta})} + \frac{v}{a(\boldsymbol{\xi},\boldsymbol{\eta})} \tag{8.52}$$

则可实现干扰解耦,此时闭环系统为

$$\begin{aligned} \dot{\boldsymbol{\xi}} &= \boldsymbol{A\xi} + \boldsymbol{B}v \\ \dot{\boldsymbol{\eta}} &= \boldsymbol{q}(\boldsymbol{\xi},\boldsymbol{\eta}) + \boldsymbol{k}(\boldsymbol{\xi},\boldsymbol{\eta})w \\ y &= z_1 \end{aligned} \tag{8.53}$$

其中 $\boldsymbol{A},\boldsymbol{B}$ 为 Brunovski 标准型

$$\boldsymbol{A} = \begin{bmatrix} 0 & 1 & 0 & \cdots & 0 \\ 0 & 0 & 1 & \cdots & 0 \\ \vdots & \vdots & \vdots & & \vdots \\ 0 & 0 & 0 & \cdots & 1 \\ 0 & 0 & 0 & \cdots & 0 \end{bmatrix}, \boldsymbol{B} = \begin{bmatrix} 0 \\ 0 \\ \vdots \\ 0 \\ 1 \end{bmatrix}$$

干扰解耦的闭环系统结构图如图 8.3 所示。

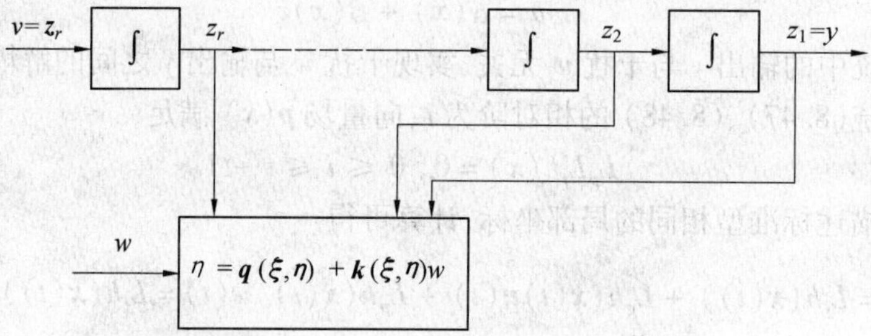

图 8.3 干扰解耦的闭环系统结构图

前面的分析已经为干扰解耦问题解的存在性建立了一个充分条件,并且构造了相应的解耦控制律。事实上,不难证明条件(8.50)也是必要的,即有如下命题。

命题 8.5 假设系统(8.47)、(8.48)的相对阶为 r,存在反馈控制(8.49),使得系统的输出与干扰解耦问题有解的充分必要条件是式(8.50)成立。如果该条件成立,则相应的解耦控制可按照式(8.52)选取。

证明 充分性前面已经讨论,只需证明必要性。设已有形如式(8.49)的控制能够实现干扰解耦,则相应的闭环系统为

$$\dot{\boldsymbol{x}} = \boldsymbol{f}(\boldsymbol{x}) + \boldsymbol{g}(\boldsymbol{x})\alpha(\boldsymbol{x}) + \boldsymbol{g}(\boldsymbol{x})\beta(\boldsymbol{x})v + \boldsymbol{p}(\boldsymbol{x})w \tag{8.54}$$

$$y = h(\boldsymbol{x}) \tag{8.55}$$

此时输出 y 与外部干扰 w 无关。式(8.55)中取 $v = 0$,计算输出 y 的导数,可得

$$\begin{aligned} \dot{y}(t) = \frac{\partial h}{\partial \boldsymbol{x}}(\boldsymbol{f}(\boldsymbol{x}) + \boldsymbol{g}(\boldsymbol{x})\alpha(x) + \boldsymbol{p}(\boldsymbol{x})w) = \\ L_{f+g\alpha}h(\boldsymbol{x}(t)) + L_p h(\boldsymbol{x}(t))w(t) \end{aligned}$$

可见,要实现 $y(t)$ 与 $w(t)$ 无关,必有

$$L_p h(\boldsymbol{x}(t)) = 0$$

成立。假设该条件满足,进一步计算

$$y^{(2)}(t) = L_{f+g\alpha}^2 h(\boldsymbol{x}(t)) + L_p L_{f+g\alpha} h(\boldsymbol{x}(t))w(t)$$

从而推断必有

$$L_pL_{f+g\alpha}h(\boldsymbol{x}(t))=0$$

成立。与此类似,对 $y(t)$ 的各高阶导数重复同样的过程,直到最终得到

$$y^{(r)}(t)=L_{f+g\alpha}^{r}h(\boldsymbol{x}(t))+L_pL_{f+g\alpha}^{r-1}h(x(t))w(t)$$

同样必须有

$$L_pL_{f+g\alpha}^{r-1}h(\boldsymbol{x}(t))=0$$

成立。

干扰解耦的条件(8.50)式在形式上也可以写为

$$\boldsymbol{p}(\boldsymbol{x})\in\boldsymbol{\Omega}^{\perp}(\boldsymbol{x}) \tag{8.56}$$

其中

$$\boldsymbol{\Omega}=\mathrm{Span}\{\mathrm{d}h,\ \mathrm{d}L_fh,\ \cdots,\mathrm{d}L_f^{r-1}h\} \tag{8.57}$$

是与干扰向量场 $\boldsymbol{p}(\boldsymbol{x})$ 正交的全微分对偶分布。

如果干扰 w 是可测量的,则可以将测量得到的干扰用于控制律的设计,实现干扰前馈控制,从而有望减弱条件(8.50)。考虑采用如下控制

$$u=\alpha(\boldsymbol{x})+\beta(\boldsymbol{x})v+\gamma(\boldsymbol{x})w \tag{8.58}$$

其中包括对干扰 w 的前馈项。将式(8.56)代入式(8.47),可得闭环系统

$$\dot{\boldsymbol{x}}=\boldsymbol{f}(\boldsymbol{x})+\boldsymbol{g}(\boldsymbol{x})\alpha(\boldsymbol{x})+\boldsymbol{g}(\boldsymbol{x})\beta(\boldsymbol{x})v+(\boldsymbol{g}(\boldsymbol{x})\gamma(\boldsymbol{x})+\boldsymbol{p}(\boldsymbol{x}))w \tag{8.59}$$

$$y=h(\boldsymbol{x}) \tag{8.60}$$

考虑由(8.57)定义的全微分对偶分布,条件(8.56)等价于条件(8.50)。对比式(8.59)和式(8.54),并考虑条件(8.56),可知此时的设计任务是寻找一个函数 $\gamma(\boldsymbol{x})$,使得

$$\boldsymbol{g}(\boldsymbol{x})\gamma(\boldsymbol{x})+\boldsymbol{p}(\boldsymbol{x})\in\boldsymbol{\Omega}^{\perp}(\boldsymbol{x})$$

该条件等价于

$$0=L_{g\gamma+p}L_f^ih(\boldsymbol{x})=L_gL_f^ih(\boldsymbol{x})\gamma(\boldsymbol{x})+L_pL_f^ih(\boldsymbol{x}),\ 0\leqslant i\leqslant r-1 \tag{8.61}$$

由相对阶的定义,条件(8.61)等价于

$$L_pL_f^ih(\boldsymbol{x})=0,\ 0\leqslant i\leqslant r-2 \tag{8.62}$$

$$L_pL_f^{r-1}h(\boldsymbol{x})=-L_gL_f^{r-1}h(\boldsymbol{x})\gamma(\boldsymbol{x}) \tag{8.63}$$

其中 $L_gL_f^{r-1}h(\boldsymbol{x})\neq0$,因此选择

$$\gamma(\boldsymbol{x})=-\frac{L_pL_f^{r-1}h(\boldsymbol{x})}{L_gL_f^{r-1}h(\boldsymbol{x})}$$

式(8.63)成立,由此得到采用(8.58)形式的控制律时,输出干扰解耦问题有解的充分必要条件为式(8.62),相应的解耦控制为

$$u=-\frac{L_f^rh(\boldsymbol{x})}{L_gL_f^{r-1}h(\boldsymbol{x})}+\frac{v}{L_gL_f^{r-1}h(\boldsymbol{x})}-\frac{L_pL_f^{r-1}h(\boldsymbol{x})}{L_gL_f^{r-1}h(\boldsymbol{x})}w \tag{8.64}$$

容易看出,采用干扰前馈时的解耦条件(8.62)弱于无干扰前馈时的解耦条件(8.50)。

第 9 章　Backstepping 设计

Backstepping 设计方法的主要思想可以看作是针对一个反馈可镇定的系统,给出其 Lyapunov 函数和相应的镇定律,然后在控制输入前添加一个积分器,针对增广后的系统,设计相应的镇定律,而这一过程可以递推地进行下去。显然,这种设计方法适用于具有严格反馈形式的系统。这一设计思想在 20 世纪 80 年代已有相应的应用,在 20 世纪 90 年代由 Petar V. Kokotovic 等系统性地提出[25],成为一种显式的非线性设计工具。

9.1　设计方法

下面以一个简单的系统说明 Backstepping 设计方法。考虑如下单输入非线性系统

$$\begin{cases} \dot{x}_1 = x_2 + f_1(x_1) \\ \dot{x}_2 = x_3 + f_2(x_1, x_2) \\ \quad\vdots \\ \dot{x}_i = x_{i+1} + f_i(x_1, \cdots, x_i) \\ \quad\vdots \\ \dot{x}_n = f_n(x_1, \cdots, x_n) + u \end{cases} \tag{9.1}$$

其中,$\boldsymbol{x} = [x_1 \quad \cdots \quad x_n]^{\mathrm{T}} \in \mathbb{R}^n$,$u \in \mathbb{R}$ 分别为系统的状态变量和控制输入变量。显然,系统具有严格反馈(Strict Feedback) 的结构形式,这里的“严格反馈” 是指 f_i 只依赖于 $x_1, \cdots, x_i$,如果将 x_{i+1} 视为输入信号,则由 x_{i+1} 至 x_1 只有反馈形式的连接,如图 9.1 所示。

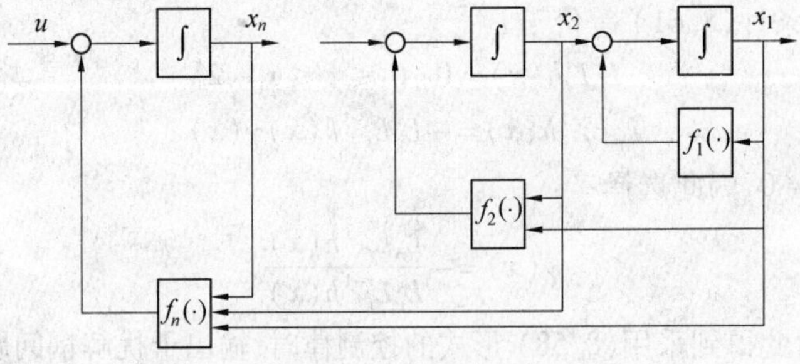

图 9.1　严格反馈形式

考虑将系统(9.1) 中每一个子系统

$$\dot{x}_i = x_{i+1} + f_i(x_1, \cdots, x_i), \ 1 \leqslant i < n \tag{9.2}$$

中的 x_{i+1} 看作是虚拟控制,则可以通过确定适当的虚拟反馈控制

$$x_{i+1} = \alpha_i(x_1, \cdots, x_i), \ 1 \leqslant i < n \tag{9.3}$$

来镇定子系统(9.2)。一般来说,式(9.3) 并不成立,因此引进误差变量

$$z_1 = x_1,\ z_{i+1} = x_{i+1} - \alpha_i(x_1, \cdots, x_i),\ 1 \leqslant i < n \tag{9.4}$$

然后通过控制 u 的作用,使得由式(9.4) 所定义的误差渐近收敛,则可以保证式(9.3) 渐近成立,从而实现整个系统的渐近稳定。容易看出,当 $\alpha_i(1 \leqslant i < n)$ 均为光滑函数时,式(9.4) 实质上定义了一个微分同胚,因此为镇定系统(9.1),只需镇定原系统状态与虚拟反馈控制之间的误差 z 即可。而求取式(9.4) 中的虚拟控制 $\alpha_i(1 \leqslant i < n)$ 时,采用先从式(9.1) 中第一个子系统开始,逐个求取的方法,直到最后求出系统的控制输入 u。从图 9.1 可以看出,这是一个从后到前逐步求解的过程,因此称为 Backstepping。基于上述思想,给出如下的设计步骤。

设计步骤:

第一步:对 z_1 求导,得

$$\dot{z}_1 = x_2 + f_1(x_1) = -z_1 + x_1 + x_2 + f_1(x_1) \tag{9.5}$$

针对式(9.5),定义候选 Lyapunov 函数为 $V_1 = \frac{1}{2}z_1^2$,取虚拟反馈为

$$\alpha_1(x_1) = -x_1 - f_1(x_1) \triangleq \tilde{\alpha}_1(z_1)$$

则可得

$$\begin{cases} \dot{z}_1 = -z_1 + z_2 \\ \dot{z}_2 = x_3 + f_2(x_1, x_2) - \dfrac{\partial \tilde{\alpha}_1}{\partial z_1}\dot{z}_1 \triangleq x_3 + \tilde{f}_2(z_1, z_2) \end{cases} \tag{9.6}$$

其中,$z_2 = x_2 - \alpha_1$(由式(9.4) 定义)。计算可得

$$\dot{V}_1 = -z_1^2 + z_1 z_2$$

显然,如果 $z_2 = 0$,即

$$x_2 = \alpha_1 = -x_1 - f_1(x_1)$$

则 z_1 渐近稳定。但在一般情况下,$z_2 \neq 0$,因此再引入虚拟控制 α_2,使得 $z_2 = x_2 - \bar{\alpha}_1(z_1)$ 具有期望的渐近特性。

第二步:针对系统(9.6),定义候选 Lyapunov 函数

$$V_2 = \frac{1}{2}z_1^2 + \frac{1}{2}z_2^2$$

取虚拟反馈为

$$\tilde{\alpha}_2 \triangleq -z_1 - z_2 - \tilde{f}_2(z_1, z_2)$$

则可得

$$\begin{cases} \dot{z}_1 = -z_1 + z_2 \\ \dot{z}_2 = -z_1 - z_2 + z_3 \\ \dot{z}_3 = x_4 + f_3(x_1, x_2, x_3) - \displaystyle\sum_{i=1}^{2} \frac{\partial \tilde{\alpha}_2}{\partial z_i}\dot{z} \triangleq x_4 + \tilde{f}_3(z_1, z_2, z_3) \end{cases} \tag{9.7}$$

计算可得

$$\dot{V}_2 = -z_1^2 - z_2^2 + z_2 z_3$$

显然,如果 $z_3 = 0$,即

$$x_3 = \tilde{\alpha}_2 = -z_1 - z_2 - \tilde{f}_2(z_1, z_2)$$

则 z_1, z_2 渐近稳定。但在一般情况下，$z_3 \neq 0$，因此再引入虚拟控制 α_3，使误差 $z_3 = x_3 - \tilde{\alpha}_2$ 具有期望的渐近特性。

第 i 步：定义候选 Lyapunov 函数为

$$V_i = \frac{1}{2}(z_1^2 + \cdots + z_i^2)$$

取虚拟反馈控制为

$$\alpha_i(x_1, \cdots, x_i) \triangleq \tilde{\alpha}_i(z_1, \cdots, z_i) = -z_{i-1} - z_i - \tilde{f}_i(z_1, \cdots, z_i) \tag{9.8}$$

则有

$$\dot{z}_i = z_{i+1} + \tilde{\alpha}_i(z_1, \cdots, z_i) + \tilde{f}_i(z_1, \cdots, z_i) = -z_{i-1} - z_i + z_{i+1} \tag{9.9}$$

计算可得

$$\begin{aligned}\dot{V}_i = &-(z_1^2 + \cdots + z_{i-1}^2) + z_{i-1}z_i + z_i(z_{i+1} + \tilde{\alpha}_i(z_1, \cdots, z_i) + \tilde{f}_i(z_1, \cdots, z_i)) = \\ &-(z_1^2 + \cdots + z_i^2) + z_i z_{i+1}\end{aligned}$$

第 $n-1$ 步：定义候选 Lyapunov 函数为

$$V_{n-1} = \frac{1}{2}(z_1^2 + \cdots + z_{n-1}^2)$$

由式(9.9)知，虚拟反馈控制为

$$\tilde{\alpha}_{n-1} = -z_{n-2} - z_{n-1} - \tilde{f}_{n-1}(z_1, \cdots, z_{n-1}) \tag{9.10}$$

则有

$$\dot{z}_{n-1} = -z_{n-2} - z_{n-1} + z_n \tag{9.11}$$

计算可得

$$\dot{V}_{n-1} = -(z_1^2 + \cdots + z_{n-1}^2) + z_{n-1}z_n$$

第 n 步：定义候选 Lyapunov 函数为

$$V_n = \frac{1}{2}(z_1^2 + \cdots + z_n^2) \tag{9.12}$$

可得

$$\dot{z}_n = f_n(x_1, \cdots, x_n) + u - \sum_{i=1}^{n-1} \frac{\partial \tilde{\alpha}_{n-1}}{\partial z_i}\dot{z}_i \triangleq \tilde{f}_n(z_1, \cdots, z_n) + u \tag{9.13}$$

计算可得

$$\dot{V}_n = -(z_1^2 + \cdots + z_{n-1}^2) + z_{n-1}z_n + z_n(\tilde{f}_n(z_1, \cdots, z_n) + u) \tag{9.14}$$

显然，取反馈控制为

$$u = \tilde{\alpha}_n(z_1, \cdots, z_n) = -z_{n-1} - z_n - \tilde{f}_n(z_1, \cdots, z_n) \tag{9.15}$$

则由式(9.14)可得

$$\dot{V}_n = -(z_1^2 + \cdots + z_{n-1}^2 + z_n^2) \tag{12.16}$$

因此，误差是指数渐近稳定的。

从上述给出的步骤可以看出,在给定的虚拟控制

$$\tilde{\alpha}_1 = -z_1 - \tilde{f}_1(z_1)$$

$$\tilde{\alpha}_i = -z_{i-1} - z_i - \tilde{f}_i(z_1,\cdots,z_i),\ 1 < i < n$$

和反馈控制(9.15)的作用下,非线性系统(9.1)是指数渐近稳定的,系统的 Lyapunov 函数即为式(9.12),其导数由式(9.15)给出。

例 9.1　考虑如下系统

$$\dot{x}_1 = x_1^2 + x_2$$

$$\dot{x}_2 = u$$

的镇定问题。定义误差变量为

$$z_1 = x_1$$

$$z_2 = x_2 - \alpha_1(x_1) = x_2 - \tilde{\alpha}_1(z_1)$$

对 z_1 求导,可得

$$\dot{z}_1 = x_1^2 + x_2 = -z_1 + x_1 + x_2 + x_1^2$$

取虚拟控制为

$$\alpha_1 = -x_1^2 - x_1 = -z_1^2 - z_1$$

并取候选 Lyapunov 函数为 $V_1 = \frac{1}{2}z_1^2$,得

$$\dot{z}_1 = -z_1 + z_2$$

$$\dot{z}_2 = \dot{x}_2 - \frac{\partial\tilde{\alpha}}{\partial z_1}\dot{z}_1 = u + (2z_1 + 1)(-z_1 + z_2)$$

$$\dot{V}_1 = -z_1^2 + z_1 z_2$$

再取系统的候选 Lyapunov 函数为 $V_2 = \frac{1}{2}z_1^2 + \frac{1}{2}z_2^2$,则

$$\dot{V}_2 = z_1\dot{z}_1 + z_2\dot{z}_2 = -z_1^2 + z_1 z_2 + z_2(u + (2z_1 + 1)(-z_1 + z_2))$$

选择反馈控制

$$u = -z_1 - z_2 - (2z_1 + 1)(-z_1 + z_2) \tag{9.17}$$

则 $\dot{V}_2 = -z_1^2 - z_2^2$,实现了系统的指数稳定。

下面采用反馈线性化方法进行设计。取坐标变换

$$z_1 = x_1$$

$$z_2 = x_1^2 + x_2$$

则可得

$$\dot{z}_1 = z_2$$

$$\dot{z}_2 = 2z_1 z_2 + u$$

显然,选取如下控制律

$$u = -2z_1 z_2 - k_1 z_1 - k_2 z_2,\ k_1 > 0,\ k_2 > 0 \tag{9.18}$$

可以实现系统的指数稳定。

对比两种方法的设计结果可以发现,在式(9.18)中选取

$$k_1 = k_2 = 2$$

时,式(9.18)与(9.17)是完全相同的。

从例9.1可以看出,前面给出的Backstepping设计方法从本质上与反馈线性化设计方法是相同的,这是由于前面已经说过,式(9.4)实际是一个微分同胚,而且在设计过程中,在选取虚拟控制和最后的实际控制输入时将系统中的非线性项都抵消了,因此最终相当于将系统变换为z坐标下的一个线性系统。但是,Backstepping方法同反馈线性化方法相比,提供了更多的设计自由度,即在设计过程中,可以对系统中的非线性不进行抵消,只要在每步设计过程中保证$\dot{V}_i(1 \leqslant i \leqslant n)$负定即可,而且系统中保留下来的非线性还可能改善闭环系统的响应特性。这一点可以从下面的例子中看出。

例9.2 考虑一个标量系统

$$\dot{x} = \cos x - x^3 + u$$

采用反馈线性化方法镇定该系统。令

$$u_L = -\cos x + x^3 - kx,\ k > 0$$

取Lyapunov函数为

$$V(x) = \frac{1}{2}x^2$$

则容易计算

$$\dot{V}(x) = -kx^2$$

系统是全局渐近稳定的。若选择

$$u_N = -\cos x - kx,\ k > 0$$

选择同样的Lyapunov函数,计算可得

$$\dot{V}(x) = -x^4 - kx^2$$

取$x(0) = 10$,$k = 1$,分别进行仿真,结果如图9.2所示,其中实线与虚线分别对应于$\boldsymbol{u}_\mathrm{L}$与$\boldsymbol{u}_\mathrm{N}$的仿真结果。

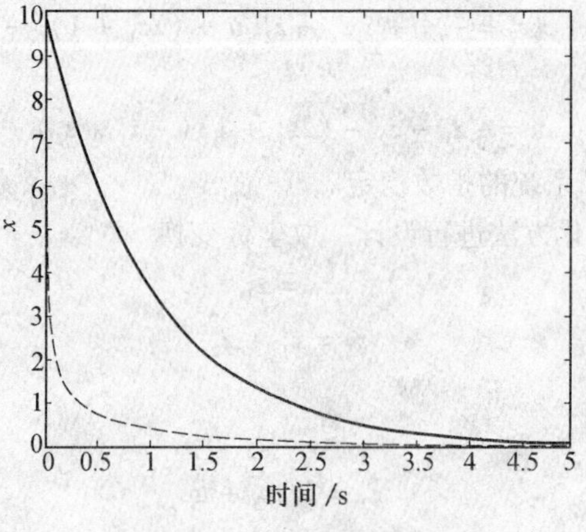

图9.2 仿真结果

对比两种控制律可以看出,$\boldsymbol{u}_\mathrm{N}$保留了系统中非线性项$-x^3$,起到"非线性阻尼"的作用,使得系统具有更快的收敛速率,而且从$\boldsymbol{u}_\mathrm{N}$和$\boldsymbol{u}_\mathrm{L}$的表达式可以看出,$\boldsymbol{u}_\mathrm{N}$的控制信号幅

度随着状态 x 线性变化(cos x 是有界的),而 $\boldsymbol{u}_L$ 的控制信号幅度随着状态 x 呈三次方形式变化,当 x 数值较大时,相比于 $\boldsymbol{u}_N$ 需要更大的控制能量。

例 9.3　考虑如下非线性系统

$$\dot{x}_1 = x_1^2 - x_1^3 + x_2$$
$$\dot{x}_2 = u$$

的 Backstepping 设计。令

$$z_1 = x_1$$
$$z_2 = x_2 - \alpha_1(x_1) = x_2 - \tilde{\alpha}_1(z_1)$$

可得

$$\dot{z}_1 = x_1^2 - x_1^3 + x_2 = - z_1^3 + z_1^2 + \tilde{\alpha}_1(z_1) + z_2 \tag{9.19}$$

根据例 9.2 中的讨论,在设计虚拟控制 $\tilde{\alpha}_1(z_1)$ 时,只抵消了 z_1^2 项,而保留了 $-z_1^3$ 项,因此选取

$$\tilde{\alpha}_1(z_1) = - z_1^2 - z_1$$

将其代入式(9.19),可得

$$\dot{z}_1 = - z_1 - z_1^3 + z_2 \tag{9.20}$$

显然,当 $z_2 = 0$ 时,子系统(9.20) 是渐近稳定的。对 z_2 求导,可得

$$\dot{z}_2 = u + (2z_1 + 1)(- z_1 - z_1^3 + z_2) \tag{9.21}$$

针对系统(9.20)、(9.21),选取候选 Lyapunov 函数为

$$V(\boldsymbol{z}) = \frac{1}{2}z_1^2 + \frac{1}{2}z_2^2$$

计算其导数可得

$$\dot{V}(\boldsymbol{z}) = - z_1^2 - z_1^4 + z_2(z_1 + u + (2z_1 + 1)(- z_1 - z_1^3 + z_2))$$

显然,选择

$$u = - z_2 - z_1 - (2z_1 + 1)(- z_1 - z_1^3 + z_2)$$

可得

$$\dot{V}(\boldsymbol{z}) = - z_1^2 - z_1^4 - z_2^2$$

因此闭环系统是渐近稳定的。

前面针对系统(9.1),讨论了 Backstepping 设计方法。系统(9.1) 的形式是较为特殊的,实际上,Backstepping 设计方法可以应用于更一般形式的系统。

考虑如下非线性系统

$$\begin{cases}\dot{\boldsymbol{x}}_1 = \boldsymbol{f}_1(\boldsymbol{x}_1) + \boldsymbol{g}_1(\boldsymbol{x}_1)x_2 \\ \dot{x}_2 = f_2(\boldsymbol{x}_1, x_2) + g_2(\boldsymbol{x}_1, x_2)x_3 \\ \quad\vdots \\ \dot{x}_i = f_i(\boldsymbol{x}_1, \cdots, x_i) + g_i(\boldsymbol{x}_1, \cdots, x_i)x_{i+1} \\ \quad\vdots \\ \dot{x}_n = f_n(\boldsymbol{x}_1, \cdots, x_n) + g_n(\boldsymbol{x}_1, \cdots, x_n)u \end{cases} \tag{9.22}$$

其中,$\boldsymbol{x}_1 \in \mathbb{R}^m$, $x_i \in \mathbb{R}$, $2 \leqslant i \leqslant n$, $u \in \mathbb{R}$。假设

$$f_i(\mathbf{0},\cdots,0)=0,\ g_i(\boldsymbol{x}_1,\cdots,x_i)\neq 0,\ 1\leqslant i\leqslant n$$

从上述假设可以看出,当 $u=0$ 时,系统的平衡点为原点。容易看出,系统(9.22)仍然具有严格反馈的结构形式。下面讨论系统(9.22)的 Backstepping 设计。

首先,令 $\boldsymbol{z}_1=\boldsymbol{x}_1$,将 x_2 视为虚拟控制时,假设系统(9.22)的第一个子系统是可镇定的,即存在光滑函数向量 $\alpha_1(\boldsymbol{z}_1)$,使得如下系统

$$\dot{\boldsymbol{z}}_1=\boldsymbol{f}_1(\boldsymbol{z}_1)+\boldsymbol{g}_1(\boldsymbol{z}_1)\alpha_1(\boldsymbol{z}_1) \tag{9.23}$$

是渐近稳定的,并且存在 Lyapunov 函数 $V_1(\boldsymbol{z}_1)$,使得其沿系统(9.23)的导数负定

$$\dot{V}_1(\boldsymbol{z}_1)=\frac{\partial V_1}{\partial \boldsymbol{z}_1}(\boldsymbol{f}_1(\boldsymbol{z}_1)+\boldsymbol{g}_1(\boldsymbol{z}_1)\alpha_1(\boldsymbol{z}_1))<-W(\boldsymbol{z}_1) \tag{9.24}$$

其中,$W(\boldsymbol{z}_1)$ 关于 $\boldsymbol{z}_1$ 正定。

然后,定义 $z_2=x_2-\alpha_1(\boldsymbol{z}_1)$,则式(9.22)中第一个和第二个子系统变为(这里为简单起见,系统中的非线性项变换到 $\boldsymbol{z}$ 坐标后仍然用 f_i,g_i 表示)

$$\begin{cases}\dot{\boldsymbol{z}}_1=\boldsymbol{f}_1(\boldsymbol{z}_1)+\boldsymbol{g}_1(\boldsymbol{z}_1)\alpha_1+\boldsymbol{g}_1(\boldsymbol{z}_1)z_2\\ \dot{z}_2=f_2(\boldsymbol{z}_1,z_2)+g_2(\boldsymbol{z}_1,z_2)x_3-\dfrac{\partial\alpha_1}{\partial\boldsymbol{z}_1}(\boldsymbol{f}_1(\boldsymbol{z}_1)+\boldsymbol{g}_1(\boldsymbol{z}_1)\alpha_1+\boldsymbol{g}_1(\boldsymbol{z}_1)z_2)\end{cases} \tag{9.25}$$

定义 $V_2(\boldsymbol{z}_1,z_2)=V_1(\boldsymbol{z}_1)+\frac{1}{2}z_2^2$,则针对式(9.25)计算 $V_2(\boldsymbol{z}_1,z_2)$ 的导数,并考虑式(9.24),可得

$$\dot{V}_2(\boldsymbol{z}_1,z_2)\leqslant -W(\boldsymbol{z}_1)+\frac{\partial V_1}{\partial\boldsymbol{z}_1}g_1(\boldsymbol{z}_1)z_2+z_2(f_2(\boldsymbol{z}_1,z_2)+g_2(\boldsymbol{z}_1,z_2)x_3)-$$
$$z_2\frac{\partial\alpha_1}{\partial\boldsymbol{z}_1}(\boldsymbol{f}_1(\boldsymbol{z}_1)+\boldsymbol{g}_1(\boldsymbol{z}_1)\alpha_1+\boldsymbol{g}_1(\boldsymbol{z}_1)z_2) \tag{9.26}$$

选取虚拟控制

$$\alpha_2(\boldsymbol{z}_1,z_2)=\frac{1}{g_2(\boldsymbol{z}_1,z_2)}\Big(-\frac{\partial V_1}{\partial\boldsymbol{z}_1}\boldsymbol{g}_1(\boldsymbol{z}_1)-f_2(\boldsymbol{z}_1,z_2)-k_1z_2+$$
$$\frac{\partial\alpha_1}{\partial\boldsymbol{z}_1}(\boldsymbol{f}_1(\boldsymbol{z}_1)+\boldsymbol{g}_1(\boldsymbol{z}_1)\alpha_1+\boldsymbol{g}_1(\boldsymbol{z}_1)z_2)\Big) \tag{9.27}$$

则当 $x_3=\alpha_2(\boldsymbol{z}_1,z_2)$ 时,由式(9.26)、(9.27)可得

$$\dot{V}_2(\boldsymbol{z}_1,z_2)\leqslant -W(\boldsymbol{z}_1)-k_1z_2^2$$

此时子系统(9.25)是渐近稳定的。

接下来,定义 $z_3=x_3-\alpha_2(\boldsymbol{z}_1,z_2)$,参照前一步的做法和前面给出的关于系统(9.1)的设计步骤,可以针对系统(9.22)进行逐步设计,直至求出系统的控制输入 u。具体步骤这里不再给出。

9.2 在鲁棒控制中的应用

仿射形式的不确定非线性系统可以描述为

$$\dot{\boldsymbol{x}}=\boldsymbol{f}(\boldsymbol{x})+\sum_{i=1}^{m}\boldsymbol{g}_i(\boldsymbol{x})u_i+\Delta\boldsymbol{f}(\boldsymbol{x})+\sum_{i=1}^{m}\Delta\boldsymbol{g}_i(\boldsymbol{x})\boldsymbol{u}_i=$$

$$f(x) + g(x)u + \Delta f(x) + \Delta g(x)u \tag{9.28}$$

其中,$x \in \mathbb{R}^n$,$\Delta f(x)$,$\Delta g_i(x)$, $1 \leqslant i \leqslant m$ 为系统中的不确定性。不考虑不确定性时的模型

$$\dot{x} = f(x) + g(x)u \tag{9.29}$$

称为系统(9.28)的标称模型,如下条件

$$\Delta f(x) \in \mathrm{Span}\{g_1(x),\cdots,g_m(x)\}$$
$$\Delta g_i(x) \in \mathrm{Span}\{g_1(x),\cdots,g_m(x)\},1 \leqslant i \leqslant m$$

称为匹配条件(Matching Condition)。显然,当不确定性满足匹配条件时,存在 $\Delta \bar{f}(x) \in \mathbb{R}^m$,$\Delta \bar{g}_i(x) \in \mathbb{R}^m$, $1 \leqslant i \leqslant m$,使得

$$\Delta f(x) = g(x)\Delta \bar{f}(x)$$

$$\Delta g_i(x) = g(x)\Delta \bar{g}_i(x),\ 1 \leqslant i \leqslant m$$

也就是说,不确定性可以看作是通过系统的输入通道加入到系统中的,因此在对系统中不确定性的界进行一定的假设后,可以通过系统的控制输入 u 加以抑制,如在标称系统(9.29)的镇定控制律的基础上,附加切换控制项,抑制不确定性的影响。

Backstepping 方法可以应用于不确定系统的鲁棒控制,对不确定性的界的要求是满足严格反馈的结构形式,而不必满足匹配条件。为简化描述,先考虑一步 Backstepping 设计,即考虑如下系统

$$\dot{x}_1 = f_1(x_1) + g_1(x_1)x_2 + \Delta f_1(x_1) \tag{9.30}$$

$$\dot{x}_2 = f_2(x_1,x_2) + g_2(x_1,x_2)u + \Delta f_2(x_1,x_2) \tag{9.31}$$

其中,$x_1 \in \mathbb{R}^n$,$x_2 \in \mathbb{R}$,$u \in \mathbb{R}$,并且

$$f_1(\mathbf{0}) = \mathbf{0},\ f_2(\mathbf{0},0) = 0,\ g_2(x_1,x_2) \neq 0$$

与式(9.28)相比,这里没有考虑控制通道的不确定性。容易看出,不确定性 $\Delta f_1(x_1)$ 是不满足匹配条件的。假设系统中不确定性的界满足如下条件

$$\|\Delta f_1(x_1)\|_2 \leqslant a_1 \|x_1\|_2 \tag{9.32}$$

$$|\Delta f_2(x_1,x_2)| \leqslant a_2 \|x_1\|_2 + a_3|x_2| \tag{9.33}$$

将 x_2 视为子系统(9.30)的虚拟控制输入,假设存在控制律 $a(x_1)$ 鲁棒镇定子系统(9.30),其中控制律满足

$$|\alpha(x_1)| \leqslant a_4 \|x_1\|_2,\ \left\|\frac{\partial \alpha(x_1)}{\partial x_1}\right\|_2 \leqslant a_5 \tag{9.34}$$

并且存在 Lyapunov 函数 $V_1(x_1)$,使得

$$\frac{\partial V_1(x_1)}{\partial x_1}(f_1(x_1) + g_1(x_1)\alpha(x_1) + \Delta f_1(x_1)) \leqslant -b \|x_1\|_2^2 \tag{9.35}$$

定义 $z = x_2 - \alpha(x_1)$,并选取系统(9.30)、(9.31)的候选 Lyapunov 函数为

$$V(x_1,z) = V_1(x_1) + \frac{1}{2}z^2$$

计算其导数,并考虑到式(9.35),可得

$$\dot{V}(x_1,z) \leqslant -b \|x_1\|_2^2 + \frac{\partial V_1(x_1)}{\partial x_1}g_1(x_1)z + z(f_2(x_1,x_2) + g_2(x_1,x_2)u + \Delta f_2(x_1,x_2)) -$$

$$z\frac{\partial\alpha(\boldsymbol{x}_1)}{\partial\boldsymbol{x}_1}(\boldsymbol{f}_1(\boldsymbol{x}_1)+\boldsymbol{g}_1(\boldsymbol{x}_1)\alpha(\boldsymbol{x}_1)+\Delta\boldsymbol{f}_1(\boldsymbol{x}_1)+\boldsymbol{g}_1(\boldsymbol{x}_1)z) \tag{9.36}$$

选取

$$\begin{aligned}u=&\frac{1}{g_2(\boldsymbol{x}_1,x_2)}\Big(-\frac{\partial V_1(\boldsymbol{x}_1)}{\partial\boldsymbol{x}_1}\boldsymbol{g}_1(\boldsymbol{x}_1)-f_2(\boldsymbol{x}_1,x_2)+\\&\frac{\partial\alpha(\boldsymbol{x}_1)}{\partial\boldsymbol{x}_1}(\boldsymbol{f}_1(\boldsymbol{x}_1)+\boldsymbol{g}_1(\boldsymbol{x}_1)\alpha(\boldsymbol{x}_1)+\boldsymbol{g}_1(\boldsymbol{x}_1)z)-Kz\Big),\ K>0\end{aligned} \tag{9.37}$$

将其代入式(9.36),可得

$$\dot{V}(\boldsymbol{x}_1,z)\leqslant-b\ \|\boldsymbol{x}_1\|_2^2+z\Delta f_2(\boldsymbol{x}_1,x_2)-z\frac{\partial\alpha(\boldsymbol{x}_1)}{\partial\boldsymbol{x}_1}\Delta\boldsymbol{f}_1(\boldsymbol{x}_1)-Kz^2 \tag{9.38}$$

再考虑式(9.32) ~ (9.34),由式(9.38) 可得

$$\begin{aligned}\dot{V}(\boldsymbol{x}_1,z)&\leqslant-b\ \|\boldsymbol{x}_1\|_2^2+a_6|z|\cdot\|\boldsymbol{x}_1\|_2-(K-a_3)z^2=\\&-\begin{bmatrix}\|\boldsymbol{x}_1\|_2 & |z|\end{bmatrix}\begin{bmatrix}b & -\frac{a_6}{2}\\-\frac{a_6}{2} & K-a_3\end{bmatrix}\begin{bmatrix}\|\boldsymbol{x}_1\|_2\\|z|\end{bmatrix}\end{aligned} \tag{9.39}$$

其中 $a_6=a_1a_5+a_2+a_3a_4$。显然,当 $K>a_3+\frac{a_6^2}{4b}$ 时,有

$$\begin{bmatrix}b & -\frac{a_6}{2}\\-\frac{a_6}{2} & K-a_3\end{bmatrix}>0 \tag{9.40}$$

成立,因此 $\dot{V}(\boldsymbol{x}_1,z)$ 负定,说明不确定系统(9.30)、(9.31)及控制律(9:37)构成的闭环系统是渐近稳定的。

显然,在一定的假设条件下,前面针对不确定系统(9.30)、(9.31)给出的设计方法可以推广到如下不确定性

$$\begin{cases}\dot{\boldsymbol{x}}_1=\boldsymbol{f}_1(\boldsymbol{x}_1)+\boldsymbol{g}_1(\boldsymbol{x}_1)x_2+\Delta\boldsymbol{f}_1(\boldsymbol{x}_1)\\\dot{x}_2=f_2(\boldsymbol{x}_1,x_2)+g_2(\boldsymbol{x}_1,x_2)x_3+\Delta f_2(\boldsymbol{x}_1,x_2)\\\quad\vdots\\\dot{x}_i=f_i(\boldsymbol{x}_1,\cdots,x_i)+g_i(\boldsymbol{x}_1,\cdots,x_i)x_{i+1}+\Delta f_i(\boldsymbol{x}_1,\cdots,x_i)\\\quad\vdots\\\dot{x}_n=f_n(\boldsymbol{x}_1,\cdots,x_n)+g_n(\boldsymbol{x}_1,\cdots,x_n)u+\Delta f_n(\boldsymbol{x}_1,\cdots,x_n)\end{cases} \tag{9.41}$$

不确定系统(9.41)的标称系统就是(9.22)。参考标称系统(9.22)和不确定系统(9.30)、(9.31)的设计步骤,不难得出不确定系统(9.41)的 Backstepping 设计,这里不再给出。

参考文献

[1] VIDYASAGAR M. Nonlinear systems analysis[M]. 2 版. 北京:电子工业出版社, 1993.

[2] CASTI J L. Recent developments and future perspectives in nonlinear system theory[J]. SIAM Review,1982,24(3): 301-331.

[3] 夏小华.非线性控制及解耦[M].北京:科学出版社,1997.

[4] KHALIL H K. Nonlinear systems[M]. 2 版.北京:电子工业出版社,2007.

[5] ISIDORI A. Nonlinear control systems[M]. 3rd ed. New York: Springer-Verlag, 1997.

[6] ISIDORI A. Nonlinear control systems II[M]. London: Springer-Verlag London Limited, 1999.

[7] SASTRY S. Nonlinear systems, Analysis, stability, and control[M]. New York: Springer-Verlag, 1999.

[8] SLOTINE J E, Li Weiping. Applied nonlinear control[M]. Englewood Cliffs: Prentice Hall, 1991.

[9] 高为炳.非线性系统导论[M].北京:科学出版社. 1988.

[10] 程代展.非线性系统的几何理论[M].北京:科学出版社. 1988.

[11] HADDAD W M. CHELLABOINA V S. Nonlinear dynamical systems and control[M]. Princeton:Princeton University Press, 2008.

[12] LIAO X X, PEi Y. Absolute stability of nonlinear control systems[M]. Dordrecht: Springer Science and Business Media, 2008.

[13] LYAPUNOV A M. The general problem of the stability of motion[J]. Int. J. Control, 1992 ,55(3): 531-773.

[14] CORTÉS. Discontinuous dynamical systems: a tutorial on solutions,nonsmooth analysis, and stability[J]. IEEE Control Systems Magazine, 2008(6):36-73.

[15] CLARKE F H, LEDYAEV Y S, STERN R J, et al. Nonsmooth analysis and control theory[M]. New York: Springer-Verlag, 1998.

[16] SANDBERG I W. Frequency-domain criteria for the stability of nonlinear feedback systems[J]. Proc, NEC, 1964,20(10): 737-740.

[17] SANDBERG I W. A perspective on system theory[J]. IEEE Tran. CAS,1984,31(1): 88-103.

[18] ZAMES G. On the input-output stability of nonlinear time-varying feedback systems[J]. Part. I and II, IEEE Tran. Auto. Contr, 1966,11(2,3): 228-238, 465-477.

[19] DESOER C A, VIDYASAGAR M. Feedback systems, input-output properties[M]. New York: Academic Press, 1975.

[20] BYRNES C I, ISIDORI A, WILLEMS J C. Passivity, feedback equivalence, and the global stabilization of minimum phase nonlinear systems[J]. IEEE Trans. Auto. Contr., 1991, 36(11): 1228-1240.

[21] WILLEMS J C. Dissipative dynamical systems-part I: general theory. Arch. Ratl. Mech [J]. And Analysis, 1972(45): 321-351.

[22] SCHAFT ARJAN VAN DER. L_2-gain and passivity techniques in nonlinear control[M]. London:Pringer-Verlag, 1996.

[23] 陈省身,陈维桓. 微分几何讲义[M].2 版.北京:北京大学出版社,2001.

[24] BROCKETT R W. Nonlinear systems and differential geometry[J]. Proceedings of the IEEE, 1976(64):61-72.

[25] KOKOTOVIC P V. The joy of feedback: nonlinear and adaptive[J]. IEEE Control Systems Magazine,1992,12(3):7-17.

名词索引

B

Backstepping 11
Barbalat 引理 5
Brunovsky 标准型 127
Byres-Isidori 标准型 119
闭集 15
闭开集 88
变量梯度法 31
标称模型 167
不变集 34

C

Chetaev 定理 52
存储函数 77

F

Frobenius 定理 108
仿射非线性系统 83
非奇异分布 105
非线性系统 1
非自治系统 11
非最小相位系统 137
负不变集 34
负极限点 34
负极限集 34
赋范函数空间 60

G

干扰解耦 10

H

Hausdorff 空间 89
函数空间 54
混沌 7

J

级联系统 57
极限环 6
渐近稳定性 18
渐小 42
截断函数 61
紧集 15
紧空间 89
精确输出跟踪 154
精确线性化 10
径向无界 24
局部半正定 42
局部基底 106
局部正定 21
局部坐标变换 90
局部坐标邻域 89

K

K_∞ 类函数 42
KL 类函数 43
Krasovskii 方法 30
KYP 引理 80
K 类函数 42
开覆盖 15
开集 15
可比较 90

可微 13
可镇定性 28
扩展函数空间 59

L

L_2 增益 69
LaSalle 不变性原理 35
Lie 代数 10
Lie 导数 80
Lie 括号 102
Lipschitz 条件 14
Lyapunov 面 22
Lyapunov 间接方法 12
Lyapunov 直接方法 12
L 稳定性 58
拉回映射 99
离散拓扑 88
连续依赖性 7
连续映射 89
零动态矩阵 148
零动态空间 139
零动态子系统 136
零化输出 138
流形 5

N

内动态子系统 135

O

欧氏拓扑 88

P

匹配条件 167
平凡拓扑 88
平衡点 2

Q

前馈无源 77
切丛 96
切空间 94
切向量 94
全局渐近稳定性 20
全局一致渐近稳定 40

S

时变系统 16
时不变系统 16
收敛性条件 48
输出干扰解耦 159
输入输出稳定性 11
输入输出线性化 128
输入状态精确线性化 130
输入-状态稳定性 53

T

同胚映射 89
拓扑 88
拓扑基 88
拓扑空间 88
拓扑同胚 89

W

完全线性化 128
微分流形 89
微分流形 89
微分同胚 93
微分一型 98
无损 177
无源性 11
无源性定理 85

X

相对阶 79
向量场 80
消去对偶分布 108
消去分布 108

小信号 L_∞ 稳定 68
小信号有限增益 L_p 稳定 65
小增益定理 74
旋度条件 32

Y

严格反馈 160
严格输出无源 78
严格输入无源 77
严格无源 78
一致渐近稳定 40
一致稳定 40
一致性 40
因果性 61
有界实引理 72
有界输入有界输出稳定 59
有限逃逸时间 6
有限增益 L_p 稳定 64

Z

正不变集 34
正极限点 34
正极限集 34
正实 79
正实引理 79
正则微分一型 98
指数稳定性 19
状态空间 22
准标准型 119
自治系统 11
最小相位系统 173
坐标变换 21